**Eine Arbeitsgemeinschaft der Verlage**

Böhlau Verlag · Wien · Köln · Weimar
Verlag Barbara Budrich · Opladen · Farmington Hills
facultas.wuv · Wien
Wilhelm Fink · München
A. Francke Verlag · Tübingen und Basel
Haupt Verlag · Bern · Stuttgart · Wien
Julius Klinkhardt Verlagsbuchhandlung · Bad Heilbrunn
Mohr Siebeck · Tübingen
Nomos Verlagsgesellschaft · Baden-Baden
Orell Füssli Verlag · Zürich
Ernst Reinhardt Verlag · München · Basel
Ferdinand Schöningh · Paderborn · München · Wien · Zürich
Eugen Ulmer Verlag · Stuttgart
UVK Verlagsgesellschaft · Konstanz, mit UVK/Lucius · München
Vandenhoeck & Ruprecht · Göttingen
vdf Hochschulverlag AG an der ETH Zürich

SASCHA HENNINGER (HG.)

# Stadtökologie

Bausteine des Ökosystems Stadt

FERDINAND SCHÖNINGH

*Umschlagabbildung:*
**Reykyavik 2008**

Online-Angebote oder elektronische Ausgaben sind erhältlich unter **www.utb-shop.de**

Bibliografische Information Der Deutschen Nationalbibliothek

Die Deutsche Nationalbibliothek verzeichnet diese Publikation in der Deutschen Nationalbibliografie; detaillierte bibliografische Daten sind im Internet über http://dnb.d-nb.de abrufbar.

© 2011 Ferdinand Schöningh, Paderborn
(Verlag Ferdinand Schöningh GmbH & Co. KG, Jühenplatz 1, D-33098 Paderborn)
Internet: www.schoeningh.de

Das Werk, einschließlich aller seiner Teile, ist urheberrechtlich geschützt. Jede Verwertung außerhalb der engen Grenzen des Urheberrechtsgesetztes ist ohne Zustimmung des Verlages unzulässig und strafbar. Das gilt insbesondere für Vervielfältigungen, Mikroverfilmungen und die Einspeicherung und Verarbeitung in elektronischen Systemen.

Printed in Germany.
Herstellung: Ferdinand Schöningh, Paderborn
Einbandgestaltung: Atelier Reichert, Stuttgart

UTB-Band-Nr: 3559
ISBN 978-3-8252-3559-8

# Inhaltsverzeichnis

# Vorwort

Seit einigen Jahren wächst zunehmend das Interesse an dem anthropogen geprägten Ökosystem der Stadt. Dies ist nicht zuletzt der Tatsache geschuldet, dass nahezu alle Prognosen davon ausgehen, dass die Stadt auch zukünftig als Lebensraum für immer mehr Menschen an Bedeutung gewinnt. Fast vergessen ist mittlerweile, dass es vergleichbar lange dauerte bis man verstand, dass die natürliche Landschaft durch den Bau von Siedlungen und den dort stattfindenden anthropogenen Aktivitäten deutliche Modifikationen erfährt. Ehemals galt der urbane Raum als lebensfeindlich und nicht lohnenswert einer ökologischen Forschung unterworfen zu werden. Daher ist die Stadtökologie im Vergleich zu anderen Wissenschaftsdisziplinen eine recht junge, die allerdings eine Vielzahl unterschiedlicher Wissenschaften miteinander vereint. Aufgrund dessen haben sich der Herausgeber und die Autoren dazu entschieden einige grundlegende Bausteine des Ökosystems Stadt aufzugreifen und unter aktuellen Gesichtspunkten zu beleuchten. Dieses Lehrbuch zur Stadtökologie erhebt daher nicht den Anspruch den gesamten Komplex der wissenschaftlichen Abhandlungen zum Thema des urbanen Ökosystems abzudecken. Vielmehr war und ist es das Bestreben unter anderem den Studierenden unterschiedlicher Fachdisziplinen, wie der Geographie und Bodenkunde, der Biologie und Klimatologie, der Umweltforschung sowie der Soziologie und Stadtplanung, als einführende Handreichung zu dienen. Der Inhalt des Lehrbuches zielt daher nicht nur auf Studierende der Geographie, sondern soll auch jene umweltbezogenen Studiengänge ansprechen, vor allem aber die Stadt-, Raum- und Umweltplanung, da gerade im Bereich der nachhaltigen und ökologischen Planung in urbanen Räumen gegenwärtig und in der Zukunft, unter anderem hervorgerufen durch den Klimawandel, bereits ein entsprechend großer Handlungsbedarf entstanden ist und weiter bestehen wird.

Kaiserslautern, März 2011                          Sascha Henninger

# 1.  Ökosystemkomplex Stadt

Auch eine Stadt ist ein Ökosystem. Auf engstem Raum interagieren natürliche (Boden, Wasser, Luft) und anthropogene Faktoren (Wohnsiedlungen, Verkehrseinrichtungen, Industrieanlagen etc.) miteinander. Die Vernetzung und Verknüpfung der unterschiedlichen Faktoren zu einem übergeordneten System lässt eine außerordentliche Komplexität des Ökosystems Stadt entstehen und es folgerichtig als Ökosystemkomplex Stadt beschreiben. Dieses vom Menschen geschaffene Ökosystem ist nicht nur am weitesten von den natürlichen Ökosystemen entfernt, sondern es weist auch höhere Belastungen auf. Gleichzeitig befinden sich die Energie- und Stoffflüsse nicht mehr im Gleichgewicht. Während natürliche, aber auch naturnahe Ökosysteme aufgrund rückgekoppelter, sich selbst regulierender Stoffkreisläufe und Energieflüsse äußerst ökonomisch funktionieren, kann das Ökosystem Stadt nur durch die Interaktion mit produzierenden Teilsystemen (z. B. mit der Landwirtschaft) und mittels der permanenten Zufuhr zusätzlicher Energie existieren. Dennoch ist die Stadtökologie eine vergleichbar junge Wissenschaftsdisziplin. Der Fokus der Forschung zum Ökosystem Stadt liegt auf der Betrachtung des gesamten Ökosystemkomplexes und ist somit im Gegensatz zur klassischen Ökologie als angewandte Stadtökologie zu bezeichnen. Obwohl bereits erste sektorale Analysen und Erfassungen der urbanen Belastungen und vor allem Versuche der gezielten Minderung ebendieser in der Antike durchgeführt wurden, muss der eigentliche Beginn der komplexen stadtökologischen Forschung in den letzten drei bis vier Jahrzehnten angesetzt werden. Denn die Stadt als solche wurde lange Zeit nicht als lohnender Gegenstand einer ökologischen Betrachtungsweise erachtet. Der Glaube an eine mehr oder minder lebensfeindliche Umwelt innerhalb der urbanen Räume bedingte über viele Jahrzehnte hinweg diese ablehnende Haltung. Die Zahl der Arten, die unter solchen Bedingungen als überlebensfähig galten, wurde als äußerst gering angesehen. Die urbanen Artenkombinationen besaßen den Status von Zufallsprodukten. Erst seit rund 40 Jahren erfahren die Städte eine intensivere ökologische Untersuchung, wobei sich viele der damaligen Annahmen sehr bald als falsch herausstellten (z. B. DOUGLAS 1981; *siehe dazu auch weiterführend Kapitel 2: Historische Entwicklung der Stadt und ihrer Belastungen*).

Die weltweite Urbanisierung schreitet in den letzten Jahrzehnten nahezu unaufhaltsam voran. Konnten in den 1980er Jahren 35 Städte mit mehr als vier Millionen Einwohnern gezählt werden, so wird deren Zahl bis zum Jahr 2025 voraussichtlich auf 135 anwachsen (HEINEBERG 2006). Innerhalb von nur 40 Jahren (1950-1990) hat sich die Zahl der globalen Stadtbevölkerung verzehnfacht und der Trend ist ungebrochen. Daher wird schon bald die drei Milliarden-Schwelle überschritten sein. Mehr als die Hälfte der Weltbevölkerung wird dann in Städten leben. Nicht allein die Stadt als anthropogen gesteuertes Ökosystem lässt sich inmitten eines ehemals natürlichen Ökosystems als eine Art „ökologischer Störfaktor" betrachten. Vielmehr besteht die Problematik darin, dass es zu einer Konzentration der urbanen Bevölkerung auf einem vergleichsweise engen Raum kommt. Diese Tatsache verstärkt die von Städten ausgehenden Umwelteinwirkungen zusätzlich.

Die Beeinflussung städtischer Siedlungen auf Umwelt und Ökologie kann mitunter verheerende Auswirkungen annehmen. Es sind die aufstrebenden Schwellenländer, vor allem aber die Millionenstädte in den Entwicklungsländern, die gegenwärtig mit einer starken Urbanisierung konfrontiert sind (KRISCHE 2000). Dabei werden diese Länder vor ökologische Herausforderungen gestellt, die in vielen Fällen kaum ohne externe Hilfestellungen zu bewältigen sind (LINDEN et al. 2008; HENNINGER 2010a). Die Lebensbedingungen für die Stadtbevölkerung, ganz gleich ob von Industrie-, Schwellen- oder Entwicklungsländern, stehen daher seit einigen Jahrzehnten zunehmend im Mittelpunkt des öffentlichen Interesses, vor allem aber in der Forschung. Und die bislang ungebrochene Sogwirkung, die urbane Räume auf die ländliche Bevölkerung gerade in den Ländern der Dritten Welt ausüben, lassen Ballungsräume mit enormer flächenhafter Ausdehnung und zudem apokalyptisch anmutenden Bevölkerungsdichten von mehr als 20.000 Einwohnern pro km² entstehen (z. B. Mumbai 27.370; Delhi 20.120).

Die Stadt der Gegenwart ist als ein hochverdichtetes und komplexes System zu verstehen. Vielfach wird die eigentlich enge Beziehung zwischen den Menschen und der natürlichen Umwelt durch künstlich geschaffene Umweltbedingungen, wie z. B. durch Klimaanlagen, oder mittels effizient gestalteter Versorgungs- und Entsorgungssysteme überdeckt. Trotz aller Innovationen, die das Leben der Menschen, vor allem in den Städten, erleichtern und verbessern sollen, wird die urbane Lebensqualität durch Umweltprobleme stark beeinträchtigt (z. B. KUTTLER 2006). Die Modifikationen der urbanen Geosphäre gegenüber dem Umland lassen sich, in Abhängigkeit der Größe der jeweiligen städtischen Siedlung, mehr oder minder deutlich nachweisen (vgl. GOUDIE 2008):

- Es werden neue Flächen durch Landgewinnung und Aufschüttungen geschaffen.
- Das natürliche hydrologische System wird durch die anthropogene Bebauung empfindlich gestört, teilweise gar zerstört.
- Die Vegetationsdecke muss der Versiegelung weichen; dies zerstört wiederum natürliche Lebensräume und führt zu Veränderungen des Artenbestandes.
- Anthropogene Emissionen aus Feuerungsanlagen, der Industrie und dem Kfz-Verkehr belasten unmittelbar die urbane Luftqualität, jedoch auch die Bereiche, die sich im Umland direkt in der urbanen Abluftfahne befinden.
- Durch die Produktion von Abwärme aus Kraftwerken und Industrieprozessen sowie von Heizungen und dem Kfz-Verkehr erhöht sich die urbane Lufttemperatur.

– Unzureichende Stadtplanungsmaßnahmen bedingen häufig fehlende oder man-
gelhaft ausgewiesene bzw. größtenteils verbaute Frisch- und Kaltluftschneisen.
– Natürliche Ressourcen aus dem städtischen Umland werden verstärkt nachgefragt.
– Diverse Abfallstoffe werden produziert und beeinflussen sowohl die Umwelt
in den Städten als auch die des Umlandes.

Alle diese aufgezählten ökologischen Auswirkungen lassen sich zu einem urbanen „ökologischen Rucksack" zusammenfassen (SCHMIDT-BLEEK 1997, 2004).
Die direkte Umwelt wird verschmutzt und Ressourcen werden ausgebeutet, da
Städte in einem hohen Maße von Rohmaterialien wie Holz, Kohle und Öl abhängig sind. Gleiches gilt für landwirtschaftliche Erzeugnisse, Energie und Ar-
beitskraft. Alles muss von außen in die Stadt hinein transportiert werden. Das
Zusammenwachsen von urbanen Siedlungsräumen zu städtischen Großregionen
oder urbanen Agglomerationen (wie z. B. Rhein-Ruhr, Rhein-Main oder Rhein-
Neckar) verschärft die Situation zunehmend und der entsprechende „urbane
ökologische Rucksack" wird, bildhaft gesprochen, immer weiter aufgebläht. In
solchen Stadtgebieten bedingt das Siedlungswachstum bzw. das Zusammen-
schmelzen unterschiedlicher urbaner Räume einige drastische Veränderungen.
Dahingehend erfahren alle Geofaktoren (Klima, Boden, Relief, Wasserhaushalt
und Vegetation) innerhalb des Ökosystems Stadt grundlegende Modifikationen
und Beeinträchtigungen durch den Menschen. Jede Siedlungsstruktur weist
durch seine Gebäude und Grünanlagen ein deutlich ausgebildetes Relief auf.
Steile Erhebungen wechseln sich ab mit dazwischen verlaufenden Senken. Ein
Vergleich der baulichen Substanz mit vegetationslosem Felsgestein liegt hier
nahe. Wenige Quadratzentimeter große Blumenkübel bzw. mehrere Hektar große innerstädtische Parkanlagen dienen als eine Art Vegetationsinsel und sorgen
für Abwechslung. Die eigentliche Funktion des Bodens geht verloren. Er wird
degradiert zum simplen Bauuntergrund. Alle wesentlichen Aktivitäten von Bo-
denlebewesen werden weitestgehend unterbunden. Die natürliche obere Boden-
schicht wird abgetragen und mit künstlichen oder natürlichen Fremdmaterialien
wie Kies oder Beton bedeckt.

## 1.1    Bausteine des Ökosystems Stadt

Das urbane Ökosystem unterscheidet sich durch eine Vielzahl von Eigenschaften
von einem natürlichen. Dies soll nicht etwa bedeuten, dass beide vollkommen unterschiedlich aufgebaut sind. Oft äußern sich in den Städten einzelne Umweltfaktoren auch vergleichbar jenen außerhalb der Stadt. Allerdings ist es die Kombination aus mehreren abiotischen und biotischen Faktoren, die zu sehr spezifischen
ökologischen Subsystemen und Artenkombinationen führt (Abb. 1.1).

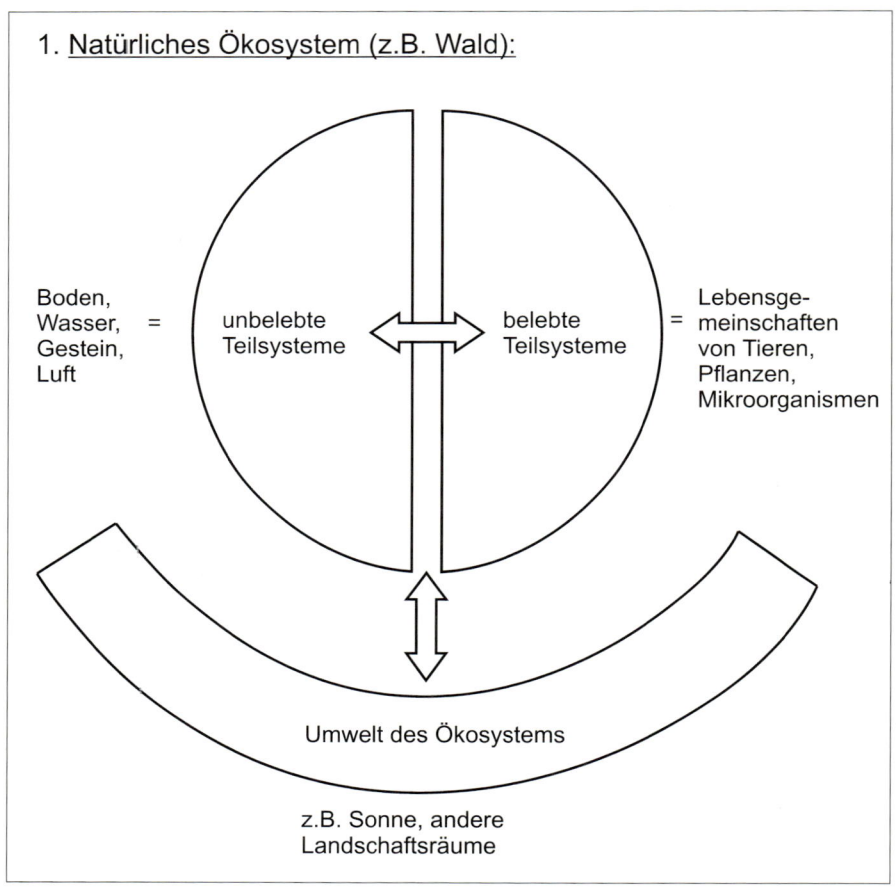

**1. Natürliches Ökosystem (z.B. Wald):**

Boden, Wasser, Gestein, Luft = unbelebte Teilsysteme ⟺ belebte Teilsysteme = Lebensgemeinschaften von Tieren, Pflanzen, Mikroorganismen

Umwelt des Ökosystems

z.B. Sonne, andere Landschaftsräume

**Abb. 1.1:** Schematische Gegenüberstellung eines natürlichen Waldökosystems und einem urbanen Ökosystem (eigene Darstellung nach Braun 2005)

Die geläufigste und vor allem gegenwärtig am stärksten diskutierte Modifikation des Ökosystems Stadt ist, dass es sein eigenes charakteristisches (Stadt)Klima aufweist. Der natürliche Wärmehaushalt erfährt im urbanen Raum anthropogen bedingt insofern Veränderungen, dass die Bodenoberflächen bzw. das Bodensubstrat modifiziert werden (künstliche Baustoffe, Versiegelung), zusätzliche Wärmequelle (z. B. die Gebäudeheizung) auftreten sowie ein Mehr an zusätzlichen Spurenstoffen (z. B. Industrie und Verkehr), die sich in der urbanen Atmosphäre anreichern. Sowohl der Strahlungshaushalt als auch der Wärmetransport in den Boden und in die Atmosphäre unterscheiden sich signifikant von den natürlichen Umlandverhältnissen. Eine hohe Zahl luftgetragener Partikel führt auf-

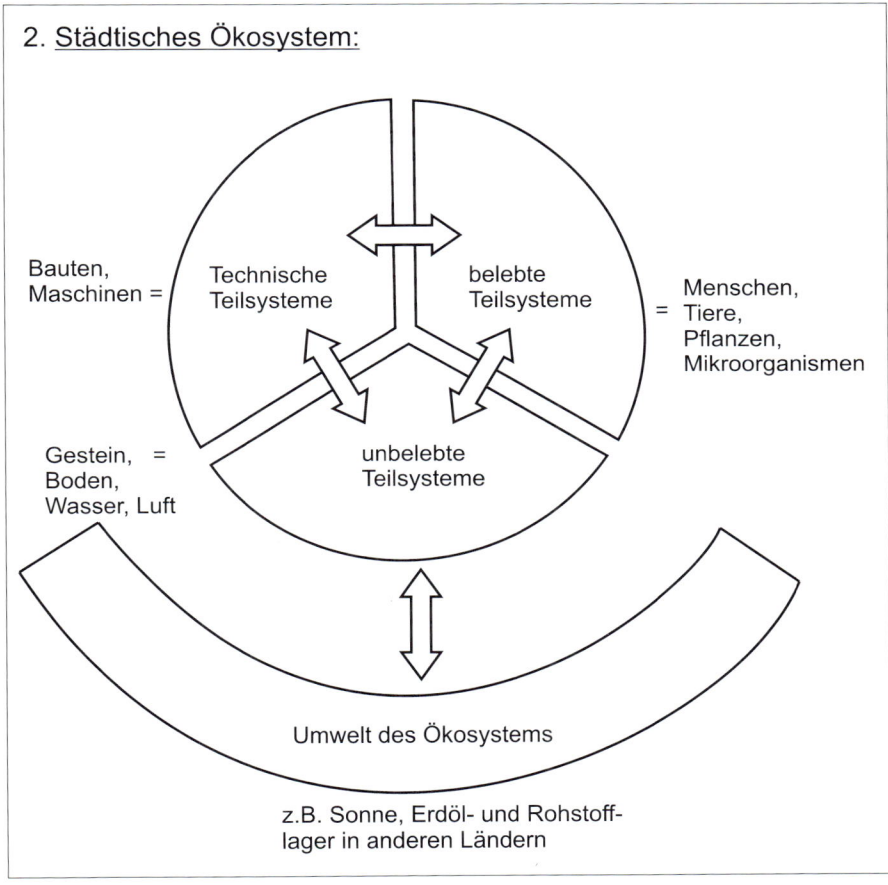

2. Städtisches Ökosystem:

grund der Absorption der Strahlung zu einer verminderten Erwärmung des Stadtgebietes. Dies wird jedoch infolge der geringeren langwelligen Ausstrahlung überkompensiert. Der so entstandene anthropogene, urbane Treibhauseffekt führt letztendlich zusammen mit der erhöhten Wärmekapazitätsdichte der versiegelten Flächen zu einem Anstieg der mittleren urbanen Lufttemperaturen. Dementsprechend wird dieses städtische Erwärmungsphänomen auch als urbaner Wärmeinseleffekt bezeichnet (KUTTLER 2010a/b).

Infolge des lokal begrenzten mehr oder minder punktartig auftretenden mesoklimatischen Effektes ist das Klima in der Stadt vergleichbar mit Wüsten oder Steppen, die einen inselartigen Waldbestand aufweisen. Luftinhaltsstoffe und Wärme werden in die urbane Atmosphäre abgegeben und ein hoher Versiegelungsgrad steht einer relativ geringen Vegetationsbedeckung gegenüber. Die mehrgeschossige Gebäudestruktur nimmt Einfluss auf die Reibungseigenschaften der Bodenoberfläche und beeinflusst so die Luftzirkulation (HENNINGER & RINGHOF 2010). Die Auswirkungen des Wärminseleffektes auf die natürlichen Klimaverhältnisse eines Raumes können teilweise beträchtlich sein. Der bebaute Stadtkörper kann sich sehr gut aufheizen; es wird wesentlich mehr Sonnenstrahlung von den künstlichen Materialien absorbiert. Hohe Hauswände und die meist dunkelfarbigen Dächer und Verkehrsflächen der Straßen halten die Strahlung zurück. Die zum Teil hochversiegelten Flächen besitzen, im Vergleich zu einem natürlichen Bodenbelag, eine hohe Wärmekapazitätsdichte und eine gute Temperaturleitfähigkeit, sodass die Wärme am Tage zwischengespeichert und erst im Laufe der Abend- und frühen Nachtstunden zeitverzögert wieder an die urbane Atmosphäre abgegeben wird (vgl. KUTTLER 2006). Pflanzendecken in ländlichen Regionen wirken dahingehend wie eine Isolierschicht. Die Temperaturen liegen am Tag und in der Nacht relativ gesehen niedriger. Die Evapotranspiration in ruralen Räumen verstärkt diesen Effekt zusätzlich. Außerdem gelangt künstliche Wärme infolge des Energieverbrauchs von Industrie, Handel und Haushalten in die Stadtatmosphäre (BENDIX 2008). Aufgrund ihrer äußeren Oberflächenstruktur und der verwendeten Materialien können Gebäude mit natürlichen Felsen verglichen werden. Die Gebäudeaußenwand erreicht je nach solarer Einstrahlung hohe Oberflächentemperaturen und speichert diese über einen längeren Zeitraum (HENNINGER 2010b; *siehe dazu auch weiterführend Kapitel 3: Das Klima in der Stadt*).

Urbane Böden erfahren infolge von Aushebungen, Abgrabungen und Auffüllungen sowie durch das Aufwühlen von Baumaschinen und nicht zuletzt natürlich auch durch das Entfernen der Vegetationsbedeckung eine enorme Störung. Diese Eingriffe in die Pedosphäre einer Stadt können mitunter zu sehr hohen Erosionsraten, aber auch dementsprechend zu hohen Sedimenteinträgen in Gewässer führen. In Extremfällen kann dies solche Ausmaße annehmen, dass innerhalb einer Jahresfrist Erosionsmengen erreicht werden, welche die natürliche oder auch landwirtschaftlich bedingte Erosion nur in Jahrzehnten erreichen kann (GOUDIE 2008). Allerdings kann sich in der Stadt demgegenüber ebenso ein gänzlich anderes Bild äußern. Aufgrund der Zufuhr von Materialien über viele Jahrzehnte und teilweise Jahrhunderte hinweg hat sich dies vielerorts zum Teil erheblich auf das Bodenniveau der Städte ausgewirkt. Es wurde künstlich erhöht. Eine Folge dieser Entwicklung ist, dass relativ dazu der Grundwasserspiegel absinkt. Absolut gesehen jedoch sinkt der Grundwasserspiegel in der Stadt in Folge der Versiegelung der Oberflächen und der damit einhergehenden Behinderung des Versickerns des Niederschlagswassers sowie durch die übermäßige verbrauchsbedingte Grundwasserentnahme. Im Ergebnis zeigt sich schließlich, dass urbane Böden gegenüber ihrem eigentlichen Ausgangszustand oft trockener sind. Neben der Trockenheit spielt die starke Verdichtung des Bodens eine erhebliche Rolle. Auch sind die urbanen Böden vor allem in Industriegebieten, im Bereich von Deponien und Rieselfeldern sowie in Straßenrandbereichen teilweise erheblich durch Schadstoffe belastet (*siehe dazu auch weiterführend Kapitel 4: Stadtböden*).

Eine der signifikantesten Veränderungen erfährt der urbane Wasserhaushalt durch die bereits angesprochene Versiegelung der Bodenoberflächen und somit der Verringerung des einsickernden Niederschlagswassers. Hinzu gesellt sich die Tatsache, dass die puffernde Wirkung der Vegetationsbedeckung verloren geht (z. B. durch Interzeption). Eine der nachhaltigsten Konsequenzen daraus tritt bei Starkniederschlagsereignissen auf. Aufgrund der geringen Infiltrationskapazität der Bodenoberflächen steigt der Oberflächenabfluss im Vergleich zu den ländlichen Räumen teilweise deutlich an, und somit auch die Gefahr von Überschwemmungen im Stadtgebiet. Der Bau von Abwasser- und Regenwasserkanälen beschleunigt den Abfluss zusätzlich. Je größer ein kanalisierter Raum ist, desto größer ist auch der Abfluss in Abhängigkeit der Niederschlagsintensität (SYMADER 2004).

Vergleichbar mit der anthropogen hervorgerufenen thermischen Belastung der urbanen Atmosphäre, u. a. durch künstliche Abwärme, kann die Veränderung der Temperatur in städtischen bzw. stadtnahen Gewässern ebenfalls als thermische Belastung bezeichnet werden. Ein großer Teil der Flussfauna und -flora ist davon direkt betroffen. Hauptverursacher der künstlichen Wärmezufuhr sind Kraftwerke, die in großen Mengen Kühlwasser in die Flüsse einleiten. Jedoch muss es nicht zwingend ein Kraftwerk sein, das eine thermische Gewässerbelastung hervorruft. Die Temperaturanomalien können auch eine direkte Folge der Verstädterung sein. Gründe dafür gibt es viele:

– Veränderungen des Beschattungsgrades eines Kanals (durch Eindecken oder durch Entfernen der natürlichen Vegetation),
– Veränderungen des Regenabflussvolumens,
– Veränderungen im Beitrag des Grundwassers,
– Veränderungen der Anordnung von städtischen Kanälen (z. B. ihres Verhältnisses von Breite zu Tiefe) und
– Veränderungen des Temperaturregimes von Wasserläufen durch den Bau von Reservoirs.

*Siehe dazu auch weiterführend Kapitel 5: Urbaner Wasserhaushalt*

Im Gegensatz zur allgemeinen Vorstellung stellt die Stadt keinen homogenen Standort dar. Ähnlich dem Muster der kleinräumigen Verteilung unterschiedlicher Flächennutzungstypen findet sich in der Stadt eine Vielzahl mosaikartig angeordneter Biotope. Sie sind gegeneinander scharf abgegrenzt und in sich relativ homogen. Urbane Standorte unterscheiden sich von ruralen Räumen vor allem durch eine hohe zeitliche Variabilität der einzelnen Umweltfaktoren, da sie ständigen Eingriffen verschiedenster Art unterworfen sind. Dadurch ist die allgemeine Dynamik groß. Dies bedeutet auch für die unterschiedlichen Biotope, dass

Veränderungen weniger rhythmisch, sondern eher dynamischer als in natürlichen Ökosystemen auftreten (SUKKOP & TREPL 1995). Erstaunlicherweise ist die Artenzahl vieler Farn- und Blütenpflanzen pro Flächeneinheit in der Stadt größer als im Umland (STUGREN 1986). Mittlerweile konkurrieren die standortbezogenen, angepflanzten Stadtbäume, Ziersträucher und Zierpflanzen mit der spontan wachsenden Flora. Allgemein lässt sich feststellen, dass die Zeigerwerte der Pflanzen im Bereich des Stadtzentrums hin zu licht-, stickstoff-, wärme- und trockenheitsliebenden Arten tendieren. Nicht zuletzt ist das mediterrane Flair, welches viele mitteleuropäische Städte versuchen mithilfe gezielter Bepflanzungen zu erreichen, der Tatsache geschuldet, dass aufgrund des Stadtklimas Pflanzenarten aus südlichen Verbreitungsgebieten eingeführt und angesiedelt werden können.

Der zunehmende Urbanisierungsgrad hat sich auf die natürliche Fauna und Flora schädlich ausgewirkt. Allerdings gibt es auch eine Vielzahl von Beispielen für Tier- und Pflanzenarten, die Nutznießer der vom Menschen herbeigeführten Veränderungen sind. Diese besitzen das Vermögen sich so weit an die neuen Umstände anzupassen, dass sie zu einem Bestandteil des urbanen Ökosystems geworden sind. Aber nicht nur Pflanzen, auch Tierarten erfahren ihre Veränderungen im urbanen Raum. Diese sind teilweise hochspezialisiert und an das Leben angepasst. Zu ihnen zählen vor allem die Anthropodengruppen (Vögel und Säuger; ERZ & KLAUSNITZER 1993). Ihre Artenzahl ist, wie bei den Farn- und Blütenpflanzen in der Stadt höher als im Umland. Solche Tierarten werden als Kulturfolger bzw. Synanthropen bezeichnet. Tauben und Spatzen zählen ebenso zu dieser Gruppe wie Ratten. Auch die Amsel, ein ehemaliger Waldbewohner, ist im Verlauf von Generationen zum Bewohner vieler Gärten geworden. Gleiches gilt für das Eichhörnchen, das mittlerweile in innerstädtischen Grünflächen häufiger anzutreffen ist als im Wald (SUKOPP & TREPL 1995). Tierarten sind jedoch in unterschiedlichem Maße synanthrop. Einige sind allerdings bereits in einem solchen Maß an die urbanen Verhältnisse angepasst, dass von ihnen überhaupt keine Freilandpopulationen mehr bekannt sind. Anpassungserscheinungen können u. a. sein (ebd.):

– Verhaltensänderungen (z. B. veränderter Brutbeginn)
– Nutzung von Ersatzhabitaten
   • Epilithionarten der Gebirge (z. B. Hauswände als Felsen)
   • Höhlenarten (z. B. Keller- und Innenräume)

Bei einer näheren Betrachtung des Einwanderungs- und Aussterbegeschehens innerhalb des urbanen Ökosystems zeigt sich deutlich die wechselseitige Anpassung zwischen Organismen und den herrschenden Standortbedingungen. Vor allem die einheimische und alteingebürgerte Flora und Fauna weist einen besonders starken Rückgang auf. So nimmt der Anteil der Neophyten in manchen Gebieten deutlich zu (NENTWIG 2000). Unter anderem wirkt sich die Siedlungsgröße auf den Neophytenanteil aus:

- Handel und Verkehr sorgen für eine steigende Einwanderungswahrscheinlichkeit (Bahnhöfe und Häfen als Einwanderungs- und Ausbreitungszentren),
- günstige Standortbedingungen aufgrund der zunehmenden Siedlungsgröße (ebd.).

Sowohl Tiere als auch Pflanzen dienen im Ökosystem als Bioindikatoren zur Detektion von Umweltbelastungen. Das Verbreitungsmuster von Flechten im Stadtgebiet eignet sich dafür im Besonderen. Die einzelnen Flechtenarten reagieren auf unterschiedlichste Weise auf Luftverunreinigungen. Das Stadtzentrum, meist flechtenfrei, wird als Flechtenwüste bezeichnet. Zur Peripherie der Stadt hin verstärkt sich der Flechtenbewuchs deutlich. Die Normalzone beginnt dort, wo die Artenzahl und -kombination sowie der Entwicklungszustand der Flechten dem Zustand des natürlichen Umlandes entspricht. Die Artenverarmung der Flechten ist allerdings nicht allein der urbanen Luftqualität geschuldet (vgl. SUKKOP & TREPL 1995). Auch die, hervorgerufen durch den Wärmeinseleffekt, geringere Luftfeuchtigkeit ist dafür verantwortlich zu zeichnen (*siehe dazu auch weiterführend Kapitel 6: Pflanzen und Tiere im städtischen Lebensraum*).

Die Betrachtung der Analyse der Energieflüsse eines Ökosystems gehört zum methodischen Rüstzeug der Ökosystemforschung. So erweist es sich als sinnvoll auch das urbane Ökosystem hinsichtlich seines Stoff- und Energiehaushaltes zu untersuchen, da diese sich grundlegend von denen des Umlandes unterscheiden. Ökosysteme funktionieren letztendlich solarenergiebetrieben und sind mehr oder weniger vollständig von der immerwährenden Zufuhr solarer Strahlungsenergie abhängig. Was alle Ökosysteme gemein haben, auch der Ökosystemkomplex der Stadt, ist, dass sie über Energie der eintreffenden kurzwelligen solaren Strahlung angetrieben werden und im Umkehrschluss Energie in Form der langwelligen Wärmestrahlung abgeben. Sämtliche Lebensvorgänge und die meisten geophysikalischen Prozesse werden durch die Solarenergie angetrieben. Die bei der Energieumsetzung und Stoffrückführung in Kreisläufe erreichte Effizienz kann als Kriterium für den Reifezustand des jeweiligen Systems angesehen werden (SIMON & FRITSCHE 1993). Ihre Modifikation von dieser allgemeinen Darstellung für ein Ökosystem erfahren die Energie- und Stoffflüsse in der Stadt. Für die Stadtökologie ist diese Betrachtung nur von untergeordneter Bedeutung. Energie der solaren Einstrahlung wird kaum genutzt. Ein Grund dafür erwächst aus der Tatsache, dass die Biomasse der Primärproduzenten in der Stadt kaum eine Rolle spielt. Die energetische Basis des Stadtökosystems bilden nicht die grünen Pflanzen. Urbane Räume sind nahezu vollständig vom Import externer, in hoher Konzentration vorliegender Energie abhängig. Im Stadtökosystem sind die dominierenden Flüsse nicht mehr mit der Nahrungsmittelproduktion verknüpft. Dennoch kann deren Anteil an der gesamtstädtischen Bilanz erheblich sein. Allerdings handelt es sich hierbei aus ökologischer Sicht nicht um eng miteinander vernetzte trophische Stufen, wie sie eigentlich für natürliche bzw. naturnahe Ökosysteme charakteristisch wären. Es ist daher der Import von außen, der diese wesentliche Rolle übernimmt (AYRES & AYRES 2002). Dies liegt daran, dass vor allem durch den Menschen im urbanen Ökosystem das Übergewicht bei den Konsumenten liegt. Primärproduzenten spielen in der Hierarchie lediglich eine untergeordnete Rolle. Die Destruenten sind nahezu bedeutungslos. Sicherlich kommt es in einigen Bereichen zu Wechselwirkungen zwischen den Stoffeinsätzen und Veränderungen der Lebensbedingungen für Flora und Fauna, jedoch muss vor allem beachtet werden, dass eine weitaus erheblichere Beeinflussung der urbanen Ökosysteme durch längerfristige Veränderungen, z. B. der Luft, der Böden und der Raumstruktur, vorherrschend ist (DOHLEN & SCHMITT 2003). Die Energie- und Stoffflüsse können sich nur schlecht zu wirklichen Kreisläufen ausbilden. Dies führt u. a. dazu, dass urbane Ökosysteme, vor allem aber auch die Ökosysteme der Umgebung, in einem hohen Maße mit Abfallstoffen verschiedenster Art belastet werden.

Die urbanen Stoff-und Energieflüsse sind aufgrund unterschiedlicher Lebens- und Arbeitsbedingungen innerhalb des Stadtgebietes erheblichen Schwankungen unterworfen. Daher darf der Stadtkörper aufgrund seiner Struktur nicht als homogen angesehen werden. Unterschiedliche Flächennutzungen (Gewerbegebiete, Wohngebiete mit unterschiedlicher Dichte, innerstädtische Parkflächen und Sportanlagen) machen es unabdingbar, dass eine detaillierte Betrachtung des Energieumsatzes erfolgt, um die unterschiedlichen Flüsse dem Standort entsprechend zuweisen zu können. Dass, bezogen auf die Stadtfläche, allein aufgrund der intensiven wirtschaftlichen Aktivitäten (Industrie und Gewerbe) und des hohen Verkehrsaufkommens, der Energiebedarf eines urbanen Raumes überproportional hoch ausfällt, wird niemand bezweifeln. Aber infolge der hohen Bevölkerungsdichte ist dies unausweichlich (BRINGEZU 2000; AYRES & AYRES 2002).

Das gleiche gilt für die urbanen Stoffumsätze. Sowohl die Verdichtung als auch die ökonomischen Aktivitäten sind in der Regel mit einem höheren Einsatz verbunden als im ländlichen Raum. Allerdings liegt hierin auch eine große Abhängigkeit des urbanen Raumes gegenüber dem Umland. Die Stadt wird immer abhängig vom Umland und den wirtschaftlichen Bedingungen sein, die sich außerhalb ihrer Einflusssphäre befinden.

### Exkurs Materialflussanalyse

Sieht man einmal von der Analyse der Nahrungsketten ab, so dienen Stoff- und Energiebilanzen eher als Hilfsmittel für die industrielle Produktions- und Ablaufplanung. Hier findet die Materialflussanalyse (Gegenüberstellung eingebrachter und ausgebrachter Stoffmengen) ihren Einsatz. Gleichzeitig bereitet diese Flussrechnung aber auch eine gute Basis für eine Untersuchung im Bereich der stadtökologischen Umweltplanung. Die Bilanz der umgesetzten Stoffmengen kann als Voraussetzung dafür angesehen werden über die Ursachenforschung Veränderungsmöglichkeiten aufzuzeigen (HOFMEISTER 1989).

Um eine Materialflussrechnung durchführen zu können, sollten zwei Überlegungen vorweg geschaltet sein:
- Wie ist die Beziehung zwischen zwei oder mehreren sozialen Systemen gestaltet?
- Wie ist der Stoffwechsel seinerseits konzipiert?

Das Ergebnis einer Materialflussanalyse (MFA) ist recht eindeutig zu verstehen. Es trifft eine Aussage über Materialflüsse, die in eine Gesellschaft hinein und aus dieser Gesellschaft wieder herausgeführt werden. Die Gesellschaft wird hierbei als ein System verstanden. Sie wird von ihrer Umwelt umgeben. Die Umwelt kann sich wiederum entweder aus einer oder sogar mehreren Gesellschaften/Systemen zusammensetzen. Das System ist in diesem Zusammenhang als eine sozioökonomische Einheit zu verstehen. Sie bezieht sich sowohl auf die in ihr lebenden Menschen als auch auf die Fauna und Flora sowie Gebäude, Produkte etc. Die letzteren sind also Dinge, die ohne den Menschen bzw. sein Zutun nicht in ihrem gegenwärtigen Zustand erhalten bleiben würden. Auch eine Veränderung der Erscheinungsform wäre ohne den Menschen nicht möglich. Der Materialfluss findet von einer Einheit in dessen Umwelt und umgekehrt statt. Überhaupt kann ein Materialfluss nur dann stattfinden, wenn nachgewiesen werden kann, was fließt, wo es fließt und wodurch. Der Konsum von Waren bzw. Materialien stellt einen Fluss dar, der ein System durchfließt/durchströmt (PETROVIC 2008). Um dieses Fließen besser erklären zu können, macht es Sinn sich einer biologischen Theorie zu bedienen, dem Metabolismus bzw. Stoffwechsel. Der Metabolismus ist z. B. für den menschlichen Organismus lebensnotwendig, denn er sorgt für den permanenten chemischen Auf- und Abbau von Stoffen und Materialien. Denn nur so ist gewährleistet, dass alle Funktionen des menschlichen Körpers (Energieversorgung, Wachstum und Reproduktion) aufrecht erhalten werden. Dafür muss unweigerlich die fortwährende Zu- und Abfuhr von Stoffen sichergestellt sein. Die den Organismus umgebende Umwelt dient dafür als Quelle und Senke. Der fortlaufende Stoffwechselprozess verarbeitet die Materialien und Stoffe in Struktur und Zusammensetzung. Damit werden sie für ihre anschließenden Anforderungen vorbereitet. Aus dem System/Organismus heraus kommen letztendlich andere Materialien und Stoffe als aufgenommen wurden (FALLER & SCHÜNNKE 2008). Obwohl der Organismus eine eindeutige physisch-chemische Abgrenzung zu seiner Umwelt besitzt, kann er als offenes System bezeichnet werden. Der Metabolismus steht für die Austauschbeziehungen zwischen dem System/Organismus und dessen Umwelt. Denn Stoffe aus der Umwelt gelangen in dieses System, werden verarbeitet und verlassen es in umgewandelter Form wieder in Richtung Umwelt. Solch ein offenes System kann letztlich nur durch Stoff- und Materialaufnahme bzw. -flüsse aus seiner Umwelt am Leben erhalten werden (s. Abb. 1.2).

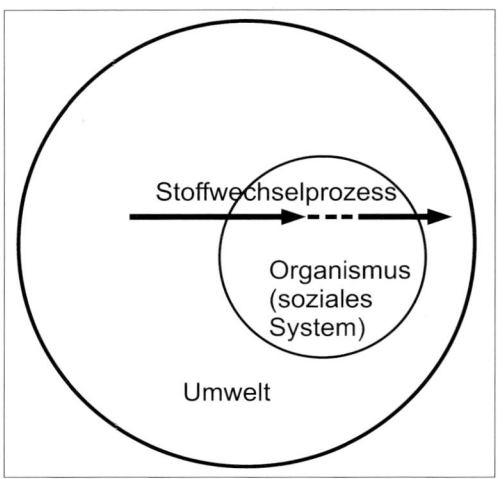

1867 wurde der aus der Biologie entliehene Begriff des Metabolismus erstmals im Zusammenhang mit den Wechselwirkungen zwischen dem Menschen/der Gesellschaft und der Natur aufgegriffen. Karl Marx und Friedrich Engels beschrieben damit, dass der arbeitende Mensch die Basis bildet für das Existieren einer urban-industriellen Gesellschaft. Weiterhin berücksichtigten sie, dass zu diesem Funktionieren auch Rohstoffe als zu verarbeitenden Materialien notwendig sind, ohne die die Gesellschaft nicht aufrecht erhalten werden kann (FISCHER-KOWALSKI 1998).

Es gibt viele Faktoren damit eine Gesellschaft existieren kann. Konkret bedeutet dies für eine Materialflussanalyse, dass die Summe aller metabolischen Prozesse der Mitglieder der Gesellschaft sowie weiterer physischer Komponenten gebildet werden muss. Das Ergebnis ist schließlich ein Material- und Energiestoffwechsel. Im Gegensatz zur biologischen Betrachtung steht bei einer sozial-metabolischen Materialflussrechnung nicht der menschliche Organismus im Mittelpunkt, sondern die menschliche Gesellschaft als ein System bzw. Einheit, einschließlich deren ökonomischer Aktivitäten. Dementsprechend muss jede dieser Gesellschaften als ein offenes System betrachtet werden, welches Materialien und Stoffe aufnimmt, diese in unterschiedlichen Prozessen verarbeitet bzw. speichert und wieder abgibt (BRUNNER 2000). Zum Beispiel werden Rohstoffe aufgenommen, zu Nahrungsmitteln, Produkten und Energie weiterverarbeitet oder verbraucht und letztendlich als Gase emittiert oder als Abwasser und Abfall abgegeben. Auf diese Weise verlassen sie das System/die Gesellschaft wieder. Zurück in der natürlichen Umwelt werden diese so genannten Output-Materialien/Stoffe über unterschiedlich lange Zeiträume weiterverarbeitet, was theoretisch zu einem Kreislauf führt (BACCINI & BRUNNER 1991). Eine Aufrechterhaltung eines solchen Kreislaufs wäre aus ökologischer Sicht mit einer nachhaltigen Entwicklung zu vergleichen.

Die Gesellschaft, die ihren Stoffwechsel nur mithilfe natürlicher, erneuerbarer Ressourcen abdeckt, entwickelt einen so genannten basalen gesellschaftlichen Metabolismus (Jäger- und Sammlergesellschaften; FISCHER-KOWALSKI & HABERL 1997). Ist die Gesellschaft jedoch von fossilen Energieträgern und anderen Ressourcen abhängig, entspricht dies einem „erweiterten Metabolismus/Stoffwechsel". Die Nutzung von Material- und Energiequellen, die außerhalb des aktuellen biosphärischen Kreislaufs gespeichert sind, also nicht erneuerbaren Ressourcen, macht hierbei den Unterschied aus (FISCHER-KOWALSKI et al. 1997). Selbst Agrargesellschaften, die in hohem Maße vom Energielieferanten Sonne abhängig sind, nutzen bereits in geringem Umfang Materialien/Stoffe, die außerhalb der biosphärischen Kreisläufe in unterirdischen Depots gelagert sind bzw. waren (z. B. Blei, Eisen etc.; FISCHER-KOWALSKI & HÜTTLER 1999)

Eine Quantifizierung des gesellschaftlichen Material- und Stoffwechsels kann mithilfe der Materialflussanalyse vorgenommen werden. Zu vergleichen ist dies mit einer Art physischer Buchhaltung der Gesellschaft-Umwelt-Beziehung, auch *accounting* genannt. Verursacht wird dieser Materialstoffwechsel durch Extraktion, Konsumption und Produktion von Materialien innerhalb der Gesellschaft (vgl. BONGARDT 2002). Die Gesellschaft-Umwelt-Beziehung ist eine physische Beziehung. In erster Linie geht es hier um den Austausch von Energie oder Material zwischen dem System/der Gesellschaft und der Umwelt. Betrachtet man das Ganze aus anthropozentrischer Sicht, so muss auch hier das System in den Mittelpunkt der wechselseitigen Beziehungen gestellt werden. Denn das Ziel soll letztendlich sein, dass die Probleme und Implikationen einer von seiner natürlichen Umwelt, respektive deren Rohstoff- und Energiequellen, abhängigen Gesellschaft dargelegt und schließlich aufgedeckt werden. Der Frage, welche Flüsse von der Umwelt in das System stattfinden bzw. umgekehrt aus ihm heraus, und ob diese quantifiziert werden können, soll im Rahmen einer Materialflussanalyse nachgegangen werden. Für die Beantwortung ist allerdings zu berücksichtigen, dass die MFA darauf beschränkt ist nur die materielle Dimension zu analysieren. Als Materialien werden alle flüssigen, festen und gasförmigen Substanzen, Verbindungen oder Dinge, wie z. B. Luft, Wasser, fossile Energiegüter, Nahrungsmittel, Baumaterialien, Konsumgüter, Rohstoffe, halbfertige Güter etc. verstanden (ebd.). Eine Einteilung in unterschiedliche Klassen in Abhängigkeit von deren Merkmalen ist hierfür unumgänglich (PETROVIC 2008). So besteht die Möglichkeit zwischen Materialien, die über einen sehr langen Zeitraum hin entstanden sind (fossile Materialien) und solchen, die innerhalb weitaus kürzerer Zeitspannen entstanden sind (rezentes Material) zu unterscheiden. Wie aus Abbildung 1.3 zu ersehen ist, wird grundsätzlich zwischen biotischen (nachwachsenden) und abiotischen (nicht nachwachsenden) Materialien differenziert. Betrachtet man lediglich die direkt aus der Natur entnommenen Materialien, die als bestimmter Rohstoff in das System gelangen, kann die Darstellung als konsistent bezeichnet werden. In den überwiegenden Fällen, z. B. eines urban-industriellen Systems, handelt es sich jedoch um importierte, teilweise halbfertige

Produkte für die Weiterverarbeitung oder um fertige Konsumgüter, die nach deren Nutzung in umgewandelter Form wieder zurück in die Umwelt geführt werden. Daher ist es nicht immer möglich die dargelegte Unterteilung für alle Bereiche durchzuführen. Vor allem nicht dann, wenn es sich um Produkte handelt, die sich aus verschiedenen Rohstoffgruppen zusammensetzen. Insbesondere die urbane Materialflussrechnung ist ein solches Beispiel dafür. Prozentual gesehen geschieht in diesem Ökosystem nur eine geringe Entnahme direkt aus der Natur. Demgegenüber steht meist, in Abhängigkeit des Anteils der Industrie und des Gewerbes die Nutzung von importierten Materialien. Schlecht ist eine Grenze zu ziehen, wenn Luft und Wasser, beide mit großen Anteilen an der MFA, unterschieden werden sollen. Dies kann meist nur sehr grob geschätzt werden. Ein Vergleich zwischen Luft und Wasser mit anderen Materialfüssen ist nahezu unmöglich. Die in die Klasse anderer oder sonstiger Materialien eingestuften Stoffe können nach ihrem Verarbeitungszustand in Rohmaterialien, halbverarbeitete und verarbeitete Materialien unterschieden werden. Ergänzend kann schließlich bei Produkten (Nicht-Rohstoffen) auch noch in die Produktklassen nach Herkunft oder Verarbeitungszustand (z. B. Getränke, Lebensmittel, Möbel, Fahrzeuge, Elektronikartikel, Verbrauchsgegenstände, Sand und Kies, Steine, Holz etc.) unterteilt werden (BONGARDT 2002).

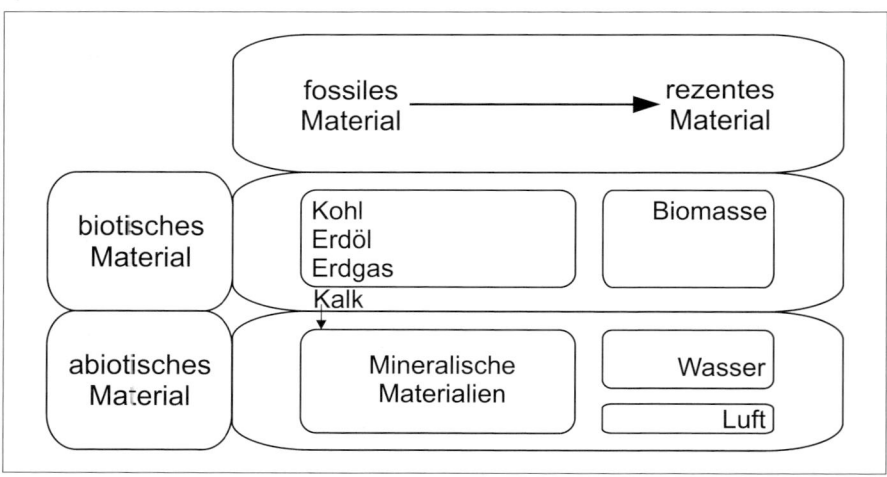

**Abb. 1.3:** Schematische Darstellung der Klassifikation von Materialflüssen (nach BONGARDT (2002), verändert)

Nach SCHANDL & SCHULZ (2000) können zwei für das urban-industrielle System aufkommende Problemstellungen mithilfe der Materialflussanalyse bzw. genauer mittels des Stoffwechsels betrachtet werden:

1. die Ressourcenknappheit (Input-Seite)
2. die Grenzen der Aufnahmefähigkeit (Abfälle und Schadstoffe) der natürlichen Umwelt (Output-Seite)

Wie bereits angemerkt kann die Materialflussanalyse zur Quantifizierung bzw. Beobachtung von Eingriffen der menschlichen Gesellschaft in die natürliche Umwelt herangezogen werden. In diesem Zusammenhang ist die Diskussion um eine nachhaltige Entwicklung (*sustainable development*), die inzwischen große Teile der Politik und Gesellschaft erreicht hat, orientiert an Leitgedanken, die sich mit den humanen Lebensbedingungen und Lebensverhältnissen in der Gegenwart beschäftigen und um diese vor allem für nachfolgende Generationen ebenfalls zu gewährleisten. Und genau an dieser Stelle können die MFA und die Stoffwechselanalyse ansetzen. Sie besitzen eine sehr gute Möglichkeit die zukünftige Entwicklung und mögliche Auswirkungen des sozioökonomischen Handelns abzuschätzen. Zudem können aktuelle Untersuchungen des Ist-Zustandes durchgeführt und darauf aufbauend auch Aussagen über Veränderungen in der Vergangenheit nachvollzogen werden. Die weitreichende und komplexe Bilanzierung des gesellschaftlichen Stoffwechsels für Vergangenheit, Gegenwart und Zukunft bietet letztlich die Möglichkeit zielgerichtet eine nachhaltige Entwicklung voranzutreiben (vgl. BONGARDT 2002). Vor allem mithilfe des für eine Materialflussanalyse zur Verfügung stehenden Datenmaterials können grundlegende Informationen erarbeitet werden, die eine Fülle an Interpretationsmöglichkeiten eröffnen:
– das Wissen über direkte Flüsse und
– die Aufdeckung von „versteckten" Flüssen.

Zusammengenommen zeigen sie die Möglichkeiten eines ökonomischen, aber auch ökologischen Handels auf. Der von SCHMIDT-BLEEK (1997, 2004) verwendete Begriff des „ökologischen Rucksacks" einer urban-industriellen Gesellschaft wird so offen gelegt. Der imaginäre Rucksack beschreibt in diesem Fall jene Masse an Materialien, die außerhalb einer abgegrenzten Ökonomie bewegt werden musste, um ein Importgut (oder ein der Natur direkt entnommenes Gut) zur Verfügung zu stellen (FISCHER-KOWALSKI et al. 1997). Weiterhin bleibt festzuhalten, dass der gesellschaftliche Stoffwechsel nicht nur über die Inputseite durch die Darstellung des Ressourcen-, Material- und Flächenaufwandes mittels der Materialflussanalyse wiedergegeben werden kann. Vielmehr besteht auch die Möglichkeit zur Untersuchung und Analyse der Output-Daten. Abfall- und Emissionsmengen werden so durch die Quantifizierung der Überreste des Stoffwechsels bilanzierbar und somit normalerweise eigentlich nicht messbare/gemessene Mengen abschätzbar, unter Zuhilfenahme des ersten Hauptsatzes der Thermodynamik. Auf diese Weise kann die so genannte End-of-Pipe-Technologie (additive Umweltschutzmaßnahmen) verbessert bzw. eine neue eingeführt werden. Die Stoffwechselanalyse kann aufbauend auf die MFA ohne Weiteres angeschlossen werden (FISCHER-KOWALSKI et al. 1997). Verglichen mit der MFA setzt die Stoffflussanalyse (SFA) ihr Hauptaugenmerk auf den Verbleib unterschiedlicher chemischer Elemente (Stoffe). Um reibungslos funktionieren zu können, benötigt diese Analyse allerdings Hintergrundinformationen aus den Materialflüssen, um die Stoffmenge erfassen zu können. Wo aber beginnt das System und wo endet es? Diese Frage bezieht sich auf die Grenze zwischen dem sozioökonomischen System, dessen Stoffwechsel es zu erfassen gilt und der biophysischen Umwelt. Ohne Zweifel stehen die Subsysteme des urban-industriellen Systems im Austausch. So stellt beispielsweise heute niemand mehr in Frage, dass Haustiere, die zur Nahrungsmittelversorgung des Menschen dienen, einen Bestandteil des sozialen Systems darstellen und dahingehend nicht zur Umwelt gezählt werden dürfen. Demgegenüber gehören jedoch Kulturpflanzen und Forste der Natur an (FISCHER-KOWALSKI & HÜTTLER 1999). Übereinstimmung herrscht ebenso über die Tatsache, dass es zwischen direkten Entnahmen aus der Natur und Importen aus der Volkswirtschaft zu unterscheiden gilt. Handelt es sich z. B. um die direkte Entnahme aus der Natur (z. B. die Förderung von Öl) in einer Nationalökonomie und wird der Rohstoff (das Material) ohne vorzeitige Umwandlung exportiert, so gilt dies als Import in eine andere Volkswirtschaft.

Eine dementsprechende Klassifizierung von Materialien findet natürlich auch statt, wenn diese das System wieder verlassen. Materialien, die von der einen in eine andere Gesellschaft fließen, sind als Exporte gekennzeichnet. Dies gilt z. B. für Abfälle oder gasförmige Emissionen: alles Stoffe, die die Gesellschaft in Richtung Umwelt verlassen und nicht weiter zur Konsumption oder Produktion genutzt werden. So stellt Viehfutter einen Input dar. Das Verteilen von Gülle auf den Feldern hingegen ist ein Output. Ebenso sind Holz, Korn und Stroh ein Input. Fleisch aus der Tierhaltung ist weder das eine noch das andere. Es wird als Transfer(leistung) innerhalb der Gesellschaft betrachtet.

Große Probleme bereitet auch hier wiederum die Abgrenzung von Wasser und Luft. Beide zusammen stellen innerhalb einer urban-industriellen Gesellschaft 75 bis 80 % der Materialflüsse durch die Gesellschaft dar (FISCHER-KOWALSKI & HÜTTLER 1999). Um die anderen Flüsse nicht zu verdecken bzw. die Ergebnisse der Analyse zu stark zu verfälschen, müssen sie im Allgemeinen separat erfasst werden (Abb. 1.4).

Neben den Exporten, Emissionen und Abfällen werden auf der Output-Seite zudem die so genannten dissipativen Verluste und Nutzungen aufgegriffen. Dissipative Nutzungen sind absichtlich oder unabsichtlich in die Umwelt eingebrachte Materialien. Dazu zählen u. a.
– Streugut (Streusalz, Splitt) und
– Dünger.

Dissipative Nutzungen tragen, ob absichtlich oder unabsichtlich eingebracht, zur Erhaltung des gesellschaftlichen Systems bei. In diesem konkreten Fall sind diese

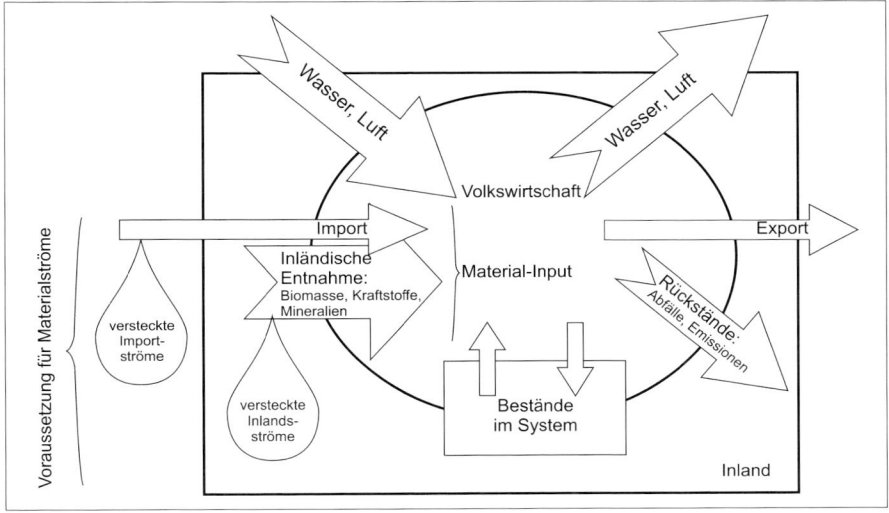

**Abb. 1.4:** Terminologie und Systemgrenzen unterschiedlicher Materialflüsse (nach FI-SCHER-KOWALSKI & HÜTTLER (1999), verändert)

aus dem System stammenden Materialien nicht als Abfall zu bewerten, da sie bewusst als Abgabe in die Natur mit einem vorgesehenen Zweck eingesetzt wurden. Schwieriger gestaltet sich die Feststellung der dissipativen Verluste. Sie sind immer unabsichtlich, in sehr unterschiedlichen Größen in die Umwelt eingeführt (BONGARDT 2002). Dissipative Verluste sind u. a.:

– Gummiabrieb (Fahrzeugreifen),
– Verwitterungsmaterialien (z. B. von Häuserfronten) und
– oxidierte Metalle.

Selbstverständlich darf die Stoffflussanalyse nicht als Gegenpart der Materialflussanlayse angesehen werden. Die SFA beschäftigt sich mit den unterschiedlichen Stoffflüssen von chemischen Elementen und Verbindungen. Es ist notwendig diese Ströme über die MFA hinaus zu betrachten. Sie sind in der Materialbilanz zwar enthalten, jedoch werden sie dort nicht explizit erfasst und dargestellt (FISCHER-KOWALSKI et al. 1997). Insgesamt gesehen ist der Gebrauch der SFA weitaus stärker etabliert als die Materialflussanalyse. Wie die SFA und die MFA miteinander in Beziehung stehen, wird aus der unten dargestellten Gleichung 1 ersichtlich:

Gl. 1:    Materialstrom [kg] x Stoffkonzentration [kg kg $^{-1}$] = Stoffstrom [kg]

Unter Berücksichtigung der oben genannten Gleichung wird weiterhin ersichtlich, dass eine Vielzahl der Stoffflussanalysen auf Materialflussanalysen beruht. Allerdings können nicht beide ohne Weiteres miteinander in Verbindung gesetzt werden. Unterschiedliche Systemgrenzen, differierende zeitliche Referenzrahmen oder einfach fachtechnische Unterschiede gilt es zu beachten. Diese unterschiedlichen Forschungsansätze bzw. -interessen zwischen der MFA und der SFA lassen sich sehr gut in Abbildung 1.5 ersehen. Der signifikanteste Unterschied zwischen beiden Ansätzen besteht darin, dass sich die SFA in den meisten Fällen mit den Material- und Stoffströmen beschäftigt, die vom Gewicht ein kleines Ausmaß besitzen, allerdings trotz ihrer geringen Menge eine große Wirkung erzielen. Dem stehen die verhältnismäßig großen Materialflüsse der MFA gegenüber. In der Summe bedeutet dies, dass die MFA, insbesondere für einen urban-industriellen Raum, sehr viel deutlicher als die SFA zur Bewusstseinsbildung über den Naturverbrauch Auskunft zu geben vermag (vgl. BONGARDT 2002).

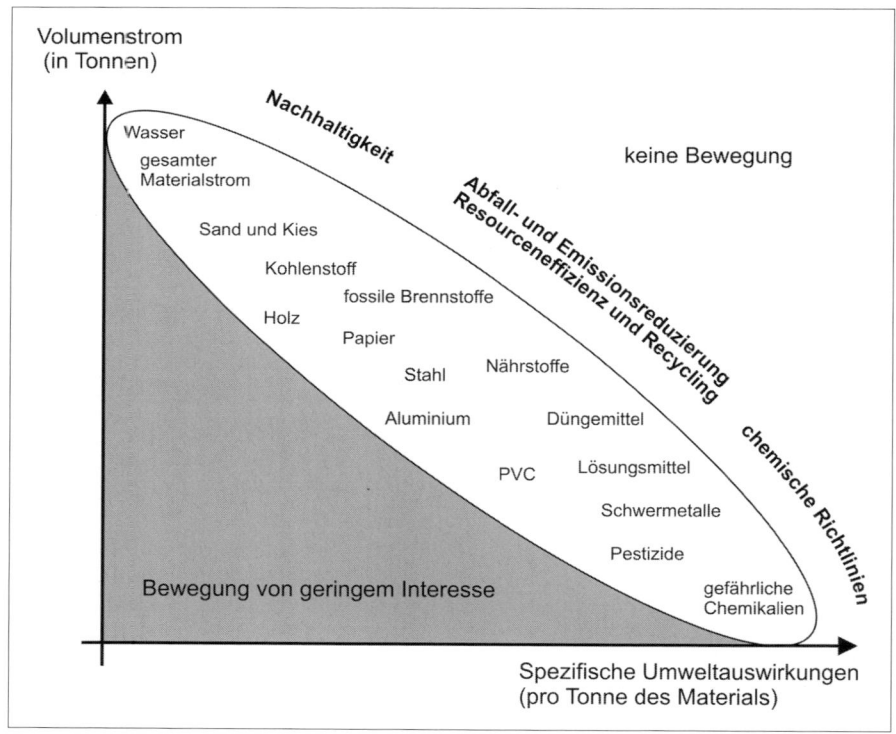

**Abb. 1.5:** Schematische Darstellung diverser Materialien von besonderem Interesse (nach FISCHER-KOWALSKI & HÜTTLER (1999), verändert)

Aus ökologischer Sicht ist der urbane Siedlungsraum ambivalent zu betrachten. Einerseits wird die städtische Struktur weitaus weniger Raum beanspruchen als im ländlichen Bereich. Andererseits jedoch stehen vor allem die urbanen Agglomerationsräume der Gegenwart als Synonym der Gefährdung des ökologischen Gleichgewichts. Zu den bereits mehrfach erwähnten Faktoren Versiegelung, Bebauungsdichte, fehlende Vegetation und Verschlechterung der Luftqualität gesellen sich des Weiteren die wachsenden Müllberge und der Eintrag schädlicher Abwässer. Gerade aber im Hinblick auf die stetig wachsenden Bevölkerungszahlen in vielen urbanen Räumen und den damit verbundenen Überschreitungen der Umweltpotenziale (Ressourcenverfügbarkeit, Selbstreinigungskräfte etc.) ist die Stadt selber dringend auf ein funktionsfähiges Umland angewiesen (SIMON & FRITZSCHE 1993). So ist es ODUM (1980), der diese Problematik des Verhältnisses zwischen Stadt und Umland sehr treffend formuliert:

*„Die großen Städte sind daher nur noch ein Parasit in der Biosphäre, wenn wir berücksichtigen, was mit Recht als vitale Rohstoffe bezeichnet werden kann, nämlich Luft, Wasser und Nahrung. Je größer die Städte sind, umso mehr von diesen Rohstoffen entziehen sie dem umliegenden Land, umso größer wird daher die Gefahr, die natürliche Umwelt zu schädigen."*

## 1.2 Soziale Funktion der Stadt

Natürlich unterscheiden sich die Nutzungsansprüche an ein urban-industrielles Ökosystem in erheblichem Maße von denen, die an ein Ökosystem im ländlichen Raum gestellt werden. Dies spiegelt sich u. a. in der für den urbanen Raum nahezu zu vernachlässigenden Bedeutung der Land- und Forstwirtschaft wider. Es besteht im Allgemeinen nur ein relativ geringes gesellschaftliches Interesse an der Produktivität des städtischen Ökosystems. Dem gegenüber steht die große Anzahl an sozialen und kulturellen Funktionen. Diese spielen wiederum außerhalb der Städte kaum eine tragende Rolle. Zusehends an Bedeutung gewinnen Fragen zur Bildung und Erziehung, aber auch ökologische Leitgedanken zum Thema der Verbesserung von Klima- und Lufthygieneverhältnissen in der Stadt. Während vor allem letztere eine protektive Funktion einnehmen, ist das wachsende Interesse an zusätzlicher Begrünung innerhalb des Stadtgebietes meist nur ein Bestandteil der ästhetischen Stadtgestaltung zur Image- und Identitätspflege (vgl. SUKKOP & TREPL 1995).

Dies alles hat natürlich Konsequenzen für die Methodik der (stadt)ökologischen Forschung. Je nach Art des sozialen Interesses an den Forschungsgegenständen sind andere Arten von Daten, andere Formen ihrer Verknüpfung und andere Darstellungsweisen sinnvoll. Dahingehend treten trophisch-dynamische, also eigentlich auf die Ökosystemproduktivität ausgerichtete Ansätze in den Hintergrund. Fragen, die sich mit der Artenzusammensetzung von urbanen Lebensgemeinschaften, deren Veränderungen und den Ursachen dafür beschäftigen, gewinnen dementsprechend immer mehr an Beachtung. Gleiches gilt für die protektiven Funktionen. Aufgrund der Offenheit des städtischen Ökosystemkomplexes und der verhältnismäßig geringen Bedeutung von Selbstregulationsmechanismen und Gleichgewichtszuständen führt dies unvermeidlich zu starken Belastungen sowohl des urbanen Systems als auch des Umlandes (BREUSTE 2003).

## 1.3    Konzepte für eine ökologische Stadt

Die letzten Jahrzehnte haben gezeigt, dass auf der Basis stadtökologischer Erkenntnisse, aber auch im Hinblick auf das stetig wachsende Interesse der Menschen in Bezug auf ökologische Themen, das Verlangen bzw. die Konzeption stadtökologisch orientierter Leitbilder für den urbanen Raum von morgen nachgefragt und so Problemstellungen aufgedeckt werden. In Anlehnung an das von MAYER (1989) aufgegriffene Thema des „idealen Stadtklimas" kann durchaus auch über eine „ökologisch ideale Stadt" diskutiert werden. Allerdings wird bei nüchterner Betrachtung der Sachverhalte schnell deutlich, dass ein urbanes Ökosystem nicht in ein natürliches Ökosystem umgewandelt werden kann. Wichtige Merkmale, wie die ökologische Stabilität und Elastizität, ungestörte Stoffkreisläufe und energetische Autarkie sind nicht gegeben. Die „ökologisch ideale Stadt" kann es, ähnlich wie das „ideale Stadtklima", folglich nicht geben. Dazu wäre eine Stadtneugründung erforderlich. Für bereits bestehende Strukturen ist dies nicht durchführbar. Jedoch ist es möglich, vergleichbar dem „tolerablen Stadtklima" von MAYER (1989), mithilfe einer umweltverträglichen Stadtplanung und -entwicklung, eine Art von „ökologisch tolerabler Stadt" anzustreben. Es dürfen allerdings keine allgemeingültigen Konzepte erwartet werden. Dafür sind die jeweiligen Stadtstrukturen zu heterogen, durch unterschiedliche Konstellationen charakterisiert und aufgrund unterschiedlicher Parameter geprägt. Ziel ist daher die Konzeption allgemeiner Leitfragen bzw. Handlungsempfehlungen für eine umweltverträgliche (= nachhaltige) Stadtentwicklung. Einen ersten Schritt in diese Richtung unternahmen einige Städte bereits im Jahr 1994. Durch die Charta von Aalborg wurde von den Teilnehmern der Europäischen Konferenz über zukunftsbeständige Städte und Gemeinden (24.-27. Mai 1994 in Aalborg, Dänemark) ein Konzept angestoßen, das u. a. auch auf die Probleme innerhalb des Ökosystems Stadt Bezug nimmt (s. dazu Kasten 1.1; CHARTA VON AALBORG 1994).

Kasten 1
Auszüge aus der Charta der Europäischen Städte und Gemeinden auf dem Weg zur Zukunftsbeständigkeit (Charta von Aalborg)

**Teil 1: Durch Konsens angenommene Erklärung: Europäische Städte und Gemeinden auf dem Weg zur Zukunftsbeständigkeit**

**I.1 Die Rolle der Europäischen Städte und Gemeinden**
Wir europäischen Städte und Gemeinden, Unterzeichner dieser Charta, erklären, dass unsere Städte im Laufe der Geschichte Teil von Weltreichen, Nationalstaaten und Regimen waren und diese überlebt haben und als Zentren gesellschaftlichen Lebens, als Träger unserer Wirtschaften, Hüter der Kultur, des Erbes und der Traditionen fortbestehen. […] Wir verstehen, dass unsere derzeitige städtische Lebensweise, insbesondere unser arbeits- und funktionsteiliges System, die Flächennutzung, der Verkehr, die Industrieproduktion, Landwirtschaft, Konsumtion und die Freizeitaktivitäten und folglich unser gesamter Lebensstandard uns für die vielen Umweltprobleme wesentlich verantwortlich macht, denen die Menschheit gegenübersteht. Dies ist besonders bedeutsam, weil 80 Prozent der europäischen Bevölkerung in städtischen Gebieten leben. Wir haben erkannt, dass der heutige hohe Pro-Kopf-Verbrauch von Ressourcen in den Industrienationen nicht für alle jetzt lebenden Menschen, ganz zu schweigen von künftigen Generationen, möglich ist, ohne das natürliche Kapital zu zerstören. […]

**I.2 Die Idee und die Grundsätze der Zukunftsbeständigkeit**
[…] Die nachhaltige Nutzung der Umwelt bedeutet die Erhaltung des natürlichen Kapitals. Sie erfordert von uns, dass die Verbrauchsrate von erneuerbaren Rohstoff-, Wasser- und Energieressourcen nicht höher ist als die Neubildungsrate, und dass nicht-erneuerbare Ressourcen nicht schneller verbraucht werden, als sie durch dauerhafte, erneuerbare Ressourcen ersetzt werden können. Nachhaltige Umweltnutzung bedeutet auch, dass die Emission von Schadstoffen nicht größer sein darf als die Fähigkeit von Luft, Wasser und Boden, diese Schadstoffe zu binden und abzubauen. Darüber hinaus heißt nachhaltige Umweltnutzung auch die Erhaltung der Artenvielfalt, der menschlichen Gesundheit sowie der Sicherung von Luft-, Wasser und Bodenqualitäten, die ausreichen, um das Leben und das Wohlergehen der Menschen sowie das Tier- und Pflanzenleben für alle Zukunft zu sichern. […]

---

**I.4 Zukunftsbeständigkeit als kreativer, lokaler, gleichgewichtssuchender Prozess**

Wir Städte und Gemeinden erkennen an, dass Zukunftsbeständigkeit weder eine bloße Vision noch ein unveränderlicher Zustand ist, sondern ein kreativer, lokaler, auf die Schaffung eines Gleichgewichts abzielender Prozess, der sich in sämtliche Bereiche der kommunalen Entscheidungsfindung erstreckt. Er hält die Stadtverwaltungen ständig darüber auf dem Laufenden, welche Aktivitäten das städtische Ökosystem zum erwünschten Gleichgewicht hinführen und welche es davon ablenken. [...]

---

Schlagwortartig sollen einige Forderungen auf dem Weg zu einer „ökologisch tolerablen Stadt", orientiert an den Leitgedanken einer nachhaltigen Stadtentwicklung aufgelistet werden (s. dazu MEURER 1997):
– Reduktion der Versiegelung und eine partielle Entsiegelung,
– Flächenrecycling (Renaturierung) anstelle von Neuverbrauch,
– Milderung der Bodenbelastung durch maschinelle Verdichtung, Störung des Bodenwasserhaltes und den Eintrag von Schadstoffen,
– Milderung des Stadtklimaeffektes (Verringerung der urbanen Lufttemperatur, Erhöhung der Luftfeuchtigkeit etc.),
– Reduzierung des Ausstoßes von anthropogenen Treibhausgasen und anderen Luftinhaltsstoffen (z. B. Aerosole),
– Schutz und Neuschaffung von urbanen Ventilationsbahnen,
– Schaffung zusätzlicher innerstädtischer Wasserflächen (aus klimatischer und biotischer Sicht),
– Ausweisung neuer innerstädtischer Grünflächen, z. B. auf Brachflächen oder durch Begrünung von Fassaden und Dächern,
– Schaffung zusätzlicher Lebensmöglichkeiten für Tierarten in der Stadt,
– Gezielte Unterstützung der Einwanderung von Arten durch die Realisierung von Biotopverbundkonzepten (Vernetzung unterschiedlich strukturierter urbaner Freiräume),
– Verringerung des Transportaufkommens zur Versorgung der Stadt,
– Verringerung des innerstädtisch motorisierten Individualverkehrs zugunsten des ÖPNV und
– Minderung des hohen städtischen Energiekonsums (Isolierung der Gebäude, Einsatz von Blockheizkraftwerken und Fernwärme).

Vor allem der letztgenannte Punkt könnte durch ein gezieltes urbanes Energiekonzept umgesetzt werden. Mit Unterstützung einer angewandten Stadtökologieforschung und einer Umsetzung der Konzepte durch die Stadtplanung kann der Ansatz verfolgt werden der Problematik der fehlenden Energieautarkie der Stadt mildernd entgegenzuwirken. Vor allem in Hinblick auf den in vielen Städten der Industrienationen in Europa und den USA zu verzeichnenden Trend der schrumpfenden Städte (*shrinking cities*) erwächst die Möglichkeit auf ökologische Belange besser einzugehen. Vor allem die Planungen von Neubaugebieten, aber auch die Neuplanung von Städten, wie in China gegenwärtig zu beobachten ist, ermöglichen heute zahlreiche Reduzierungen des Energieverbauchs in größerem Umfang (ebd.).

In Zuge der gegenwärtigen Entwicklungen im urbanen Bereich wird inzwischen keiner die Tatsache in Frage stellen, dass die Entwicklung kommunaler Energiekonzepte zwingend erforderlich ist *(siehe dazu auch weiterführend Kapitel 7: Neue Herausforderungen für die Stadtentwicklung)*.

# 2. Historische Entwicklung der Stadt und ihrer ökologischen Belastung

## 2.1 Einleitung

Städte stellen stets größere Ansammlungen von Menschen dar. Diese Ansammlungen wiederum bedeuten und bedeuteten zu allen Zeiten eine mehr oder minder große Bündelung von Ressourcen. Hier konzentriert sich die Sammlung, Verarbeitung und Verteilung von Gütern und Dienstleistungen. Diese Sammlung, Verarbeitung und Verteilung von Gütern und Dienstleistungen ist mit Auswirkungen auf die Umwelt verbunden. Allgemein lassen sich Umweltprobleme als die Folge einer strukturellen Beeinträchtigung der Steuerungs- und Innovationskapazität beschreiben. Dies bedeutet, dass lokale, regionale bis hin zu globalen Überbeanspruchungen in Form der Entnahme von Rohstoffen aus Ökosystemen, der Modifikation von Ökosystemen und der Aufnahme von Reststoffen in Ökosystemen erfolgen, ohne dass die Gesellschaft aktuell über praktikabel erscheinende Mittel und Wege verfügt, diese Beeinträchtigungen der Umweltqualität zu verhindern. Dies gilt in besonderer Weise für verstädterte Räume, in denen sich neben der Bevölkerung auch die Produktion von Gütern und deren Verbrauch ballen (vgl. WELFENS 1993). Das Thema der städtischen Umweltbelastung erhält zudem Aktualität, da nun global mehr Menschen in Städten als in nichtstädtischen Siedlungen leben und damit die urbane Lebensweise „im Sinne einer tendenziell anonymen, rationalisierten und normierten, am technologischen Fortschritt orientierten Praxis" (LÖW 2008) zur dominanten Form des Zusammenlebens im außerhäuslichen Kontext geworden ist.

Die städtische Umweltbelastung ist nicht auf die Gegenwart oder die Zeit seit dem Beginn der Industriellen Revolution beschränkt. So stellt RADKAU (1994) fest: „Der erste umwelthistorische Lernschritt besteht darin, dass man sich die romantische Vorstellung einer noch bis in die Moderne ziemlich unberührten, erst durch die Industrialisierung beschädigten Natur aus dem Kopf schlägt". Im Folgenden soll die historische Entwicklung der Auswirkungen der Verstädterung auf die Umwelt genauer betrachtet. Dabei erfolgt zunächst eine allgemeine Betrachtung des Zusammenhangs von Stadt und Umwelt, an die sich eine Charakterisierung der Entwicklung der (zumeist europäischen) Stadt und ihrer Umwelt bis zur Industrialisierung anschließt. Diese Charakterisierung bildet die Grundlage für die Betrachtung des Verhältnisses von Stadt und Umwelt unter Hinzuziehung der Regulationstheorie[1] während der Industrialisierung, des Fordismus und des

---

[1]    Die Theorie der Regulation geht von unterschiedlichen Akkumulationsregimes aus. Das Akkumulationsregime ist eine synthetische Betrachtung aus Organisation der Produktion und der Kapitalflüsse. Dabei wird der Modus der Entlohnung ebenso betrachtet wie die Mehrwerterzeugung und Verteilung, die Staatsquote sowie deren Flexibilität. Gemäß der Theorie

Postfordismus. Den Abschluss dieses Kapitels bildet die Vorstellung wesentlicher Städtebaukonzepte, die häufig als Lösungsvorschläge für ökologische Probleme von Städten entwickelt wurden.

## 2.2    Grundsätzliche Überlegungen zu Stadt und Umwelt

Sowohl in der Umgangssprache als auch in der Fachsprache wird der Begriff der Stadt sehr differenziert gefasst. Unterschiedliche Fachdisziplinen bedienen sich seiner (neben der Geographie auch die Soziologie, die Volkskunde, die Statistik, die Demographie, die Wirtschaftswissenschaften, die Raumplanung, die Architektur u. a.), was einerseits die Bedeutung der Stadt für die Gesellschaft unterstreicht, aber andererseits auch eine eindeutige Fassbarkeit des Begriffs erschwert. Woraus folgt, dass ein Stadtbegriff, der für alle Zeiten, Kulturen und Regionen gilt, Fiktion bleiben muss bzw. nur sehr oberflächlich sein kann (FASSMANN 2004, PAESLER 2008).

Dabei sind Städte seit ihrer Entstehung vor rund 5.000 Jahren „durch einige grundlegende Merkmale gekennzeichnet, die sich trotz einschneidender Veränderungen der sozialen, ökonomischen und technologischen Bedingungen bis an die Schwelle der Gegenwart erhalten haben" (FRICK 2008):

- Sozial sind Städte durch bestimmte Lebens- und Organisationsformen gekennzeichnet, die „ein hohes Maß an Kommunikation mit sich bringen und dadurch Innovation begünstigen" (ebd.).
- Ökonomisch sind Städte durch Arbeitsteilung, höhere Produktivität, Warentausch und Dienstleistungsorientierung charakterisiert.
- Ökologisch akkumulieren Städte energetische und materielle Ressourcen auf engstem Raum, was vielfach mit einer Überforderung von Ökosystemen verbunden ist.
- Baulich sind Städte durch die Konzentration von Gebäuden, technischen Anlagen und Pflanzungen „auf einer begrenzten Bodenfläche und die Art ihrer Anordnung, Beziehung und Verbindung zueinander" (ebd.) gekennzeichnet.

Eine zentrale Differenz (LUHMANN 1986, vgl. auch KNEER & NASSEHI 1997) zur Beschreibung des städtischen ist der ländliche Raum. So charakterisierte WIRTH (1974) Städte als eine große und dicht besiedelte, dauerhafte Niederlassung von Personen großer sozialer Heterogenität. Der ländliche Raum hingegen gilt als dünn besiedelt, durch kleine Gemeinden mit homogener Bevölkerung geprägt (vgl. auch SPELLERBERG 2004). Die Leitdifferenz von Stadt und Land war (und ist) auch Ausgangspunkt ideologisierter Diskussionen, bei denen sich soziale mit ökologischen

---

der Regulation lassen sich drei verschiedene, aufeinanderfolgende Akkumulationsregimes unterscheiden: Die extensive Akkumulation, die Akkumulationsform des Fordismus und die des Postfordismus. Zeitlich ist diese Phase nach nationalen Volkswirtschaften, aber auch nach Regionen, unterschiedlich zu fixieren (AGLIETTA 1976, HIRSCH & ROTH 1986, IPSEN 2000).

Zuschreibungen und Wertungen mischen. Im Zuge der Industrialisierung wurde der Diskurs hinsichtlich der sozialen Wirkungen des Stadt- und Landlebens intensiviert: Karl Marx sprach von der „Idiotie des Landlebens", schließlich galt für ihn das Proletariat als Motor für die Entwicklung des Sozialismus. Ferdinand Tönnies entwickelte mit dem Konzept von Vergemeinschaftung und Vergesellschaftung ein für lange Zeit in Forschung und öffentlicher Diskussion dominierendes dichotomes Konstrukt von Stadt und Land (IPSEN 2000): Die Vergesellschaftung der Großstadt basiere auf Arbeitsteilung und rationalem Kalkül, während die Vergemeinschaftung im Dorf durch Werte und personale Beziehungen getragen werde, die eine soziale Ausdifferenzierung verhinderten. Die konservative Großstadtkritik beschreibt die Gesellschaft der Großstadt infolge ungesunder sozialer Lebensverhältnisse als eine große, formlose und unkontrollierbare Masse (z. B. RIEHL 1925, SPENGLER 1950; kritisch hierzu HÄUSSERMANN & SIEBEL 2004). Die Großstadtkritik bezieht dabei auch immer wieder die ökologische Dimension ein: „Das ‚gesunde Leben auf dem flachen Land' wo eine reine Landluft und eine vergleichsweise geringe Verbreitung von Epidemien vorherrschten, stand der Schädlichkeit der Städte gegenüber – eine Ungesundheit, die durch Faktoren ausgelöst wurde, die Ärzte schon immer beunruhigt hatten, ohne dass sie deren Wirkungen sicher beschreiben konnten: die Stadtluft, den Mangel an Licht und die städtische Lebensweise" (ZSCHIEGNER 1996). Die moralische Dichotomie findet auch in der Sexualisierung der Stadt ihren Ausdruck, die von der Industrialisierung bis zur Nachkriegszeit in zweifacher Weise erfolgt. Einerseits als Ort der Verführung durch käufliche Frauen, andererseits wird die Stadt selbst „als sich hingebende, sich öffnende, verschlingende Frauenfigur imaginiert" (LÖW 2008), die als Warnung vor Kontrollverlust moralisch aufgeladen wird. Die Kritische Theorie beschreibt die Abhängigkeit des ländlichen Raumes vom städtischen Raum als Element der Kritik an der spätkapitalistischen Gesellschaft (IPSEN 2000). Städte nutzten den ländlichen Raum zur Generierung von billigen Ressourcen (Rohstoffe, aber auch Arbeitskräfte) und als Absatzmärkte teurer Fertigprodukte sowie als Raum zur Entsorgung von Abfall und Nebenprodukten der Produktion. Mit der Diskussion um die Zwischenstadt (SIEVERTS 2001), also die suburbanen Siedlungen, stellt sich die Frage der eindeutigen Abgrenzbarkeit von Stadt und Land erneut. Suburbane Siedlungen, die weder eindeutig der Stadt noch dem Land zuzuordnen sind, produzieren dabei spezifische ökologische Nebenfolgen wie eine verstärkte Verkehrsbelastung sowie auch einen erhöhten Flächenverbrauch.

## 2.3 Aspekte der Entwicklung der Stadt und ihrer Ökologie vor der Industrialisierung

Städte sind in der Geschichte der Menschheit ein vergleichsweise junges Phänomen. Die ersten Städte entstanden im dritten und zweiten Jahrtausend vor unserer Zeitrechnung als soziale Reaktion auf spezifische ökologische Verhältnisse in Mesopotamien, im Niltal, den Niederungen des Indus und des Gelben Flusses. Diese Flüsse sorgten durch periodische Überschwemmungen für einen andauernden allochthonen Nährstoffeintrag, der jedoch nur dann umfänglich genutzt werden konnte, wenn spezifische technische Vorkehrungen (wie Be- und Entwässerungsgräben) in größerem Maßstab organisiert wurden (KOLB 2005). Bei diesen frühen Städten „handelt es sich zunächst um Schaltstellen, an denen überschießende landwirtschaftliche Erträge aus fruchtbaren Gegenden gesammelt, gelagert und umgeschlagen werden" (BENEVOLO 1999). Dabei markiert Stadt mit der für ihre Verwaltung notwendigen Schrift den Übergang „von der mythischen Vorzeit zur Geschichtlichkeit" (ebd.).

Die Bedeutung der Stadt für die Entwicklung der Gesellschaft wird bereits in der Antike deutlich, so kann menschliches Leben – gemäß antikem Verständnis – „seine Erfüllung nur [...] in einer städtischen Lebenswelt" finden (STAHL 2008). Städte sind somit „vom Beginn der europäischen Geschichte an weit mehr und mussten weit mehr sein als bloße Siedlungsagglomerate" (ebd.). Die Stadt der griechischen Antike ist durch ihre Offenheit geprägt. Ihr rechtlicher Geltungsbereich erstreckt sich auch auf die Landbevölkerung, der sie in Notzeiten Zuflucht bietet (BENEVOLO 1999): „Sie ist ein einheitliches Gebilde aus Einzelteilen, die in Gestalt und Proportion aufeinander bezogen, wenn auch von ganz unterschiedlicher Form sind". Der neuartige Charakter des Zusammenlebens in der griechischen Stadt lässt sich an vier Faktoren festmachen (BENEVOLO 1990):

1. Die griechische Stadt bildet eine spezifische Einheit, in der es weder Sperrbezirke noch selbstständige Stadtteile gibt (wie beispielsweise im Gegensatz zur fernöstlichen Stadt).
2. Das Gebiet der griechischen Stadt ist in drei Bereiche aufgeteilt: den privaten Bereich der Wohnhäuser, den heiligen Bereich der Tempel und den öffentlichen Bereich für politische Versammlungen, den Handel, Theater, Sportwettkämpfe etc.
3. Die griechische Stadt stellt zwar ein nicht-natürliches Gebilde in der Landschaft dar, dennoch respektieren die antiken Städtebauer die Charakteristika der vorgefundenen Landschaft und integrieren sie sogar in die Stadtgestaltung. So werden die Risiken ökologischer Bedrohung (beispielsweise durch Überschwemmungen) minimiert.
4. Das Anwachsen der Bevölkerung verursacht (im Gegensatz zur zumeist heute anzutreffenden Situation) keine unbegrenzte Ausdehnung der Stadt in ihr Umland. Sobald ein bestimmter Schwellenwert der Einwohnerzahl überschritten wird, erfolgt in der unmittelbaren Umgebung die Errichtung einer ähnlich großen oder sogar größeren Stadt. Dieses Verfahren vermindert die ökologischen Belastungen, die aus der großen Konzentration von Menschen entstehen.

Solche ökologischen Belastungen großer Konzentrationen von Menschen in der antiken Zeit lassen sich in römischen Städten, insbesondere in Rom selbst, nachweisen[2]. Bereits im Rom der frühen Kaiserzeit lebten 1,0 bis 1,5 Mio. Menschen größtenteils in mehrstöckigen Mietshäusern, die durch ein weit verzweigtes System mit Frischwasser aus teilweise weit entlegenen Gebieten versorgt wurden. Mit dieser Art der Wasserversorgung geht allerdings einerseits eine hohe Bleibelastung der Bevölkerung durch die Verwendung von Bleirohren einher, andererseits führt die ständige Verfügbarkeit von Wasser in Laufbrunnen, Thermen und Zierbrunnen zu einem hohen Verbrauch: In römischen Städten kann von einem täglichen Wasserverbrauch von 800 bis 1.000 Litern pro Person ausgegangen werden (STAHL 2008). Aus der hohen Verkehrsbelastung erwuchs – durchaus mit den Städten des 20. Jahrhunderts vergleichbar – ein hoher Verlärmungsgrad. Neben dem Lärm schränkte die unzureichende Luftqualität die Lebensqualität der Bewohner Roms stark ein. Diese resultierte aus Verbrennungsrückständen und dem Rauch offener Herdfeuer, aus Leichenverbrennungen sowie dem durch hohes Verkehrsaufkommen aufgewirbelten Straßenstaub. Der hohe Brennholzbedarf, auch durch die zahlreichen Thermen Roms verursacht, führt zu einer weitgehenden Abholzung des Umlandes und einer – darauf zurückzuführenden – Degradierung der Böden (MEURER 1997).

Mit dem Zerfall des Weströmischen Reiches gerät das europäische Städtewesen in eine Krise. Bereits vor den Einfällen der „Barbaren" vom 3. bis 5. Jahrhundert wird die Funktion des städtischen Gemeinwesens im Römischen Reich durch die Übersiedlung von Großgrundbesitzern auf ihre ländlichen Patrozinien unterminiert. Diese Patrozinien des 3. Jahrhunderts entwickeln sich zu kleinen Herrschaften im Gesamtstaat. So verfügen sie vielfach über eigene Söldner, eigene Gewerbebetriebe, eigenes Agrarpersonal und eigene abhängige Bauern. Infolge der Umstellung von Markt- auf Eigenversorgung dieser Patrozinien ist die Versorgung der städtischen Bevölkerung nicht mehr gesichert. Die mit dem Rückzug der städtischen Oberschicht einhergehende Verarmung römischer Städte hat Auswirkungen auf deren Verteidigungsfähigkeit und die städtische Selbstverwaltung. Anfang des 5. Jahrhunderts verfügen zahlreiche römische Städte über keinen Senat mehr. Diese solcherart geschrumpften, „zu einem militärischen Zentrum gewordenen Städte sind nun von ihrem Territorium nicht de iure, aber de facto geschieden: durch die Mauer, durch die Übersiedlung der obersten Schicht aufs Land. Die klassische Einheit von Stadt und Land der civitas, der Charakter der Stadt als Wohnsitz der Großgrundbesitzer ging verloren; die Stadt hat viel von ihrer Bedeutung eingebüßt" (ENNEN 1987).

Die faktische Trennung von Stadt und Land entwickelt sich im Hochmittelalter auch zu einer rechtlichen. Es lassen sich die Rechtsräume des Städtischen und des

---

2   Das Römische Reich fungiert als eine Konföderation von Städten. Die innere Selbstverwaltung der Städte bleibt unangetastet, lediglich die römische Provinzialverwaltung tritt als neue Ebene hinzu. Das Römische Reich integriert solcherart einerseits eine große Zahl von Stadtstaaten im Mittelmeerraum und schafft andererseits, auch außerhalb des Mittelmeerraumes, ein gleichmäßiges Netz von Städten ähnlicher Grundrisse (mit zentralem Achsenkreuz, vier Toren zumeist in den vier Himmelsrichtungen, Schachbrettgrundriss und Forum an zentraler Kreuzung).

Ländlichen ausmachen: Während Städter – als Bürger – weitergehende Selbstverwaltungs- und Freiheitsrechte innehaben, unterliegen weite Teile der ländlichen Bevölkerung einer persönlichen fremden Verfügungsgewalt (ebd.). Symbol der Trennung der Rechtsräume von Stadt und Land wird die Stadtmauer („Bürger und Bauer trennt die Mauer"). Signifikant für die hohe symbolische Bedeutung des spezifischen Rechtsraumes Stadt ist, dass das Wort „Stadt" (*stat*) erstmals in hochmittelalterlichen Quellen etwa gleichzeitig mit der Formierung der mittelalterlichen „Stadtbürgergemeinde" und eines „Stadtrechts" erscheint (KOLB 2005). Für das mittelalterliche Stadtrecht sind das Zollrecht, das Marktrecht und das Münzrecht von zentraler Bedeutung. Das Stapelrecht (d. h. die Pflicht eines Händlers, seine Waren in der Stadt anzubieten) gleicht für ihn eher einem Stapelzwang. Mit der durch den Bedarf an außerhalb der Stadt gewonnenen Rohstoffen (in besonderer Weise Nahrungsmittel) erzwungenen Ausrichtung auf Handel ergibt sich für Städte eine Außenbezogenheit, die Rechenhaftigkeit des Handels fördert eine beginnende Intellektualisierung (die sich in der Gründung von Universitäten äußert) und damit eine beginnende Vergesellschaftung (SIMMEL 2000). Dabei geht mit der hohen physischen Dichte zwischen den Stadtbewohnern eine höhere soziale Distanz einher als dies im ländlichen Raum der Fall ist. Hier geht eine geringe physische Nähe zwischen den Dorfbewohnern in der Regel mit einer geringen sozialen Distanz einher. Dabei ist die Gesellschaft des Mittelalters agrarisch geprägt, die spärlichen, auf dem Land erwirtschafteten Nahrungsmittelüberschüsse erlauben lediglich den Unterhalt weniger und kleiner Städte (vgl. KÜSTER 1999, FRYDE 2008). Jede Stadt musste „von einer ganzen Anzahl von Dörfern umgeben sein, um genügend Versorgungsgüter zu erhalten und genügend wirtschaftliche Potenz auf ihrem Markt bündeln zu können" (KÜSTER 1999).

Dabei ist es im mittelalterlichen Europa üblich, dass innerhalb der Städte Gebäude und Einwohner mehrere Funktionen aufweisen (SIEVERTS 2004). „Die Bürger waren neben ihrem Handwerk auch Stadtsoldaten, Ratsherren, Kirchenvorstände, die Bauwerke gehören immer mindestens zwei, meist aber mehreren Sphären an". Bürgerhäuser bilden mit ihren wohlgeordneten und geschmückten Fassaden auch einen Teil des öffentlichen Raumes, Kirchen sind neben Gotteshaus auch Alltagsraum, sie bieten in ihren Seitenkapellen Orte für Gilden und Zünfte. Innerhalb des Hauses ist es selbstverständlich, dass fremde Menschen, Kinder und Erwachsene das Bett miteinander teilen. Dabei ist das Prinzip des ganzen Hauses multifunktional. Dieselben Räume werden für Arbeit, Schlafen, Erholung, Essen und Beten genutzt und werden von Gesinde, Kindern, Mann und Frau betreten (HÄUSSERMANN & SIEBEL 2000)[3]. Durch diese Multifunktionalität der Gebäude ist der Bedarf an ummauertem Raum im Mittelalter gegenüber der Neuzeit reduziert, die Verbindung von Wohn- und Arbeitsort sorgt ei-

---

[3]   Anders als in der Neuzeit gibt es im Mittelalter nahezu ebenso viele Hauseigentümer wie Hausgemeinschaften. Die eigene Behausung wird durch Erbe, Dienstverhältnis oder durch eigenen Bau erlangt. Mietwohnungen dienen nahezu ausschließlich zur Unterbringung der Armen, jener also, die nicht Mitglied eines Haushaltes sind (HÄUSSERMANN & SIEBEL 2000).

nerseits für kurze Wege, andererseits für hohe Belegungszahlen von Gebäuden, was mit einer mangelnden Belüftung der Gebäude und einer großen Parasitenplage mit einem erhöhten Seuchenrisiko verbunden ist (REICHHOLF 2008). Dieses Seuchenrisiko wird durch innerstädtische Nutztierhaltung weiter verschärft. Pferde und Esel sind die Haupttransportmittel, Ochsen die Hauptzugtiere, Schweine werden als Schlachtvieh gehalten (FRYDE 2008). Während in römischen Siedlungen die Entsorgung von Abwässern durch ein zentrales Abwasserentsorgungssystem weitgehend gelöst war, oblag es den Bewohnern mittelalterlicher Städte weitgehend selbst die Abfall-, Abwasser- und Fäkalienentsorgung zu organisieren (vgl. RADKAU 2000, WINIWARTER & KNOLL 2007). Dies wurde in der Regel in Form von offenen Gruben und offenen Rinnen geregelt, was mit sehr starken Geruchsemissionen und einer hohen Seuchengefahr infolge der mikrobiellen Belastung verbunden war, die allerdings noch nicht als solche erkannt war. Darüber hinaus ist die ausreichende und hygienisch einwandfreie Trinkwasserversorgung nicht gewährleistet, induziert durch die Nutzung städtischen Grund- und Oberflächenwassers, vor allem durch zu geringe Abstände zwischen Aborten und Trinkwassergewinnungsbrunnen bzw. die Nutzung ehemaliger Brunnen als Müllschlucker (MEURER 1997). Infolge der widrigen ökologischen Lebensumstände ist die Lebenserwartung in den Städten deutlich geringer als im Umland, wodurch die mittelalterliche Stadt auf einen ständigen Zuzug von außen angewiesen ist (RADKAU 2000). Gewerbe wie Gerber, Schlachter, Seifensieder, Hammerwerke, Brauereien und Färber werden zwar häufig an den Rändern der Städte angesiedelt, doch bleiben sie durch ihre Geruchsemissionen allgegenwärtige Dokumente der städtischen Umweltproblematik der vorindustriellen Stadt (BERNHARDT 2001).

Aus energetischer Sicht lässt sich die Vormoderne als „hölzernes Zeitalter" charakterisieren. Holz ist der dominierende Rohstoff, er findet u. a. als Baustoff, Brennstoff und Material des Maschinenbaus mannigfache Verwendung. Lokale Übernutzungen – insbesondere in Regionen mit hohem Nutzungsdruck z. B. durch die zur Eisengewinnung genutzten Rennfeuer – sind eine Folge der starken Holzorientierung der vormodernen Ökonomie (GREWE 2004)[4]. Geprägt ist das „hölzerne Zeitalter" durch die Nutzung regenerativer Energiequellen mit geringer Energiedichte (Wasserkraft, Windkraft, Muskelkraft), wodurch die Menschen gezwungen sind effizient zu wirtschaften, um den Energieinput in Produktionsprozesse (von der Agrarproduktion bis hin zum Handwerk) möglichst zu minimieren, Güter möglichst lange durch Reparatur in Gebrauch zu halten und Stoffe unterschiedlichster Art (von Exkrementen bis hin zu Metallen) möglichst zu rezyklieren. Entsprechend der großen Abhängigkeit von regionalen regenerativen Energieträgern sind regionale Gesellschaften stark von Naturvariabilitäten (insbe-

---

[4]  Eine allgemeine Holznot, wie sie von vielen Forsthistorikern beschrieben wird, scheint eher zum „Gründungsmythos" (GREWE 2004) der Forstwissenschaft zu gehören als zum gesicherten umwelthistorischen Forschungsstand.

sondere der Witterung) abhängig. Ferntransporte beispielsweise von Getreide sind lediglich in der Nähe von Fließgewässern möglich, da bei einem Transport von Nahrungsmitteln auf Muskelkraftbasis der Träger (insbesondere durch die mitgeführte Nahrung) ernährt werden muss. So kommt SIEFERLE (2004) zu dem Ergebnis, dass bei einem menschlichen Träger die mitgeführte Nahrung bei spätestens 500 km, bei einem Pferd bereits bei spätestens 250 km ausginge. Zwar kann die Reichweite durch die Benutzung von Karren oder Wagen erweitert werden, bleibt aber prinzipiell begrenzt. Damit wird die aufzuwendende Nahrung zu einem wesentlichen Indikator des vorindustriellen Transports. Über Land sind zum Transport einer Tonne Last pro Kilometer 4 kg Getreide aufzuwenden, über Flüsse und Kanäle rund 1 kg, auf dem Seeweg hingegen lediglich 0,4 kg (ebd.)[5]. Die daraus resultierende Gefahr von regionalen Hungersnöten, insbesondere abseits von Wasserwegen, impliziert einerseits einen Lagevorteil von Siedlungen in Wasserwegsnähe, andererseits lässt die Abhängigkeit von lokalen Nahrungsressourcen die Natur als ständige Bedrohung für Leib und Leben erscheinen. Die Möglichkeiten, durch technische, soziale oder ökonomische Innovationen den Nahrungsmittelspielraum zu erweitern, sind allerdings begrenzt. Dabei weist die vormoderne Agrargesellschaft eine geringe ökonomische Dynamik infolge eines geringen Innovationsdrucks auf. So wurde der Zugang zu Märkten durch Zunftordnungen reglementiert, die nur in geringem Maße Konkurrenzmechanismen zulassen.

## 2.4    Die Industrialisierung und ihre Auswirkungen auf das Verhältnis von Stadt und Umwelt

Der Ausgang des 18. Jahrhunderts ist in Europa von Ereignissen geprägt, die das Erscheinungsbild des Kontinents dauerhaft und bislang irreversibel prägen (BENEVOLO 1999). Das Anwachsen der Bevölkerung, die steigende Industrieproduktion sowie die Mechanisierung der Produktionssysteme bei sich durchsetzender Arbeitsteilung bilden die Grundlagen der Industriellen Revolution. Zugleich wird die europäische Kultur mit der Aufklärung einer Revision unterzogen: „Diese sieht jedes Ding in seiner eigenen objektiven Wirklichkeit und zerstört dadurch das Gleichgewicht, das aus traditioneller Sicht zwischen ihnen [den Dingen] herrschte" (ebd.). Die Kunst, als Trägerin von Gefühlen – so die aufklärerische Auffassung –, wird als konstitutives Element der Gestaltung der Stadt zurückgewiesen. Kunst wird zu einer Freizeitbeschäftigung. Ein Prozess, der – in der Auffassung von BENEVOLO (1999) – die Stadt zu einer „austauschbaren und indiffe-

---

[5]    Eine Möglichkeit, dieser Einschränkung Herr zu werden, ist die „Identität von Transportgut und Transportmedium" (WINIWARTER & KNOLL 2007). Die beiden wichtigsten Beispiele hierfür sind der Trieb von Viehherden, „mitunter über mehrere hundert Kilometer, wie im europäischen Ochsenhandel gebräuchlich, und das Verflößen von Stammholz" (WINIWARTER & KNOLL 2007).

renten Kulisse" werden lässt. Auch der institutionelle Rahmen von Architektur und Landschaftsgestaltung wird hinterfragt. Aufklärerische Kritik und die politischen Revolutionen wenden sich gegen die institutionellen Mechanismen, die dem traditionellen Zusammenhang zwischen architektonischer Entwurfstätigkeit und Landschaftsgestaltung zugrunde liegen (insbesondere von herrschaftlichen Gebäuden und Parkanlagen). Technischer Fortschritt und Unternehmergeist – als dominierende Kennzeichen dieser Epoche – erzwingen eine städtebauliche und raumordnerische Neuorientierung. So benötigen die Planung und der Bau überlokaler Infrastrukturen (wie von Eisenbahnen) eine Formalisierung des Enteignungsrechtes.

Als wesentliches Element der beginnenden Moderne ist die funktionale Differenzierung der Gesellschaft in spezialisierte Subsysteme (z. B. Ökonomie, Politik, soziale Gemeinschaft und Kultur; PARSONS 1980) zu verzeichnen. Zudem beginnt eine Angleichung von Stadt und Land in den verschiedenen gesellschaftlichen Feldern. Im politisch-rechtlichen Bereich werden Landbewohner Städtern gleichgestellt (in Preußen beispielsweise durch die Steinsche Städteordnung von 1808, abgeschlossen mit der Weimarer Verfassung von 1918; vgl. KRABBE 1989). Ein wesentlicher Beitrag zur Modernisierung der Ökonomie wird mit den bürgerlichen Reformen gelegt, „wie sie etwa in Preußen ab dem 1. Jahrzehnt des 19. Jahrhunderts einsetzen und die Gewerbefreiheit und privatem Grundeigentum eine freie Standortwahl und mit Gewerbesteuer, Wahlrecht und Kommunalverfassung die eigenständige Stadtentwicklung ermöglichen" (BRAKE 2001), denn „damit sind alle Kräfte und Bedingungen entfaltet, die nun systematisch die Ausbreitung der Städte in Gang setzen, d. h. die Suburbanisierung als einen Siedlungsprozess ermöglichen" (BRAKE, EINACKER & MÄDING 2005). Die Agrarliberalisierungen der Jahrhundertwendezeit sind mit einer starken stadtwärtigen Wanderung verbunden, was mit einem starken Bevölkerungsanstieg und einem „ersten großen Urbanisierungs- und Verdichtungsschub" verbunden ist (BERNHARDT 2001). Dieser wiederum spitzt die umwelthygienischen Probleme städtischer Siedlungen weiter zu. „Die europaweiten Choleraepedemien sind in diesem Zusammenhang zu sehen, genauso wie Konflikte um konkurrierende innerstädtische Raumnutzungsinteressen (Wohnsiedlungen contra Ansiedlung der aufstrebenden, aber oft emissionsintensiven Industriebetriebe)" (WINIWARTER & KNOLL 2007).

Im physischen Raum manifestiert sich die Modernisierung der Gesellschaft in mehrfacher Weise (BRAKE 2001). Einerseits infolge des Niedergangs des mittelalterlichen Marktmonopols und anderseits aufgrund veränderter Militärtechnik und -taktik wird die weitgehende physische Abschottung der Städte gegenüber ihrem Umland obsolet. Der sich seit dem ausgehenden 18. Jahrhundert entwickelnde Baulandbedarf für Wohnen, für Industrieanlagen sowie für die Infrastrukturen der Ver- und Entsorgung (Eisenbahnlinien, Kraftwerke, Schlachthöfe, Rieselfelder u. a.) lässt die Städte in Zahl und Umfang wachsen (Verstädterung) und sich städtische Lebensweisen (Urbanisierung) ausdehnen. Dieses Wachstum der städtischen Siedlungen wird durch Innovationen in der Landwirtschaft (wie neue Fruchtfolgen, Mineraldünger) und Landgewinnungsmaßnahmen (wie die Trockenlegung von Mooren und Begradigung von Flüssen) ermöglicht (vgl. BLACKBOURN 2007, UEKÖTTER 2007). Auch wenn der Nahrungsmittelausstoß der sich modernisierenden Landwirtschaft seit dem 19. Jahrhundert absolut deutlich gesteigert werden konnte, geht ihre wirtschaftliche Bedeutung relativ zurück. Zudem geht die Steigerung des Nahrungsmittelausstoßes im Zuge des Industrialisierungsprozesses mit einer stark veränderten Energiebilanz einher. War die Landwirtschaft der Vormoderne letztlich darauf ausgerichtet, solare Energie möglichst effizient zu ernten, steht der effiziente Energiegewinn bei der Erzeugung von tierischer und pflanzlicher Biomasse nun nicht mehr im Vordergrund. Der Einsatz von fossilen Energieträgern bei der Erzeugung von Düngemitteln, zunehmend auch der Feldarbeit (Wasserpumpen, Traktoren etc.) bedeutet eine große Steigerung des Energieinputs (SIEFERLE 1989, SIEFERLE et al. 2006).

Gemäß der Theorie der Regulation etablierte sich mit der Industrialisierung die Phase der extensiven Akkumulation, die sich auch als erste Phase der ökonomischen Moderne bezeichnen lässt. Für Deutschland lässt sich ein Einsetzen dieser Phase der extensiven Akkumulation auf die Mitte des 19. Jahrhunderts und deren Auslaufen nach dem Ersten Weltkrieg annehmen. Bei durchschnittlich gleichbleibender Technologie und Arbeitsorganisation kann der Mehrwert nur dann gesteigert werden, wenn die Arbeitszeit verlängert bzw. die Arbeitslöhne gesenkt werden. Die Produktion lässt sich dann steigern, wenn der Input von Arbeit, Boden und Kapital etwa proportional zur Steigerung der Produktion erhöht wird. Aufgrund schwacher Binnenkaufkraft ist eine Steigerung der Vermarktung von Produkten auf Binnenmärkten – wenn überhaupt – nur in geringem Maße zu erzielen. Eine solche Steigerung beschränkt sich zumeist auf eine Ausweitung der Absatzgebiete, z. B. durch die Kolonisierung anderer Länder. In der Phase der extensiven Akkumulation greift der Staat nur in relativ geringem Maße regulierend in die Produktion ein, vielmehr definiert er den politischen Rahmen des Wirtschaftens (HIRSCH & ROTH 1986, IPSEN 2000).

Das Regime der extensiven Akkumulation hat weitreichende Folgen für die Industrialisierung, die Rohstoffbeschaffung, die Verstädterung und das Interaktionsverhältnis von Mensch und Umwelt. Aufgrund geringer Produktivitätssteigerungen bedürfen Steigerungen des Outputs von Produkten insbesondere Steigerungen des Inputs, was zur Ausdehnung des Rohstoffabbaus, aber auch des Einsatzes von Arbeitskräften führt. Die Steigerung des Energieinputs wird seit Beginn des 19. Jahrhunderts durch die zunehmende Nutzung fossiler Energieträger anstelle regenerativer Energieträger möglich, wodurch Wiederaufforstung (allerdings häufig in einer monokulturell geprägten Form des Altersklassenhochwaldes) und Walderhaltung in größerem Maßstab möglich wird (UEKÖTTER 2007, WINIWARTER & KNOLL 2007). Infolge der scheinbar unbegrenzten Verfügbarkeit des billigen Brennstoffs Kohle – zunächst für Heizung, später auch Transport (Eisenbahn, Dampfschiff) und Güterproduktion (ab der Mitte des 19. Jahrhunderts wird die Roheisenherstellung von Holzkohle auf Kohlekoks umgestellt; UEKÖTTER 2007) – treten Knappheitserfahrungen in Bezug auf Energie in den Hintergrund. „Das Schlagwort der ‚Holznot' als Ausdruck der permanenten Knappheitserfahrung fand bezeichnenderweise zunächst keine Entsprechung im Vokabular des Industriezeitalters" (ebd.). Erst in den 1970er-Jahren gerät mit dem Schlagwort der „Energiekrise" die Endlichkeit der Ressourcen wieder in das öffentliche Bewusstsein (ebd.). Infolge der grenzenlos scheinenden Verfügbarkeit von Energie wird der Umgang mit Energie ineffizienter. Dabei verändern sich auch die Transportstrukturen. Werden die vormodernen Energieträger geringer Energiedichte (Holz, Wind, Wasser) eher flächig geerntet, erfolgt die Förderung von Kohle in großer lokaler Konzentration. Es entstehen Hauptstrecken des Transportes zwischen bedeutsamen Förderstandorten und bedeutsamen Abnahmestandorten (WINIWARTER & KNOLL 2007).

Infolge von Transportersparnissen siedeln sich viele energieintensive Industrien in der Nähe von Kohlegruben an. So entstehen an den Förderstandorten von Kohle große Industrreviere (wie in Mittelengland, Oberschlesien, dem Ruhrgebiet, dem Saarland u. a.). Neben der Eisenverhüttung wird die Kohle „veredelnde" chemische Industrie hier zu einer Leitbranche. Da Arbeitskräfte zumeist in der Nähe der Industrieanlagen (gewerbliche Tätigkeit zentriert sich an den Standorten großer Dampfmaschinen) Wohnraum nachfragen, wachsen die Siedlungen an. Aufgrund langer Arbeitszeiten, geringer Löhne und noch unzureichender Technologien des Personentransportes befinden sich die Unterkünfte in der Regel in unmittelbarer Nähe der Industrieanlagen und waren sehr dicht belegt (REULE-CKE 1985, SCHRUL 2008). Infolge der Steigerung des Inputs von Rohstoffen stieg nicht allein der Output an Produkten, sondern auch der Ausstoß an unerwünschten Stoffen (Abfall, Schadgase) an. Einerseits wachsen in dieser Zeit viele Industriestädte in wenigen Jahren auf ein vielfaches ihrer vorindustriellen Größe (Kattowitz, Gleiwitz, Bochum, Essen etc.), andererseits wachsen emissionsstarke industrielle Anlagen in Zahl und Umfang. Die Folge sind erhöhte Zahlen von Rachitiserkrankungen, Kindersterblichkeit, Seuchentoten und Bronchialerkrankungen. Zwischen 1875 starben in Essen, Duisburg, Bochum und Dortmund jährlich 100 bis 130 Menschen pro 100.000 Einwohner an Bronchialerkrankungen, in den Stadtgemeinden der damaligen Rheinprovinz hingegen nur 32 bis 36, in den weniger belasteten bzw. nahezu unbelasteten Landgemeinden nur 7 bis 9 Personen (SPELSBERG 1988).

Einerseits auf Druck der hohen Sterberaten, andererseits infolge des wissenschaftlichen Fortschritts in Bezug auf die Kenntnis der Zusammenhänge von Hygiene und Seuchen, finden in den letzten Jahrzehnten des 19. Jahrhunderts technische und organisatorische Neuerungen immer weitere Verbreitung. Wesentlicher Ausgangspunkt eines gewandelten Umgangs mit städtischer Umweltbelastung ist die Ablösung der Miasmentheorie gemäß derer die Ursache der Cholera in übelriechenden, aus dem Boden aufsteigenden Gasen aus versumpftem Boden zu suchen seien und daher in der Entwässerung des Bodens die Kernaufgabe der Gesundheitsvorsorge läge (UNTERKIRCHER 1996). An die Stelle tritt das durch naturwissenschaftliche Konzept der Bakteriologie im 19. Jahrhundert, was dazu führt, dass die vormals als gefährlicher wahrgenommenen Gewerbe- und Industrieabwässer nun weniger im Fokus des Interesses standen als die nach bakteriologischen Erkenntnissen gefährlichen Fäkalien (WINIWARTER 2001 und 2002, UEKÖTTER 2007). Technische Verfahren verbessern die hygienischen Verhältnisse in den Städten, bedingen neben einer verbesserten umwelthygienischen Situation aber auch ein Wachstum der Städte in ihr Umland (KRABBE 1989, BERTELS 1997, KÜHNE 2007, UEKÖTTER 2007, WINIWARTER & KNOLL 2007, SCHOTT 2008):

- Sternförmig-linear wird der stadtnahe Raum an Eisenbahnstrecken und den Linien der Straßenbahnen entlang verstädtert.
- Der Schlachtbetrieb wird in Schlachthöfen zentralisiert.
- Tierische Muskelkraft wird durch Motoren ersetzt: Die elektrische Straßenbahn ersetzt die Pferdebahn, der motorisierte Lieferwagen den Pferdewagen.
- Die Gewinnung von Frischwasser in einem größeren räumlichen Kontext macht die Stadt unabhängig von ihren lokalen Grundwasserressourcen.
- Die Ableitung von Abwasser mit Hilfe der Schwemmkanalisation ermöglicht den überlokalen Transport von Abwasser.
- Die Organisation einer kommunalen Müllentsorgung enthebt den einzelnen Haushalt der Verantwortung einer Abfallentsorgung in Eigenverantwortung.
- Die Umstellung der Straßenbeleuchtung von Gas auf elektrisches Licht verringert die Komplexität der Zuleitung und deren Gefährlichkeit und macht die Beleuchtung des öffentlichen Raumes nahezu überall verfügbar.

Als problematisch erweist sich dabei vielfach ein ungleichzeitiger Aufbau aufeinander bezogener Systeme. „So wurden nach der Inbetriebnahme des ersten Wasserwerks in Berlin 1856 viele Privathaushalte mit Leitungswasser versorgt, was den Betrieb eines modernen Wasserklosetts ermöglichte. Diese entwässerten dann aber in Ermangelung einer unterirdischen Kanalisation vielfach noch in die Rinnsteine der Straßen" (WINIWARTER & KNOLL 2007; vgl. auch MIECK 1990). Die Ableitung von Fäkalien über Leitungssysteme der Schwemmkanalisation in Fließgewässer, anstelle der vormals vielfach üblichen Sammlung und Verwendung als Dünger, bedeutet – in Verbindung mit der infolge der Industrialisierung zunehmenden Menge industrieller Abwässer – eine bis zum Bau wirksamer Kläranlagen verstärkte ökologische Belastung der Flüsse (WINIWARTER & KNOLL 2007).
    Die Modernisierung der Stadt manifestiert sich jedoch nicht allein in der technischen Infrastrukturausstattung, sondern geht mit der betrieblich organisierten Berufsarbeit und der markförmigen Versorgung mit Gütern und Dienstleistungen sowie der Ausprägung des Konsumentenhaushaltes einher. Auch der Prozess der sozialen Segregation hat in der zweiten Hälfte des 19. Jahrhunderts seinen Ursprung (SCHRUL 2008). „Er betraf vor allem den Wohnbereich und wurde in der Herausbildung unterschiedlicher Wohnquartiere und -viertel sichtbar. Einerseits entstanden dabei Arbeiterviertel, die von einer dichten, mehrgeschossigen Bebau-

ung bis hin zu Mietskasernen dominiert waren". Andererseits kam es zur Entwicklung verschiedenartig ausdifferenzierter bürgerlicher Wohnviertel, die „von aufgelockerter Bebauung (v. a. offene Blockrandbebauung) im Landhaus- und Villenstil geprägt waren" (SCHRUL 2008).

Die Modernisierung des Wohnens bedeutet sowohl die Ausgrenzung von Personen aus dem Haushalt, die nicht zur Kleinfamilie gehören, wie Gesinde und entfernte Verwandte als auch das Zurückdrängen der Nutztierhaltung (BERNHARDT 2001). Die personenbezogenen Dienstleistungen werden marktförmig reguliert, während zeitglich die Voraussetzungen für Eigenarbeit, Selbsthilfe und Selbstversorgung durch räumliche (Garten, Werkstatt), technische (Anschlusszwang an die Kanalisation) und rechtliche (Mietrecht, Bau- und Hausordnung) Regelungen genommen werden (HÄUSSERMANN & SIEBEL 2000). Sie bereiten die sukzessive Technisierung des Haushaltes (Gasherd, Küchengeräte, Waschmaschinen) vor. Die beginnende Ausprägung des Konsumentenhaushaltes Ende des 19. Jahrhunderts bedeutet für die stadtökologische Situation einerseits eine Verringerung der mikrobiellen Belastung, andererseits erfordert das Zurückdrängen von Selbstversorgungselementen zugunsten marktförmiger Versorgung bei gleichzeitiger Trennung von Wohn- und Arbeitsort einen weiteren Ausbau von Transport- und Verarbeitungsinfrastruktur[6]. Mit der sukzessiven räumlichen Differenzierung von Arbeit und Nicht-Arbeit sowie von Öffentlichkeit und Privatheit geht eine Ideologisierung des Heims als „verbarrikadierter Fluchtburg" einher. Das Heim fungiert als Ersatzheimat für die Familie (BAHRDT 1998) und gewinnt Bedeutung als „Hort der Emotionalität und Intimität" (HÄUSSERMANN & SIEBEL 2004). HÄUSSERMANN & SIEBEL (2000) fassen die Charakteristika der Wohnung folgendermaßen zusammen:

1. Funktional ist die Wohnung der Ort eines Großteils des außerberuflichen Lebens.
2. Sozial ist die Wohnung der Ort der Familie, häufig in einer Zwei-Generationen-Konstellation.
3. Sozialpsychologisch ist die Wohnung der Ort der Privatheit und Intimität.
4. Ökonomisch wird die Wohnung als Ware behandelt.

Ein wesentliches Charakteristikum der Modernisierung der Städte stellt die Entwicklung eines spezifischen Immobilien-, insbesondere Wohnungsmarktes dar.

---

[6]  Die veränderte Funktionsweise der Familie durch Schulpflicht, gesetzliche Regelungen der Arbeitszeiten und Versicherungen brachte neben einem gesellschaftlich geformten Zeitregime die Differenzierung von Rollen als Vater, Mutter, Kind, Erwerbstätiger, Hausfrau, Rentner etc. hervor und formte die danach ausgerichteten Normalbiographien. HÄUSSERMANN & SIEBEL (2000) weisen dabei auf die Ambivalenz der modernen räumlichen Trennung von Privatheit und Öffentlichkeit sowie Erwerbsarbeit und Nicht-Erwerbsarbeit hin. Die Ausgrenzung von Frauen in die Privatsphäre in der Rolle als Hausfrau und Mutter führt in Verbindung mit dem erschwerten bis verwehrten Zugang zur Öffentlichkeit zu einem Ausgeliefertsein gegenüber dem Ehemann.

Der Wohnungsmarkt beginnt sich ab dem 18. Jahrhundert in Handels- und Gewerbestädten zu entwickeln und wird mit der massiven Verstädterung in der zweiten Hälfte des 19. Jahrhunderts zum dominierenden Mechanismus der Wohnraumversorgung. Das zentrale Problem des Wohnungsmarktes besteht in der Versorgung unterer Einkommensgruppen mit angemessenem Wohnraum (ebd.)[7], wobei sich Wohnungsnot an zwei Faktoren bemessen lässt: Erstens an geringem Einkommen, zweitens an hohen Kosten für die Wohnung. Die Folge dieser Konstellation von geringem Einkommen bei hohen Wohnungspreisen ist die Überbelegung von Wohnraum, um die hohen gemeinsamen Kosten für die Wohnung aufbringen zu können. Da die kommunalen Verwaltungsbehörden insbesondere in den neuen Industrieagglomerationen „nicht in der Lage und auch nicht bereit [sind], die Folgen der Massenzuwanderung durch Lenkung und Planung zu kontrollieren, begannen hier Großunternehmer verstärkt seit der zweiten Hälfte des 19. Jahrhunderts selbstständig, die für das Funktionieren der Produktion wichtige Unterbringung des Arbeitskräftepotenzials zu regeln" (REULECKE 1985).

Die soziale Beurteilung von Natur dieser Zeit ist hochgradig widersprüchlich. Einerseits wird Natur als Objekt (Naturwissenschaft) konstruiert, andererseits gilt sie als Sinnbild der Vollkommenheit (Romantik). Die romantische Ästhetisierung von Natur in Abgrenzung zur Aufklärung fand Ausdruck in einer emotionalen Hinwendung zur Natur, des Naturgefühls und der Naturerfahrung (HABER 1992). Aufgrund dieser Wiederverzauberung der durch die Aufklärung entzauberten Welt gilt „die Romantik als die dunkle Kehrseite der Aufklärung" (ILLING 2006). In dem romantischen Zugriff auf Landschaft und Natur verbinden sich – so DETHLOFF (1995) – Landschaft als Gegenbild der Gesellschaft und Landschaft als Offenbarung der Werke Gottes „im intensiven Höhenrausch des *promeneur solitaire*"[8]. Doch ist dieser *promeneur solitaire*, der in wilde und bäuerlich ge-

---

7    Gemäß ökonomischer Perspektive ist der Preis für ein Gut (in diesem Falle der Wohnraum) das Ergebnis des Wechselspiels von Angebot und Nachfrage. Steigt die Nachfrage (z. B. infolge von Zuwanderung), steigt auch der Preis für Wohnraum. Wird das Angebot (hier an Wohnraum) bei gleichbleibender Nachfrage ausgedehnt, sinkt der Preis. KRÄTKE (1995) charakterisiert jedoch folgende Besonderheiten des Wohnungsmarktes, die von einem reinen Marktmodell abweichen:

   1.  Die Heterogenität des Gutes Wohnraum bewirkt die Herausbildung zahlreicher Teilmärkte, die sich nach Gebäude- und Wohnungstypen, Neubau- und Gebrauchtwohnungen sowie Eigentumsformen, nach Zugangsbarrieren aber auch nach räumlicher Lage gliedern.

   2.  Aufgrund der langen Produktionsdauer (inkl. des Planungsvorlaufs) von mehreren Jahren erfolgt eine Steigerung des zur Verfügung stehenden Wohnraums nur mit einer langen zeitlichen Verzögerung.

   3.  Bei der Wohnungsvergabe werden bestimmte Nachfrager infolge sozialer bzw. ethnischer Präferenzen benachteiligt, wodurch die Marktzugänglichkeit für bestimmte Nachfrager deutlich eingeschränkt ist (z. B. für ethnische Minderheiten, Haushalte mit Kindern, Alleinerziehende, Homosexuelle).

   4.  Der Informationsstand über die Wohnungsmarktsituation ist aufgrund der Aufspaltung des Wohnungsmarktes in zahlreiche sachliche und räumliche Teilmärkte eingeschränkt.

8    Eine Übersetzung ins Deutsche könnte ‚einsamer Wanderer' oder ‚einsamer Spaziergänger' lauten.

prägte Landschaften „Idealvorstellungen eines Verhältnisses von Gesellschaft und Kultur hineininterpretiert" (JESSEL 2004), nicht der Bauer, der sich mit den Folgen der zunehmenden Überbevölkerung der ländlichen Räume (und damit ländlicher Armut) konfrontiert sieht, auch nicht der Arbeiter in den neu entstehenden Industrien, sondern der städtische Bürger, der von einem zunehmenden Bildungsangebot und Wohlstand profitiert (vgl. HAUPT 1998, KÜHNE 2008). Ende des 19. Jahrhunderts entwickelte sich auch die Naturschutzbewegung mit deutlicher Abgrenzung zu Verstädterung, Industrialisierung und Aufklärung mit einem starken Fokus auf den Heimatschutz (z. B. KÖRNER 2006). Das heute weit verbreitete Naturschutzideal der „historischen Kulturlandschaft" als Ergebnis menschlicher Tätigkeit in der Natur mit dem Leitbild „der reichhaltigen, schönen Natur" ergibt sich aus den Vorstellungen einer vielfältigen Landschaft der Romantik ab, die allerdings (z.B. in Form der Heide) aus zerstörerischen Nutzungen resultierte (REICHHOLF 2008). „Gerade weil die Menschen die letzten Winkel erfassten und aus allem noch etwas herauszuholen versuchten, machten sie die Natur so vielfältig" (ebd.).

## 2.5 Die fordistische Stadt und ihre ökologischen Bezüge

Das Akkumulationsregime des Fordismus (namensgebend: Henry Ford, der die Fließbandproduktion in großem Stil einführte) ist die entscheidende Grundlage der Entwicklung der Massenkonsumgesellschaft. In Deutschland setzt sich das fordistische Akkumulationsregime langsam und regional deutlich differenziert in den 1920er-Jahren bis in die 1950er-Jahre durch. Auf Grundlage der rationalistischen wissenschaftlichen Betriebsführung des Taylorismus, in dem Arbeitsabläufe und Schnittstellen zwischen Mensch, Werkzeug und Maschine auf Grundlage wissenschaftlicher Untersuchungen aufeinander abgestimmt werden, werden durch die Zergliederung des Arbeitsprozesses in einzelne Handgriffe (Fließbandarbeit) und hohe Losgrößen (als Los wird die Größe einer Produktionsserie bezeichnet) erhebliche Produktivitätssteigerungen erreicht. Diese Steigerungen ermöglichen die Herstellung standardisierter, durch die Nutzung von Skalenvorteilen[9] preiswerter Massenkonsumgüter (Volkswagen, standardisiertes Fast Food, aber auch Großwohnsiedlungen und Plattenbauweise, Massentourismus). Sozialpolitisch ist das Akkumulationsregime des Fordismus durch die Schaffung von Massenkaufkraft (durch eine die Produktivitätssteigerung antizipierende Lohnpolitik) und durch die Verringerung der Arbeitszeiten geprägt. In den 1970er-Jahren gerät es in eine Krise, die zur Phase des postfordistischen Akkumulationsregimes überleitet (AGLIETTA 1976, HIRSCH & ROTH 1986, IPSEN 2000).

---

[9]  Skalenvorteile ergeben sich daraus, dass bei großen Produktionsmengen die Produktion pro produzierter Einheit preiswerter erfolgen kann als bei kleinen Produktionsmengen, da hier u. a. Arbeitsprozesse stärker in Einzelschritte untergliedert werden können, größere Anlagen zum Einsatz kommen können und der Output besser planbar ist.

Das Streben nach Skalenvorteilen in fordistischen Industrieanlagen fördert den Aufbau großer Einheiten. Zwar gelingt es so, die Energieeffizienz, z. B. durch Zentralisierung der Elektroenergieproduktion in Großkraftwerken, zu steigern, doch entstehen einerseits in dieser Form *hot spots* der Umweltbelastung, andererseits werden Effizienzgewinne durch eine gesteigerte Nachfrage wettgemacht. Zudem lassen Großanlagen neue ökologische Probleme entstehen. In Großkraftwerken führen höhere Gasgeschwindigkeiten im Brennraum dazu, dass „zunehmend unbrennbare Bestandteile der Kohle durch den Schornstein gesaugt" (UEKÖTTER 2007) werden, was mit einer steigenden Partikelkonzentration in der umgebenden Atmosphäre verbunden ist und aufgrund des Ascheniederschlags auch visuell wahrnehmbar und somit einfach kommunizierbar ist.

Die Trennung von Wohnen und Arbeit, die Entwicklung des Konsumentenhaushaltes, die Entwicklung von Massenverkehrsmitteln und Massenproduktion bei höherem Einkommen lassen eine neue Form des Konsums zu einem Massenphänomen werden: das Shopping (BUCHER 2005)[10]. Als Grundvoraussetzung für das Phänomen Shopping gelten Warenhäuser, die nicht allein große Läden darstellen, sondern Konsum-Universen, „in denen man sich nebst dem Einkauf auch erholen kann" (ebd.)[11]. Die Funktionslogik der Verschwendung, Produkte nicht bis an das Ende ihrer Funktionsfähigkeit zu nutzen, sondern bereits zuvor zu entsorgen, die sich auch im Shopping manifestiert, beinhaltet dabei auch die Geschmacksnormen der Gesellschaft (VEBLEN 1899). Schön ist das, was teuer und – letztlich – nutzlos ist. Dabei erhält das Shopping eine Funktion der Selbstdefinition (BUCHER 2005): „Das heißt, dass es sich bei der Tätigkeit Shopping beileibe nicht um das wertfreie Tun gelangweilter Käufer handelt, sondern dass mit Shopping und der jeweiligen Art des Begutachtens und endgültigen Kaufens Gruppenzugehörigkeits- und Segregationsverhalten in der Öffentlichkeit manifest gemacht wird".

Architektur und Städtebau der fordistischen Moderne sind einerseits von dem Bemühen dominiert durch Standardisierung Wohnraum möglichst billig zu erstellen, andererseits von der Vorherrschaft der Funktion in der Formensprache der modernen Architektur wie auch der strikten räumlichen Trennung der Funk-

---

[10]   GRUNENBERG (2002) sieht im beginnenden Massenkonsum historisch wie inhaltlich einen engen Zusammenhang zwischen demokratischen Grundrechten und dem Recht der freien Warenwahl. Die Wirtschaftswissenschaften sprechen in diesem Zusammenhang signifikanterweise von Konsumentensouveränität. Es sei – so BUCHER (2005) – „auch ideologisch nicht erstaunlich, dass der Westen den Wert von Shopping in der Freiheit der Wahl sieht, im durch Massenproduktion und -konsum gesenkten Preis und der dadurch entstehenden Leistbarkeit für alle".

[11]   Nach der Gründung des Harrods 1850 und des Crystal Palace 1851 in London wurden Warenhäuser in allen bedeutenderen Zentren Europas wie Paris, Mailand und Moskau, aber auch in New York und Chicago errichtet, wo sie als Symbole für eine erstarkende Kaufkraft gelten. Technische Innovationen wie die Rolltreppe (1895 erstmals bei Harrods in Betrieb genommen) und künstliche Klimatisierung (1899 im Cornell Medical Building, New York, erstmals installiert) erleichtern den Einkauf.

tionen Wohnen, Arbeiten, Einkaufen etc. Der Leitgedanke dieser Ästhetik lässt sich folgendermaßen zusammenfassen: „zu bauen ist das, was funktional ist; Schmuck ohne Funktion ist Kitsch" (WELSCH 1993). Diesem Denken entspricht das zur Norm gewordene Prinzip *form follows function*. Der Stadtsoziologe Walter SIEBEL (2004) bezeichnet diesen Ansatz des architektonischen Funktionalismus als „eine Ingenieursutopie, die darauf baute, dass die Prinzipien der Natur (Licht, Luft, Sonne) und der Rationalisierung der Industriearbeit ausreichten, um eine gute Stadt zu errichten". Dabei sollen die „rationalistischen Konzepte fordistischer Planung [...] der europäischen Stadt [...] das Dschungelhafte, Labyrinthische, das Mythische und Bedrohliche austreiben" (ebd.).

Das fordistische Kalkül der Massenherstellung von Gebäuden schlägt sich auch in der Siedlungsentwicklung nieder. Einerseits in den Siedlungen des sozialen Wohnungsbaus, andererseits – in Verbindung mit der sich in Deutschland seit den 1950er-Jahren entwickelnden Massenmobilisierung – in einer massiven Suburbanisierung. Infolge des Scheiterns Wohnraum mit akzeptabler Qualität und Belegungsdichte auf Grundlage von Marktmechanismen zu erstellen, setzt sich seit den 1920er-Jahren in vielen Staaten Europas der so genannte „Soziale Wohnungsbau" durch. Durch ihn soll Personen mit geringem Einkommen zeitgemäß ausgestatteter Wohnraum in ausreichendem Maße auf genossenschaftlichem oder städtischem Boden zur Verfügung gestellt werden. Durch Rückgriff auf das fordistische Kalkül und die funktionalistische Ästhetik entstehen preiswerte Geschosswohnhäuser, seit den späten 1950er-Jahren häufig als Wohnblöcke, deren architektonische Gleichförmigkeit und soziale Segregation jedoch häufig beklagt wird. Meist sind die betreffenden Siedlungen auf billigem Baugrund am Stadtrand errichtet und zumeist nur unzureichend in den urbanen und suburbanen Kontext eingebunden (vgl. MITSCHERLICH 1967, BRÜCHER 1992, KÜHNE 2007)[12].

Der neben der Errichtung von Sozialwohnsiedlungen zweite Prozess der fordistischen Stadtentwicklung ist jener der Suburbanisierung. Der Begriff der Suburbanisierung beschreibt den Prozess der Verlagerung städtischer Funktionen ins Umland von Städten wie auch die Veränderung der räumlichen Erschließung im Umland[13]. Suburbanisierung lässt sich nicht allein auf eine Expansion der Stadt in ihr Umland begreifen, sie stellt vielmehr einen Prozess der Dekonzentration von Bevölkerung, Güterproduktion, Verwaltung und anderen Dienstleistungen dar. Die Suburbanisierung basiert auf Verfügbarkeit größerer Flächen und geringeren

---

12  Insbesondere in Frankreich haben sich die Vorstädte des staatlichen sozialen Wohnungsbaus (*habitations à loyer modéré* = HLM – Wohnungen mit moderaten Mietpreisen) mit ihren *grands ensembles* – auf unzureichend erschlossenem Gelände – zu Orten der sozialen und ethnischen Segregation mit entsprechenden Konsequenzen – entwickelt. Die nahezu periodisch auftretenden Aufstände der Bewohner dieser fordistisch geplanten Vorstädte gehören zum Nachrichtenbild unseres westlichen Nachbarstaates.

13  FRIEDRICHS (2005) versteht unter Suburbanisierung die „Verlagerung von Nutzungen und Bevölkerung aus der Kernstadt, dem ländlichen Raum oder anderen metropolitanen Gebieten in das städtische Umland bei gleichzeitiger Reorganisation der Verteilung von Nutzungen und Bevölkerung in der gesamten Fläche des metropolitanen Gebietes".

Bodenpreisen im Umland und deren Erreichbarkeit infolge der Massenmotorisierung der Bevölkerung und geht mit einer allgemeinen infrastrukturellen, insbesondere verkehrstechnischen Erschließung des städtischen Umlandes bei gleichzeitiger Verfügbarkeit billiger Energie einher (MᴄNEILL 2003, KÜHNE 2007). Die wesentlichen Dimensionen der Suburbanisierung sind die Bevölkerungssuburbanisierung und die Suburbanisierung von Wirtschaftunternehmen. Die Suburbanisierung der Bevölkerung lässt sich als Folge eines komplexen Gefüges individueller Wahrnehmungen und Entscheidungen sowie sozialer Rahmenbedingungen, Internalisierungen und Präferenzen beschreiben. Suburbanisierung von Wohnbevölkerung ist Folge eines rationalen Abwägungsprozesses, bei dem die gemeinhin niedrigeren Wohnkosten (Miete oder Finanzierung) gegenüber längeren Fahrzeiten und höheren Fahrtkosten zum Arbeitsplatz (sofern dieser sich nicht auch im suburbanen Raum befindet) abgewogen werden[14]. Daneben ist Suburbanisierung auch Folge des Strebens nach Wohneigentum als Altersvorsorge, Statussymbol und Ausdruck des Verwirklichens persönlicher Freiheit infolge größerer räumlicher Distanz zu Nachbarn (BECKER 1997, KÜHNE 2006b). Mit der zunehmenden Wahrnehmung städtischer Umweltbelastung wird Suburbanisierung besonders bei Eltern mit jüngeren Kindern auch Folge des Strebens nach einem Wohnort mit geringer ökologischer Belastung in attraktiver Landschaft gewünscht (vgl. BUCHER, LOSCH & RACH 1982, KÜHNE 2006a). Die Inszenierung der eigenen Wohnwelt kulminiert in dem Arrangement des Wohnzimmers, in dem die „Reinheit der Feierabendatmosphäre" (SCHÄFER 1981) durch keine physischen Repräsentanten von Arbeit gestört wird. Zum Idealbild des ungestörten suburbanen Wohnens wird das Einfamilienhaus im Grünen, in einem reinen Wohngebiet, das die Funktionen Versorgung und Arbeiten externalisiert[15].

Mit Wohnortverlagerung an die Stadtränder ist vielfach eine Verschlechterung der infrastrukturellen Anbindung – insbesondere hinsichtlich Anbindung an den Öffentlichen Personennahverkehr (ÖPNV), der Erreichbarkeit von Einkaufsmöglichkeiten (insbesondere des höheren Bedarfs), des kulturellen Angebots wie auch der ärztlichen Versorgung – verbunden (vgl. BUCHER et al. 1982). Suburbanisierung ist einerseits Folge der Massenmobilisierung, andererseits erzwingt sie auch eine weitgehende Ausrichtung des Verkehrsverhaltens auf den motorisierten Individualverkehr, dessen Attraktivität auch auf einer Befreiung von den Zwängen der Eisenbahn beruht (SACHS 1989). „Kein versäumter Zug, kein überfülltes Abteil, keine vorgeschriebene Strecke mehr. Das Auto schien die verlorene Souveränität der Kutsche wiederherzustellen". Die ökologischen Implikationen des motorisierten Individualverkehrs beschränken sich nicht auf die Anlage von Verkehrsinfrastrukturen oder den Aufbau suburbaner Siedlungen, sondern erstre-

---

[14]  Staatliche Fördermechanismen wie Pendlerpauschale und Eigenheimzulage, erzeugen dabei einen Attraktivitätszuwachs für das Umland.

[15]  Anfangs noch mögliche „Sekundärnutzungen" wurden sukzessive ausgeschlossen (SIEVERTS 2004): „Kein Kinderspiel mehr auf der Straße, kein Wohnen mehr im Gewerbe (und umgekehrt), kein Spiel mehr auf der Ackerbrache".

cken sich auch auf den Rohstoff- und Energieverbrauch sowie die Emissionen von Schadgasen (insbesondere Kohlenmonoxid, Stickoxide und Schwefeldioxid), Schwermetall (Blei) und das den anthropogenen Klimawandel mitverursachende Kohlendioxid (vgl. BENDIKAT 2001).

Die Suburbanisierung von Wirtschaftsunternehmen bezieht sich auf die Verlagerung von Produktionsstätten (auch Gewerbe- oder Industriesuburbanisierung) und jene von Dienstleistungsreinrichtungen. Die Verlagerung von Produktionsstätten ist in der Regel durch fehlende Expansionsmöglichkeiten in der Kernstadt oder durch fehlende neue Produktionstechnologien begründet. Die Ablösung der Dampfmaschine durch Elektromotoren und kleine Verbrennungsmotoren ermöglicht die Dezentrierung von Industrieunternehmen. Auch bei Dienstleistungsunternehmen sind in der Innenstadt die Expansionsmöglichkeiten häufig beschränkt, neue Vermarktungsstrategien (insbesondere als großflächiger Einzelhandel) lassen sich nicht oder nur begrenzt umsetzen, zudem sind die Flächen – sofern verfügbar – kostenintensiv (daher auch das Drängen der Kernstädte in die Vertikale, d. h. in eine mehrstöckige Bebauung), sodass auch hier eine Suburbanisierung erfolgt.

Die fordistische Modernisierung der Stadt-Land-Beziehungen impliziert eine zunehmende ökonomische Abhängigkeit des Landes von der Stadt. Der ländliche Raum wird zum Rohstoffproduzenten und Fertigwarenabnehmer. In diesem Prozess werden landwirtschaftsnahe verarbeitende Betriebe wie Molkereien und Schlachthöfe vom ländlichen Raum in die Städte verlagert. Gleiches gilt für die Produzenten landwirtschaftlicher Maschinen. Doch auch im ländlichen Raum werden die physischen Folgen der fordistischen Moderne manifest[16]. Landwirtschaft wird rationalisiert, das Streben nach Skalenvorteilen lässt die Schläge immer größer werden, mit den Folgen zunehmender Erosion von Ackerböden. Die Stadt wird – parallel zur Entwicklung eines weit über den suburbanen Raum hinausgreifenden Pendlerwesens – zum Gestaltungsvorbild für den ländlichen Raum. Bürgersteige, Peitschenlampen, Vorstadtgärten, Begradigungen und Verrohrungen der Bäche, die aus den ländlichen Siedlungen gedrängten Aussiedlerhöfe, die aussehen „wie Fabrikhalle plus Einfamilienhaus" (IPSEN 2000) dominieren bzw. ersetzen autochthone ländliche Gestaltungsmerkmale[17].

Infolge der Ablösung dampfgetriebener Maschinen in der Industrie, bei gleichzeitiger Suburbanisierung, Ausweitung der individuell verfügbaren Wohnfläche,

---

[16]  Mit dem fordistischen Prinzip von Normierung und funktionalistischer Rationalität vollzieht sich gemäß der Auflösung des Leitbildes der Rückständigkeit des ländlichen Raumes (HENKEL 1996) eine „Peripherisierung der symbolischen Repräsentanz des Raumes" (IPSEN 2000).

[17]  Ein Höhepunkt der Zieldefinition „Stadt" und des Zurückdrängens des Ländlichen findet sich einerseits im Zentrale-Orte-Konzept, das ehemals von Selbstversorgung geprägte Dörfer zur Ergänzungseinheit degradiert. Andererseits drückt sich der wahrgenommene Bedeutungsverlust des (vormals) Ländlichen durch die Stigmatisierung des Ländlichen als „strukturschwacher Raum" oder „Ausgleichsraum" für städtische Entwicklung aus (vgl. HENKEL 1996, KÜHNE 2005 und 2007).

Massenmotorisierung und Massenkonsum, haben die privaten Haushalte einen immer größeren Anteil an der Umweltbelastung. Die angestrebten Lösungen für die durch das fordistische Akkumulationsregime entstandenen (Umwelt)Belastungen orientieren sich an dem Prinzip der *End-of-pipe*-Technologien[18], nicht jedoch an dem integrierten Verfahren[19]:

- Dem stark steigenden Müllaufkommen wird mit dem massiven Ausbau von Abfalldeponien begegnet.
- Verkehrsprobleme in den Städten durch eine steigende Zahl an Kraftfahrzeugen und durch Kapazitätsengpässe bei vielfach innenstadtnah gelegenen Flugplätzen werden durch die Ausrichtung der Planungen auf das Auto (autogerechte Stadt mit breiten Zufahrtsstraßen, Stadtautobahnen, Anlage von Parkhäusern etc.) und die Verlegung der Flughäfen in das Umland geregelt.
- Lokale Belastungen (insbesondere durch Kraftwerke und Industriebetriebe) durch Emissionen werden mit dem Bau hoher Schornsteine verringert, allerdings verschärfen sich die Folgen der Emissionen regional[20].
- Der verstärkten Lärmbelastung (insbesondere durch den motorisierten Individualverkehr) wird u. a. durch Schallschutzmaßnahmen an den Fahrzeugen (Schalldämpfer) und durch den Bau von Umgehungsstraßen begegnet.

Das Naturverständnis des Fordismus ist einerseits durch die Vorstellung von ihrer unbegrenzten Nutzbarkeit als Lieferant von Rohstoff und Lager für Fertigungsnebenprodukte und Abfall und andererseits durch die Vorstellung ihrer technischen Beherrschbarkeit geprägt. Beide Vorstellungen werden spätestens Ende der 1960er-Jahre brüchig und repräsentieren wesentliche Elemente der Krise des Fordismus.

---

[18]  *End-of-pipe*-Technologien (auch additive oder nachgeschaltete Technologien) sind dem eigentlichen Produktions- und Konsumptionsprozess nachgeschaltete Entsorgungsverfahren und Recyclingtechnologien, mit denen entstehende Rohemissionen so gereinigt oder verändert werden können, dass ihre Umweltbelastung geringer, ihre Lagerung einfacher ist oder sie wiederverwendbar bzw. wiederverwertbar sind (HEMMELSKAMP 1997). *End-of-pipe*-Technologien ermöglichen einen bereits im Einsatz befindlichen Produktionsprozess weiter nutzen zu können.

[19]  Integrierter Umweltschutz setzt im Gegensatz dazu unmittelbar an der *Quelle der Emissionen* an, also am Produktionsprozess oder am Produkt selbst. Er umfasst alle Maßnahmen, die zu einer Reduktion des Rohstoff- und Energieeinsatzes und der Emission führen und ist somit im Vergleich zu herkömmlichen Techniken mit gleichen Funktionen als umweltfreundlicher zu beurteilen (HEMMELSKAMP 1997).

[20]  In Abhängigkeit von der Verweildauer der verschiedenen Schwefelverbindungen kommt es zur Bildung von schwefliger Säure bzw. von Schwefelsäure. Letztere wird durch den Bau hoher Schornsteine begünstigt, da hier die Verweildauer der Schwefelverbindungen in der Atmosphäre länger ist (FIROR 1993).

## 2.6 Die postfordistische Stadt und ihre ökologischen Bezüge

Die Entstehung des postfordistischen Akkumulationsregimes lässt sich als eine Folge des gesellschaftlichen Wertewandels in den Wohlstandsgesellschaften Ostasiens, Europas, Ozeaniens und Nordamerikas beschreiben. Dabei ist die durch die fordistische Akkumulation und Regulation hervorgerufene Umweltkrise eine wesentliche Bestimmungsgröße. Im Zusammenhang mit dem Wechsel vom Fordismus zum Postfordismus sinkt die Nachfrage nach standardisierten, industriell gefertigten Produkten. Verbraucher streben zunehmend danach die eigene Persönlichkeit durch Auswahl und Kombination von individuell gestalteten Gütern darzustellen. Als kulturprägend erweist sich die Aufhebung der Grenze zwischen anspruchsvoller, elitärer „Hochkultur" und unterhaltsamer, anspruchsloser „Popularkultur", die sich in besonderer Weise in der Ästhetisierung des Ökonomischen äußert (vgl. VESTER 1993). Dieser Bedeutungsverschiebung kommen Wirtschaftsunternehmen durch die Produktion kleiner flexibler Losgrößen auf Grundlage von computergestützten Produktionsverfahren nach, was insbesondere flexiblen Klein- und Mittelbetrieben verbesserte Absatzchancen eröffnet. Durch Massenmedien verbreitet, findet letztlich eine Ökonomisierung und Ästhetisierung nahezu aller Lebenswelten statt. Das postfordistische Akkumulationsregime setzt sich in westlichen Gesellschaften seit den 1970er-Jahren zunehmend durch (AGLIETTA 1976, HIRSCH & ROTH 1986, IPSEN 2000). Es ist auch durch eine partielle De-Industrialisierung gekennzeichnet (BELL 1973). Die Wirtschaft der postindustriellen Gesellschaft ist durch eine Bedeutungsverlagerung innerhalb des sekundären Wirtschaftssektors zuungunsten von Schwerindustrie und zugunsten von Hochtechnologieindustrien, aber auch durch die Verlagerung von Produktionsstandorten in Schwellenländer geprägt.

Die Architektur, aber auch der Städtebau des Postfordismus, setzt sich über das Ziel der Widerspruchsfreiheit der Moderne hinweg. Dabei wird das „historisch gewordene und widersprüchliche soziale Verhältnis" des Städtischen mit neuen Brüchen und Widersprüchen versehen (SIEBEL 2004). Die Stadt gliedert sich – in verschiedene Identitätsräume, in überschaubare Einheiten, für die eine Durchmischung der Funktionen charakteristisch ist (vgl. UNGERS 1990, KÜHNE 2006a). Wesentliches Element der postfordistischen Umgestaltung der Stadt ist der Stadtumbau, der sich im Wesentlichen aus drei Aktionsfeldern zusammensetzt (BODENSCHATZ 2003, WALTHER 2004):

1. Der Umbau von Zentren („Revitalisierung") durch die Rückgewinnung und Ästhetisierung des öffentlichen Raumes für Fußgänger; Entertainment- und Kulturkomplexe. Diese werden neu errichtet oder in historische Gebäude integriert.

2. Der Umbau von brachgefallenen, nicht mehr genutzten Flächen („Konversion") infolge des Strukturwandels, durch den am Rande und außerhalb der Innenstädte in den letzten Jahrzehnten große Flächen brachgefallen sind, die einer neuerlichen – häufig extensiveren – Nutzung zugeführt werden.

3. Der Umbau der großen, monofunktionalen Siedlungen des Sozialen Wohnungsbaus („Nachbesserung") durch Errichtung neuer Versorgungseinrichtungen und Stadtteilzentren, die eine Durchmischung des ehemals auf reines
   Wohnen beschränkten Raumes mit anderen Funktionen und damit einen Ge-
   winn an Lebensqualität für die Bewohner bedeuten.

Die Entgrenzung von Kunst und Ökonomie findet sich auch im Zusammenhang
mit der Entwicklung neuer Freizeitaktivitäten. Gerade hier kommen gesellschaftliche Individualisierungs- und Hedonisierungstendenzen zum Ausdruck, sodass
„sich die Freizeitnachfrage ausdifferenziert und Freizeitansprüche komplexer
werden" (HATZFELD 2001)[21]. In den *Shopping Malls*[22] wird – so ROOST (2000) –
Urbanität konzentriert simuliert. Hier werden Motive, die von der Unterhal-
tungsindustrie erzeugt wurden, aufgegriffen und in Themenparks (bzw. -sekti-
onen) inszeniert (vgl. auch SORKIN 1992). Damit „werden die Stadtregionen zu
Landschaften der Simulation, die geprägt sind von der Verbreitung der Hyperrea-
lität in den Alltag" (ROOST 2000). Neben *Shopping Malls* entwickeln sich – zumeist im suburbanen Raum – andere kommerzielle Freizeitgroßanlagen, die zumeist mit dem privaten Auto angesteuert werden. Es entstehen Freizeitparks,
Multiplexkinos, Musical-Theater, Spaß- und Erlebnisbäder, Arenen und Veran-
staltungshallen sowie Großdiskotheken, die teilweise mit Shopping Malls in Ur-
ban-Entertainment-Centern zusammengefasst werden, wobei der Erfolg dieser
Einrichtungen stark von der Attraktivität eines „Ankermieters" (z. B. Multiplex-
kino, Freizeitpark) abhängig ist (HATZFELD 2001). Die suburbanen Freizeitange-
bote stellen dabei eine erhebliche und energieintensive Konkurrenz zu stadtinte-
grierten Freizeitangeboten dar und verursachen vielfach eine Degradation der
innerstädtischen Lagen.

---

[21]  Die „Deutsche Gesellschaft für Freizeit" sieht hinsichtlich der Freizeitentwicklung drei Ent-
      wicklungen:
      1) In den letzten Jahrzehnten hat die arbeitsfreie Zeit deutlich zugenommen.
      2) Zugleich steigen die für Freizeitzwecke verwendeten Ausgaben der Haushalte, sowohl ab-
         solut als auch hinsichtlich des Anteils am Haushaltseinkommen.
      3) Die soziale Bedeutung von Freizeit hat sich gewandelt. „Freizeit wird zunehmend als
         Sphäre der Selbstfindung und -verwirklichung interpretiert" (HATZFELD 2001). Die sich
         dabei immer mehr verkürzenden Zeitintervalle von Verhaltensänderungen bewirken eine
         Vielfalt freizeitorientierter Moden, Sportarten und Musiktrends.
[22]  Der amerikanische Begriff der *Mall*, wörtlich übersetzt Allee, bezeichnet einen besonderen
      Typus des Einkaufszentrums. Eine Mall wird in der Regel von einer Betreibergesellschaft kon-
      zipiert und vermarktet. Das Angebotsspektrum einer großen Mall entspricht weitgehend je-
      nem von Innenstädten. Gastronomiebetriebe und häufig Unterhaltungsangebote (wie Kinos)
      ergänzen das Angebot. Malls sind überdacht und somit von Wetter unabhängig. Große, be-
      kannte und viel frequentierte Verkaufsläden (sog. Ankermieter) werden innerhalb der Mall
      möglichst weit voneinander entfernt platziert. An den so entstehenden langen Verbindungs-
      wegen zwischen diesen großen Geschäften werden kleinere und weniger frequentierte Ge-
      schäfte mit dem Ziel angesiedelt, die Einkaufenden an möglichst vielen Einkaufsgelegenheiten
      vorüberzuführen (QUACK & WACHOWIAK 1999).

Die Entwicklung neuer Lebensstile, die wachsende Vielfalt von Erwerbsverlaufs- und Lebenslaufmustern, neue Partnerschaftsmodelle, steigende Scheidungs-, Heirats- und Wiederverheiratungsziffern (FERCHHOFF & NEUBAUER 1997) bedingen auch eine (partielle) Auflösung typischer Wohnungsveränderungssequenzen („Wohnzyklus" nach MATTHES 1978). Wohnbedürfnisse werden entstandardisiert. Diese variieren in Abhängigkeit von individualisierten Lebensplanungen und -zwängen (z. B. aufgrund beruflich bedingter Wohnortwechsel; vgl. HÄUSSERMANN & SIEBEL 1997). Verbunden ist Wohnortmobilität mit dem Verlust traditioneller nachbarschaftlicher Bindungen, die sich – gemäß HAMM (2000) – als eine soziale Gruppe verstehen lassen, „die primär wegen der Gemeinsamkeit des Wohnortes interagiert". Aus der Entstandardisierung und Variabilität von Wohnraumbedürfnissen folgt ein Bedeutungsgewinn flexibler Lösungen (unterschiedliche Nutzungsmöglichkeiten)[23].

Das Abwandern ressourcenintensiver und emissionsstarker Industrieanlagen in Schwellenländer, die Verlagerung der ökonomischen Aktivität auf Dienstleistungen bei gleichzeitiger Bedeutungssteigerung von Information gegenüber materiellen Produkten, der Bedeutungsgewinn der Müllvermeidung als integriertes Umweltschutzkonzept u. a. haben die fordistischen städtischen Umweltprobleme eingedämmt. Dabei nimmt mit der überdurchschnittlichen Verringerung der Konzentration der klassischen Luftschadstoffe (Staub, Kohlenmonoxid, Schwefeldioxid u. a.) der komparative ökologische Vorteil suburbaner (und ländlicher) Räume ab. Im Gegensatz zum für die vorangegangenen Akkumulationsregime charakteristischen Wintersmog (mit den Hauptkomponenten Schwefeldioxid und Staub) entsteht der für den Postfordismus kennzeichnende photochemische Sommersmog (Ozonsmog) während sommerlicher Hochdruckwetterlagen. Die individuelle Lebensführung bedingt eine hohe motorisierte Verkehrsbelastung, die mit den Ergebnissen des ökonomischen Strukturwandels und der umweltpolitischen Einschränkung von Staubemissionen zu einem zurückgehenden Staubgehalt der Atmosphäre führt. Durch die größere Transparenz der Atmosphäre entsteht bei etwa gleichbleibender Konzentration der Stickstoffe und flüchtigen organischen Kohlenwasserstoffe bzw. sogar rückläufiger Werte (Kohlenmonoxid) eine steigende Immission des bodennahen Ozons.

Auch wenn es sich bei bodennahem Ozonsmog um ein Phänomen lokaler oder maximal regionaler Ausprägung handelt, hat sich die räumliche Bezugsebene der Umweltproblematik in der Geschichte der Stadt deutlich erweitert. Waren die vormodernen Umweltprobleme eher kleinräumig lokalisiert, hat sich ihr Bezug durch die weltweite Verstädterung globalisiert. Der Klimawandel, der Verlust an

---

[23]  Gegenwärtig ist es – so MENZL (2005 und 2006) – trotz aller Spezialisierungs- und Individualisierungsprozesse der Suburbanisierung schon aus demographischen Gründen absehbar, dass die Konkurrenz um „wirtschaftlich und sozial stabile junge Familien" (MENZL 2005) in den kommenden Jahren sowohl zwischen den suburbanen Gemeinden als auch im Verhältnis zur Kernstadt an Schärfe hinzugewinnen wird.

Biodiversität und die Übernutzung von Ressourcen sind nur einige Beispiele für die neue Bezugsebene von Umweltbelastungen, die unmittelbar oder mittelbar auf urbane und suburbane Lebensweisen zurückzuführen sind.
*(Näheres dazu in Kap. 3: Das Klima der Stadt und Kap. 6: Pflanzen und Tiere im städtischen Lebensraum)*

## 2.7   Städtebaukonzepte in ihrem sozialen und ökologischen Kontext

Spätestens seit der Industriellen Revolution in Verbindung mit dem forcierten Wachstum von Städten wird der Ruf nach Planung und Ordnung des Wachstums der Städte laut. Dabei werden städtebauliche Konzepte entwickelt, welche soziale und auch damit verknüpfte ökologische „Missstände" beseitigen sollen, die durch ein unreglementiertes Spiel der (Markt)Kräfte entstanden seien. Städtebau ist dabei weniger auf die Errichtung einzelner Gebäude, sondern vielmehr auf deren Anordnung und ihre Beziehung und Verbindung zueinander sowie die Koordination der Bautätigkeit in einem bestimmten Gebiet bezogen (FRICK 2008). Die Stadtentwicklung in der zweiten Hälfte des 19. Jahrhunderts hatte auch in Deutschland zu einem hochgradig widersprüchlichen Ergebnis geführt. Einerseits strebt das erstarkte Bürgertum nach physischer Repräsentation seiner (kulturellen) Interessen: die Stadterweiterungen wurden zum Bau repräsentativer bürgerlicher Infrastruktur (Theater, Museen, Oper, Rathäuser, Krankenhäuser, Gefängnisse) in prominenter Lage und häufig mit monumentaler historisierender Architektur bei klarer Gliederung bzw. Trennung der Innenstadt von den neuen Stadterweiterungsgebieten genutzt. Die Wiener Ringstraßenbebauung mag hierfür als prominentes Beispiel dienen. Andererseits lebten zahlreiche Arbeiter in überfüllten und engen Quartieren. Zeitgenössisch wurde die Stadt als unordentlich wahrgenommen, heute lassen sich die sozialen und räumlichen Strukturen industrialisierter Städte der zweiten Hälfte des 19. Jahrhunderts als „Ergebnis eines fundamentalen, die vorfordistische städtische Gesellschaft beherrschenden Widerspruchs" (RODENSTEIN 2000) beschreiben: „Die Grundlage, auf der sich die bürgerliche Gesellschaft erst entfaltet hatte, war die freie Verfügung über das Eigentum. Die Praxis der freien Verfügung über das Bodeneigentum jedoch trug zur Verelendung wachsender Teile der städtischen Bevölkerung bei, deren Reproduktion noch weitgehend vorkapitalistisch war und der ländlichen Lebensweise entsprach" (ebd.).

Aus der Erfahrung der sozialen Fragmentierung der Stadt und den insbesondere für ärmere Schichten ungesunden Lebensverhältnissen entwickelte sich der sozialreformerische Städtebau des 19. und beginnenden 20. Jahrhunderts. Die unterschiedlichen Ansätze verfolgten dabei das Ziel mit Mitteln der Planung gegen städtisches Elend vorzugehen, wobei sie als Ursache ungesunder Wohnverhältnisse zu hohe Bodenpreise in der Stadt ausmachten. Gesunde Wohnverhältnisse hingegen wurden – aus Sicht der Sozialreformer – durch drei Faktoren bestimmt: ausreichender und zugleich billiger Wohnraum für die Kleinfamilie, um Sauerstoffmangel zu vermeiden, ausreichend beheizter und durchlüfteter Wohnraum, um die Resistenz gegen Krankheiten zu steigern und eine ausreichende Besonnung, um die Entstehung von Ozon zu ermöglichen, das als Keime abtötend galt. Zur Umsetzung dieser Ziele wird eine Reihe von städtebaulichen Grundsätzen entwickelt, die bis heute auf die räumliche Planung Einfluss haben (RODENSTEIN 1988 & 2000):

1. Trennung von Wohnen und Gewerbe zur Reduktion der Gefährdung durch Emissionen,
2. Reduzierung der bebaubaren Fläche eines Grundstücks, um so eine aus dem ökonomischen Kalkül heraus weitgehend vollständige Bebauung einer Grundstücksfläche zu verhindern,
3. Abstufung der Bauordnungen zwischen Innenstadt und Randbereichen damit auf diese Weise eine unterschiedliche Dichte der Bebauungen entsteht,
4. Möglichkeit der Zonenenteignung und Umlegung von Grundstücken im öffentlichen Interesse.

Eine andere Stoßrichtung verfolgt der nach künstlerischen Grundsätzen ausgerichtete Städtebau, der Ende des 19. Jahrhunderts entstand und sich bis in das beginnende 20. Jahrhundert konstituierte. Eng verbunden ist dieses Städtebaukonzept mit dem 1889 erschienenen Buch „Der Städtebau nach seinen künstlerischen Grundsätzen" von Camillo SITTE. Er stellt einen Gegenentwurf zur ingenieurmäßigen Stadterweiterung dar, die zwar rationalen Gesichtspunkten folgte, aber – so die Auffassung Sittes – nicht hinreichend das Bedürfnis des Menschen nach künstlerischer und emotionaler Stimulation berücksichtigte. In einem Rückgriff auf die Vergangenheit, einem eklektizistischen Historismus, der die Stile unterschiedlicher vergangener Epochen vereint, stellt der Sittesche Städtebau einen Fluchtpunkt für Bürger (ihre demokratischen Teilhabechancen waren weiterhin gering) in der ausklingenden Kaiserzeit dar. Dem Städtebau nach künstlerischen Gesichtspunkten haftet dabei im doppelten Sinne der Ruf des Elitären an. Einerseits sind seine Stilzitate nur für jene verständlich, die in der Architektur- und Städtebaugeschichte bewandert sind, andererseits segregiert er das Bürgertum, da Wohnraum in künstlerisch gestalteten Stadtteilen höhere Preise erzielte, die für Arbeiter unerreichbar waren (RODENSTEIN 2000).

Stehen bei Camillo SITTE ästhetische Überlegungen im Vordergrund, ist der 1898 von Ebenezer HOWARD entwickelte Ansatz der Gartenstadt weiter gefasst. Sein Ziel ist es, die Vorteile von Land (Gesundheit, Naturnähe, Ernährung) und Stadt (Kultur) in Siedlungen zu vereinen, deren Wachstum auf 30.000 Einwohner begrenzt ist. Der Bodenmarkt wird dadurch außer Kraft gesetzt, da sich Boden im Gemeineigentum befindet, wodurch eine aufgelockerte und durchgrünte Siedlungsstruktur erreicht und gesichert wird (HARTMANN 1993, RODENSTEIN 2000). Die in Deutschland sicherlich bekannteste Gartenstadt ist Hellerau bei Dresden.

Lassen sich die dargestellten Städtebaukonzepte einem vorfordistischen Akkumulationsregime zuordnen, ist die funktionelle Stadt Ausdruck der Übertragung des Fordismus auf die Stadtentwicklung. Dabei ist der Funktionalismus in Städtebau und Architektur eng „mit den neuen Baumaterialien Eisen und Stahl, Stahlbetonbau und Glas" verknüpft (SCHÄFERS 2006). Der Anspruch des funktionalistischen Städtebaus ist durch die Prinzipien rationaler und funktionaler Gestaltung physischer Strukturen eine rationale und nach Reinheit strebende Gesellschaft zu formen, deren Vorbild die Maschine ist, wie LE CORBUSIER (1926) programmatisch ausführte: „Überall sieht man Maschinen, die dazu dienen, irgendetwas zu erzeugen, und ihre Erzeugnisse in Reinheit hervorzubringen und auf eine Art, die wir bewundern müssen". Die nach funktionalistischem Konzept entwickelten Städte weisen im Zentrum eine schachbrettartige Hochhausbebauung auf, die lediglich Dienstleistungen birgt. Das Stadtzentrum wird dabei auch aufgrund des hohen Automobilverkehrsaufkommens (die funktionalistische Stadt ist auf den motorisierten Individualverkehr ausgerichtet) und den damit verbundenen Emissionen für das Wohnen als ungeeignet angesehen. Funktionalistische Wohnviertel erweisen sich als gleichförmig, sie bestehen zumeist aus kostenoptimierten, in Großserienproduktion hergestellten Komponenten (RODENSTEIN 2000).

Gegen das fordistische Programm des *form follows function* setzt sich der postmoderne Städtebau ab. Der postmoderne Städtebau des postfordistischen Akkumulationsregimes ist durch ein Nebeneinander von *form follows fiction, form follows fear, form follows finesse* und *form follows finance* gekennzeichnet (ELLIN 1999). Dabei orientiert sich der postmoderne Städtebau am Leitmotiv der Collage, Ornamente – in der Moderne als „Kitsch" stigmatisiert – werden in der Postmoderne rehabilitiert. Im Gegensatz zur funktionalistischen Idee, die das Historische als überkommen ablehnte, ist der postmoderne Städtebau von einer grundsätzlichen Wertschätzung des Historischen geprägt, wobei drei Möglichkeiten des Umgangs mit Historischem in der Postmoderne dominieren:

- die Rekonstruktion des Einzigartigen,
- die bewusste Verfremdung der Vergangenheit und
- die Kontradiktion der Vergangenheit.

Ein sozialreformerischer Ansatz ist dem postfordistischen Städtebau fremd. Er wird in der Regel durch private Investoren mit dem Ziel der Gewinnmaximierung betrieben.

Zielt der postmoderne Städtebau einerseits auf eine Ausrichtung der Stadt auf einen Bedeutungsgewinn ästhetischer Ansprüche und andererseits auch von wirtschaftlichen Verwertungsinteressen der Stadt, so ist der nachhaltige Städtebau danach ausgerichtet, ökonomische Interessen mit ökologischen und sozialen Bedürfnissen in Einklang zu bringen. Wesentliche Stichworte, die mit nachhaltigem Städtebau in Verbindung stehen, sind (GAUZIN-MÜLLER 2002, FRICK 2008):

- sparsamer Umgang mit Ressourcen,
- Erhaltung und Erweiterung von Grünzäsuren,

- Transparenz bei Infrastruktur- und Umweltkosten,
- dezentrale Konzentration der Siedlungsentwicklung,
- Vorrang der Innenentwicklung gegenüber der Außenentwicklung und Nachverdichtungen,
- Förderung flexibler Nutzungskonzepte zur Entwicklung von Synergien (stärkere Funktionsintegration),
- Hebung der Aufenthaltsqualität,
- Vorrang für öffentliche Verkehrsmittel.

Ein besonderes Merkmal des nachhaltigen Städtebaus ist die Einbindung der lokalen Bevölkerung, um deren Bedürfnisse an ihr jeweiliges Quartier in den Planungen (im Sinne der sozialen Nachhaltigkeit) zu berücksichtigen.

# 3. Das Klima der Stadt

Der urbane Siedlungsraum kann aus Sicht der klimatologischen Maßstabsbetrachtung als eine besondere Form des Geländeklimas bezeichnet werden. Insbesondere Großstädte mit ihren stark strukturierten Gebäudekomplexen können als vom Menschen geschaffenes gegliedertes Relief bzw. reliefiertes Gelände betrachtet werden. Da es sich um mit künstlichen Materialien überbaute Flächen handelt, verursacht die Stadt im Vergleich zu seinem unbebauten Umland sowohl lokalklimatische Veränderungen als auch lufthygienische Modifikationen. Diese lokalklimatische Besonderheit wird im Allgemeinen unter dem Begriff „Stadtklima" zusammengefasst. Die im Vergleich zur natürlichen Umgebung auftretenden urban-ruralen Differenzen werden hervorgerufen durch die dreidimensionale, stark versiegelte Oberflächenstruktur, vermehrte Luftbeimengungen und eine deutliche Vegetationsarmut innerhalb der bodennahen Luftschicht. In Abhängigkeit diverser Faktoren, wie u. a. der geographischen Lage oder den morphologischen Strukturen des Geländes, erfährt der urbane Raum sein eigenes charakteristisches Stadtklima. Die Diskussionen um das Klima in der Stadt werden durch die prognostizierten Auswirkungen des Klimawandels stetig vorangetrieben und so erfährt die Stadtklimaforschung vor allem in den letzten 10 Jahren einen deutlichen Bedeutungszuwachs. Jedoch lassen sich auch schon frühe Zeugnisse dafür finden, dass bereits die Menschen der Antike für die Wahrnehmung klimatischer Veränderungen, vor allem aber der Luftverschmutzung ihrer Stadt sensibilisiert waren. Beispielsweise werden in Schriften von Vitruvius (75 v. Chr. – 26 v. Chr.: Stadtplanung und Klimabedingungen) und Horaz (ca. 24 v. Chr.: Luftverschmutzung in Rom) die Probleme der Stadtplanung im Zusammenhang mit den klimatischen und lufthygienischen Einflüssen aufgegriffen (KUTTLER 2006).

## 3.1 Urbane Überwärmung

Der wohl bekannteste und sicherlich auch am besten erforschte, vor allem aber am deutlichsten nachweisbare Effekt des Stadtklimas ist das gegenüber dem Umland erhöhte Temperaturverhältnis. Die urbane Überwärmung bezieht sich dabei sowohl auf die vergleichsweise höheren Oberflächen- als auch auf die Lufttemperaturen. Da sich der Effekt in schöner Regelmäßigkeit von der Peripherie ins Zentrum der Stadt darstellt, mit einer vom Umland zum Stadtzentrum zunehmenden Wärmeintensität, hat sich dafür der Begriff der städtischen Wärmeinsel (engl. *urban heat island*, UHI) durchgesetzt. Inselartig hebt sich die urbane Überwärmung vom kühleren Umland ab. Der Nachweis der urbanen Wärmeinsel erfolgt hierbei sowohl über deren Intensität durch die horizontale positive Temperaturdifferenz ($\Delta t = t_{Stadt} - t_{Umland}$) als auch durch einen streckenbezogenen horizontalen Temperaturgradienten ($\Delta t_{Stadt - Umland} / \Delta x_{Stadt - Umland}$). Leider wird der Begriff Wärmeinsel durch das tatsächliche räumliche Erscheinungsbild der urbanen Temperaturmodifikationen etwas idealisiert. Aufgrund der Heterogenität des Stadtkörpers durch den Wechsel unterschiedlicher Flächennutzungstypen kann es nicht nur zu wärmeren, sondern auch zu kühleren Bereichen innerhalb des Stadtgebietes kommen. Oftmals zeigt es sich, dass durchaus mehrere Wärmeinseln in einer Stadt auftreten können, die räumlich durch Flächen mit niedrigeren Temperaturen getrennt sind. In diesem Fall wäre der Begriff des urbanen Wärmearchipels sicherlich treffender. Allerdings konnte sich dieser bisher in der Fachliteratur nicht durchsetzen. Urbane Wärmeinseln sind durch viele äußere Einflüsse in ihrem Erscheinungsbild gekennzeichnet. Neben der Topographie und der Struktur der Stadt (räumliches Erscheinungsbild) ergibt sich auch eine deutliche tages- und jahreszeitliche Abhängigkeit (zeitliches Erscheinungsbild) (vgl. Kuttler 2006).

### 3.1.1 Räumliches Erscheinungsbild

Die städtische Wärmeinsel tritt in ihrem räumlichen Erscheinungsbild am deutlichsten während windstiller, nächtlicher Strahlungswetterlagen, sog. autochthoner (eigenbürtiger) Wetterlagen, auf. Aufgrund der austauscharmen atmosphärischen Verhältnisse sind während solcher Bedingungen die Temperaturunterschiede zwischen Stadt und Umland am besten zu erfassen. Wie aus Abbildung 3.1 zu ersehen ist, darf die Lage der Wärmeinsel nicht als flächenscharf angesehen werden. Aufgrund der Beeinflussung durch die bodennahen atmosphärischen Austauschbedingungen kann eine windschwache Strahlungswetterlage die überwärmten Bereiche etwas verwischen und nicht 100%-ig deckungsgleich mit der bebauten Oberfläche sein. Sehr gut lässt sich dies in vielen Fällen am Stadtrand nachvollziehen. Infolge des Kaltluftzuflusses aus dem Umland entsteht ein kurviger, teilweise buchtenartiger Verlauf, der die Wärmeinsel umgibt, unabhängig vom gegenwärtigen Versiegelungsgrad.

Ebenso wenig wie die urbane Wärmeinsel im Horizontalen eine einfache Temperaturglocke darstellt, mit den höchsten Temperaturen im Zentrum der Stadt und den geringsten am Stadtrand, ist davon auszugehen, dass innerhalb der Stadt die vertikale Temperaturverteilung der UHI in jeder Höhe die gleichen Werte aufweist. In vertikaler Abfolge lassen sich grundsätzlich drei urbane Überwärmungsbereiche unterscheiden (ebd.):

- Bodenwärmeinsel
    - wird bestimmt durch die Oberflächentemperaturen und
    - ist flächenscharf ausgebildet (deckungsgleich mit den bebauten Flächen).
- Stadthindernisschichtwärmeinsel
    - bezieht sich auf den Bereich zwischen Bodenoberfläche und mittlerer Dachhöhe,
    - verantwortlich für ihre Ausbildung sind die Oberflächenvergrößerung, die Energiefreisetzungen, die thermische Trägheit der Baukörper und eine verringerte effektive Ausstrahlung infolge der Horizonteinschränkung und

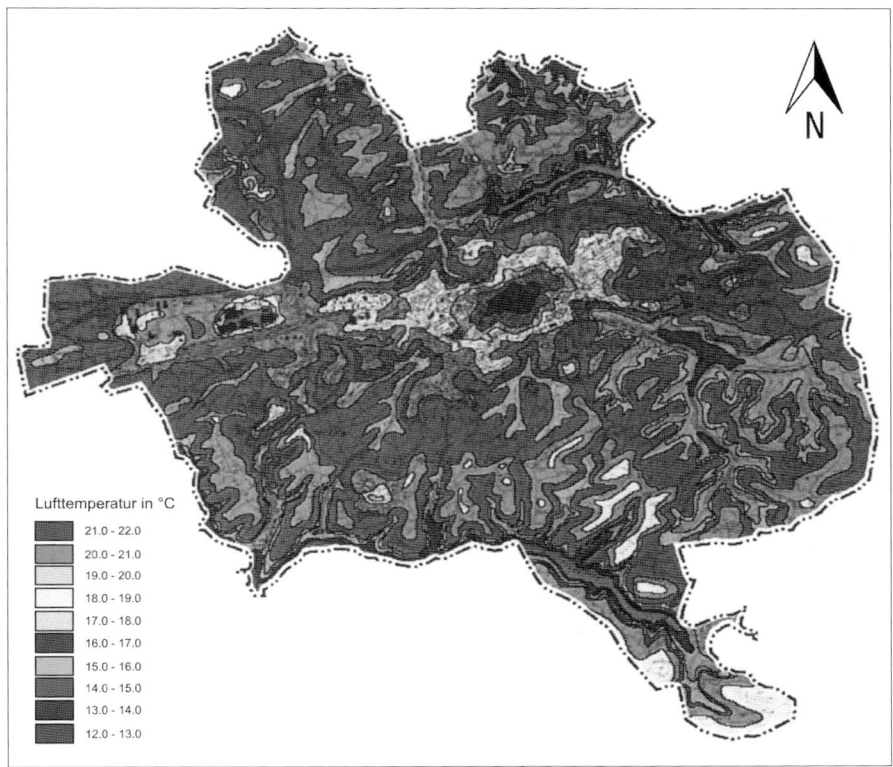

**Lufttemperatur in °C**

- 21.0 - 22.0
- 20.0 - 21.0
- 19.0 - 20.0
- 18.0 - 19.0
- 17.0 - 18.0
- 16.0 - 17.0
- 15.0 - 16.0
- 14.0 - 15.0
- 13.0 - 14.0
- 12.0 - 13.0

**Abb. 3.1**: Räumliche Verteilung der nächtlichen Lufttemperaturen am Beispiel der Stadt Kaiserslautern (REFERAT UMWELTSCHUTZ KAISERSLAUTERN (2009); erstellt durch Geo-Net Umweltconsulting & Ökoplana; verändert)

    – ist nur bedingt deckungsgleich mit der bebauten Oberfläche.
- Stadtgrenzschichtwärmeinsel
  - entsteht im Wesentlichen durch den turbulenten Wärmetransport von unten nach oben, teilweise jedoch auch in umgekehrter Richtung und
  - erstreckt sich bis an die freie Atmosphäre (die Ausbreitung wird durch das übergeordnete Windfeld bestimmt – Folge ist meist eine leewärtige Abdrift der urbanen Abluftfahne).

Während der Nachweis der Bodenwärmeinsel über das Messen der Oberflächentemperaturen erfolgt, können für die Stadthindernisschichtwärmeinsel sowohl stationäre als auch mobile Lufttemperaturmessungen durchgeführt werden. Aufgrund der Dynamik und Ausdehnung der Stadtgrenzschichtwärmeinsel ist es erforderlich deren Erfassung durch Vertikalsondierungen und Fernerkundungsverfahren zu verifizieren.

Streng genommen ist eine weitere, vierte Wärmeinsel im Stadtgebiet nachweisbar. Diese erstreckt sich im konkreten Fall unter Grund. Den physikalischen Eigenschaften der unterschiedlichen Baumaterialien folgend wird durch die Aufheizung der Bodenoberfläche bzw. der Gebäude am Tage die Wärme auch in den Untergrund abgeleitet. Die daraus resultierende unterirdische Wärmeinsel kann einige Meter in den Boden hineinreichen (YAMASHITA 1990; ASEADA & CA 1993). Sollte die Untergrundversiegelung das Grundwasserniveau erreichen, ist die Überwärmung auch im Grundwasser nachweisbar (BALKE 1990; FEZER 1995).

### 3.1.2 Zeitliches Erscheinungsbild

Urbane Wärmeinseln sind wie bereits erwähnt während autochthoner Wetterlagen am besten ausgeprägt. Dies bedingt letztendlich eine enge Bindung zu bestimmten Tages- und Jahreszeiten. Die Intensität der städtischen Wärmeinsel ist in den Monaten Juni bis August erwartungsgemäß in der zweiten Nachthälfte am höchsten. Dies lässt sich sehr gut anhand der Beispiele in Abbildung 3.2 nachvollziehen und kann für mitteleuropäische Großstädte als charakteristisch angesehen werden. Eine weitere Besonderheit der urbanen Wärmeinsel ergibt sich aus der genaueren Betrachtung des Tagesganges der urbanen Temperaturen und derer des Umlandes. Der direkte Vergleich zwischen den Nachtstunden und jenen des Tages offenbart über die gesamte Jahresfrist zwischen 11.00 Uhr und 14.00 Uhr kaum oder nur sehr schwach positiv ausgeprägte Temperaturunterschiede zugunsten der Stadt. In einigen Fällen kann es mitunter zu leicht negativen Differenzen kommen, was auf eine etwas größere Erwärmung des Umlandes hindeutet. Dies ist der Tatsache geschuldet, dass aufgrund der komplexen urbanen Bebauungsstruktur die einfallende solare Strahlung aufgrund des Sonnenstandes die bodennahen Luftschichten nicht so gleichmäßig erwärmen kann wie im Umland. Die Gebäude sorgen zudem für einen entsprechenden Schattenwurf. Auch verschiebt sich die Strahlungsreferenzfläche vom Straßenbereich auf das Dachniveau. Zusätzlich wird die Wärme in die künstlichen Baumaterialien abgeleitet und dort zwischengespeichert. Folgerichtig kann sich während dieser Stunden des Tages eine sog. „*urban cool island* (UCI)" ausbilden (vgl. KUTTLER 2006).

Grundsätzlich verhält sich der Tagesgang der Stadt und entsprechend die städtische Überwärmung moderater als die des Umlandes. Unabhängig von der Jahreszeit zeigen sich im Vergleich zur Peripherie der Stadt geringere Abkühlungsraten der Lufttemperaturen. Über den gesamten Tag betrachtet stellen sich am Morgen an beiden Stationen vergleichsweise hohe Werte ein, die sich im Verlauf der frühen und späten Nachmittagsstunden zeitlich versetzt zueinander am späten Nachmittag kreuzen („*crossing over*"). Kurz vor Sonnenuntergang setzt bereits die Abkühlung des Umlandes ein. Hier kommt der Wärmespeichereffekt der Gebäude zum Tragen.

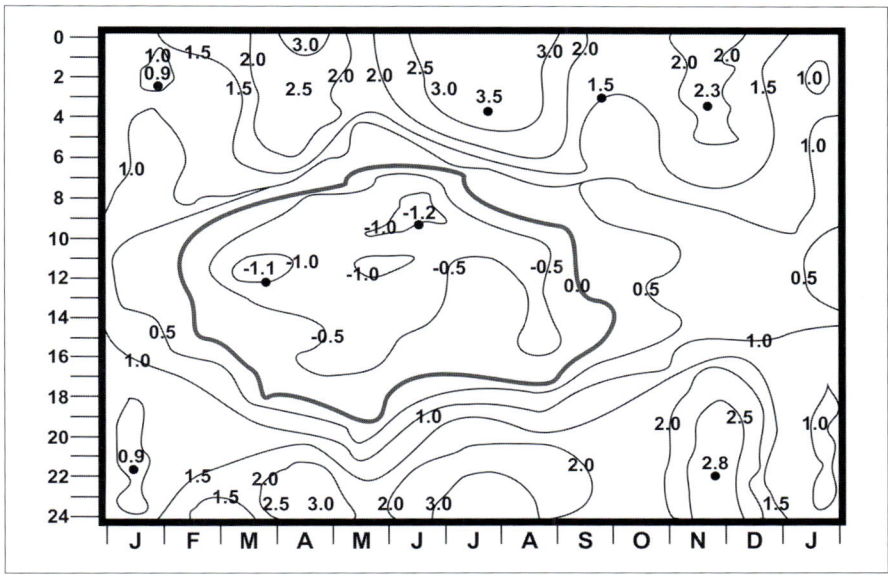

**Abb. 3.2:** Beispielhafte Darstellung der täglichen und monatlichen Wärmeinselintensität (KUTTLER 1987, verändert)

Sichtbar wird dieser Effekt durch die höchsten Änderungsraten des Umlandes in den Abend- und Nachtstunden, während im Vergleich dazu die städtischen Lufttemperaturen eine sehr viel flachere Verlaufskurve aufweisen (ebd.).

### 3.1.3 Abhängigkeiten der urbanen Überwärmung

Jeder urbane Siedlungsraum weist seine eigene urbane Wärmeinsel auf. Wie intensiv sich die Überwärmung des Stadtgebietes im Endeffekt darstellt, ist von einer Reihe meteorologischer, geographischer und urbaner Faktoren abhängig.
   Meteorologische Faktoren:
- Autochthone Wetterlagen: Die größten Temperaturdifferenzen treten während austauscharmer, strahlungsintensiver Wetterlagen auf, was jedoch nicht bedeutet, dass es außerhalb dieser Witterungssituation nicht zu einer städtischen Überwärmung (UHI > 0 K) kommt.
- Bedeckungsgrad: Eine über die Tagstunden hinweg dichte Bewölkung wirkt sich deutlich auf die in den Nachtstunden auftretende Wärmeinselintensität aus. Die am Tage verringerte solare Einstrahlung hat in den Abend- und Nachtstunden eine entsprechend geringere Wärmeabgabe der Gebäudeaußenwände zur Folge (u. a. SUNDBORG 1950).

- Windgeschwindigkeit: Hohe Windgeschwindigkeiten bedingen eine Vermischung der räumlichen Temperaturunterschiede. Die lokale Strahlungs- und Energiebilanz wird durch die Advektion nivelliert (u. a. NKEMDAERIM 1980).
- Atmosphärische Schichtung: Stabile Schichtungsverhältnisse weisen im Vergleich zu neutralen, vor allem aber gegenüber labilen Schichtungsverhältnissen eine deutlich höhere Wärmeinselintensität auf. In diesem Fall besteht zudem eine eindeutige Abhängigkeit von dem Grad der Bewölkung (u. a. OKE & EAST 1971).

Geographischer Faktor:

- Topographie: Naturräumliche Gliederungselemente wie Hang- und Tallagen, Insel- und Beckenlandschaften sowie Standorte an der Küste oder im Landesinneren können sich lokalklimatisch verstärkend bzw. mildernd auf die stadtklimatischen Modifikationen auswirken.

Urbane Faktoren:

- Einwohnerzahl: Die Einwohnerzahl steht in einer engen Beziehung zur Stadtgröße. Der Wärmeinseleffekt ist allerdings kein Phänomen großer Städte, sondern auch für urbane Räume mit weniger als 100.000 Einwohnern nachweisbar (z. B. DANZEISEN 1983). Obwohl die Interaktion zwischen der Intensität der urbanen Überwärmung und der Einwohnerzahl nicht von allen uneingeschränkt gefolgt wird (u. a. BÖHM 1998), heben viele Untersuchungen ebendiesen Zusammenhang eindeutig hervor. Wie Abbildung 3.3 zeigt, gibt es eine eindeutig positive Abhängigkeit. PARK (1987) hat u. a. verdeutlicht, dass sich die unterschiedlichen Steigerungen anhand von Regressionsfunktionen nachvollziehen lassen. Veranschaulicht wird dies durch die Analyse nordamerikanischer, westeuropäischer, japanischer und koreanischer Städte. In Verbindung mit der Betrachtung der jeweiligen Gebäudekonstruktion, der Bebauungsdichte, dem Anteil an Grün- und Wasserflächen sowie dem Energieverbrauchsverhalten der Stadtbevölkerung ergibt sich außerdem, dass nordamerikanische Städte ihre Gebäude stärker klimatisieren und es durch die höhere anthropogene Wärmeproduktion zu Unterschieden mit europäischen Städten kommt, obwohl die Städte vergleichbare Einwohnerzahlen aufweisen. Rückschlüsse auf das Baumaterial lassen asiatische Städte zu. In japanischen und koreanischen Siedlungsräumen mit < 300.000 Einwohnern wird traditionell verstärkt mit Holz gebaut, während die großen urbanen Siedlungsräume eher dem europäischen Standard entsprechen.
- Bebauungsdichte: Entscheidend ist in diesem Zusammenhang die durch die Gebäude hervorgerufene Horizonteinschränkung. Der an dieser Stelle zu berechnende Himmelssichtfaktor (engl. *sky view factor,* $\psi$) verhält sich dabei umgekehrt proportional zur maximalen Wärmeinselintensität (BLANKENSTEIN & KUTTLER 2004). Anstelle des „*sky view factor*" kann auch auf die Berechnung des Verhältnisses von Straßenbreite und Haushöhe zurückgegriffen werden (u. a. OKE 1973). Diese kann als Maß für die Bebauungsstruktur herangezogen werden. Voraussetzung dafür ist allerdings, dass die Straßenschlucht lang genug ist und die gegenüberliegenden Häuserfronten sich symmetrisch verhalten.

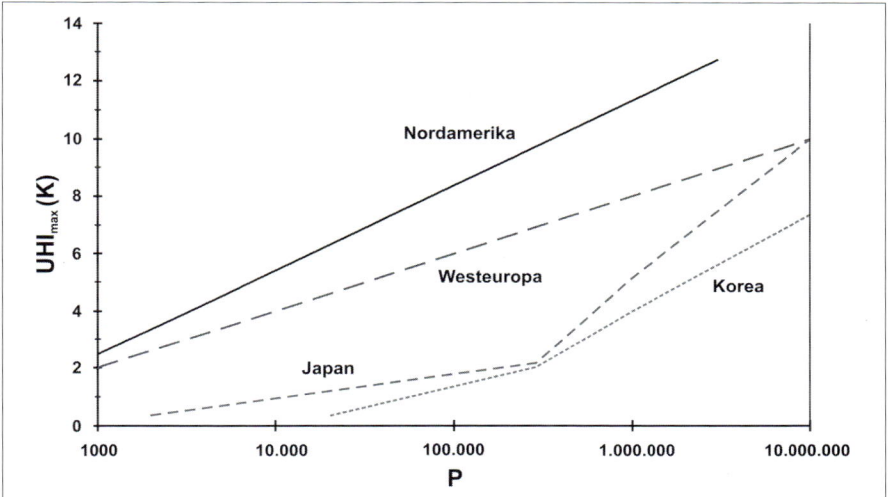

**Abb. 3.3:** Abhängigkeit der maximalen Wärmeinselintensität (UHI$_{max}$) von der Einwohnerzahl diverser Städte in Westeuropa, Nordamerika, Südkorea und Japan
(nach MATZARAKIS 2001; verändert)

– Grad der Versiegelung: Eine Abhängigkeit der Wärmeinselintensität in Bezug
auf den Grad der Versiegelung kann sowohl mithilfe der Lufttemperatur als
auch der Oberflächentemperatur nachgewiesen werden (u. a. BAUMGARTNER et
al. 1985).

Eine Betrachtung der unterschiedlichen Abhängigkeiten kann durchaus zur Pro-
gnose einer urbanen Wärmeausbildung genutzt werden. Dabei können einzelne
Faktoren, aber auch eine Kombination mehrerer in die Analyse einbezogen werden. Eine solche Kombination der meteorologischen, geographischen und urbanen Faktoren für eine räumlich entsprechend hoch aufgelöste Vorhersage benötigt allerdings entsprechend komplexe numerische Simulationen.

### 3.1.4 Auswirkungen der urbanen Überwärmung

Die Intensität der urbanen Wärmeinsel birgt sowohl Vor- als auch Nachteile. Am
einfachsten stellt sich eine Bewertung der positiven bzw. negativen Wirkungen
auf den urbanen Siedlungsraum dar, wenn klimatologische Ereignistage als
Grundlage eines Vergleiches zwischen Stadt und Umland herangezogen werden.
Unterschiedlichen Prognosen zufolge wird sich der urbane Raum im Winter
durchaus positiv entwickeln, da die höheren Stadttemperaturen eine Verkürzung
der Frostperiode bewirken. Die geringere Frostintensität zeigt sich dementspre-

chend in einer geringeren Anzahl von Frost- und Eistagen. Auch die Schneedeckendauer wird dementsprechend kürzer ausfallen als im Umland. Aus ökonomischer Sicht weiterhin positiv ist der sinkende Bedarf an Energie, da für die sog. Heizgradtage ebenfalls eine rückläufige Entwicklung erwartet werden kann. Die Kehrseite der Medaille offenbart sich bei der Betrachtung der Sommersituation. Konnte die urbane Überwärmung im Winter noch als positiver Effekt hervorgehoben werden, zeigt sich nun ihr Nachteil darin, dass die jahreszeitlich bedingten hohen Sommertemperaturen durch die Wärmeinselintensität weiter zunehmen. Dies stellt für den menschlichen Organismus eine thermische Belastung dar, die als äußerst unangenehm empfunden werden kann und auf die urbane Lebensqualität einschränkend wirkt. Voraussichtlich wird sich die Anzahl der wärmeren Tage in den Städten nahezu verdoppeln. Daraus resultiert eine Reduzierung der nächtlichen Abkühlung aufgrund der erhöhten, zeitlich versetzten Abgabe der zwischengespeicherten Wärme der Gebäude. Dies bedeutet zwar auf der einen Seite für den sommerlichen, nächtlichen Aufenthalt im Freien (Grillparty-/ Biergartentage) einen Vorteil. Allerdings leidet die Schlafqualität erheblich darunter, da aufgrund der noch immer vergleichsweise hohen nächtlichen Außen- und Innentemperaturen der Körper nicht zur Ruhe kommen kann. Nicht zuletzt setzt sich in den letzten Jahren verstärkt der Trend zur Gebäudeklimatisierung durch. Auf diese Weise wird der ökonomische Vorteil des Winters durch die Einsparungen am Heizbedarf im Sommer nahezu aufgezehrt (vgl. KUTTLER 2006).

Die städtische Wärmeinsel wirkt sich allerdings nicht nur auf den menschlichen Organismus aus. Auch das pflanzliche Leben ist durch das höhere Wärmedargebot Modifizierungen unterworfen. Zu den signifikantesten Veränderungen der urbanen Pflanzenwelt zählen:
– ein früherer Beginn der Vegetationsperiode,
– eine große Anzahl wintergrüner Pflanzen,
– mehr frost- und kälteempfindliche Arten,
– nitrophile und lichtliebende Pflanzen und
– eine geringe Anzahl feuchteliebender Pflanzen .
*(Näheres dazu in Kap. 6: Pflanzen und Tiere im städtischen Lebensraum)*

## 3.2   Nachweis des Stadtklimas

Der Nachweis des stadtklimatischen Effektes bzw. der bereits erwähnten urbanen Überwärmung stellt auf den ersten Blick keine große Herausforderung dar, da im eigentlichen Sinne lediglich ein Temperaturunterschied zwischen der Stadt und dem Umland nachgewiesen werden muss. Ganz so einfach gestaltet sich diese Annahme jedoch nicht, da einige Faktoren berücksichtigt werden müssen, um repräsentative und valide Messergebnisse zu liefern. So war es Ende der 1970er Jahre LOWRY (1977), der in seiner Arbeit darauf aufmerksam gemacht hat, dass urbane Messdaten zusammengesetzte Werte (W) darstellen, die aus mindestens drei Einzelkomponenten bestehen:

1. der Hintergrundwert (H; globalklimatisch, großräumig vorgegebene Wirkgröße)
2. der Topographiewert (T; durch die Topographie bestimmt)
3. der Verstädterungswert (V; stadttypische Einflussfaktoren)

Weiterhin müssen bekannt sein:
- der Witterungstyp (i),
- der Messzeitpunkt (t) und
- die räumliche Zuordnung des Standortes innerhalb der Stadt (x)

Daraus ergibt sich letztendlich folgende Gleichung:

$$W_{itx} = H_{itx} + T_{itx} + V_{itx}$$

Aus dieser Nachweismethode ergibt sich jedoch eine Problematik, die sich nur für wenige urbane Siedlungsräume lösen lässt. Für den Nachweis des Stadtklimas bzw. um die klimatischen Modifikationen ermitteln zu können, die ausschließlich auf die Urbanisierung zurückzuführen sind, ist es notwendig den sog. Aktualwert ($W_{it(akt)x}$; Wert zum aktuellen Zeitpunkt, an einem festgelegten Ort, zu einer bestimmten Wetterlage) von einem präurbanen Wert (Präurbanwert; $W_{it(präurban)x}$) abzuziehen, der ebendiesem aktuellen Ort und der Wetterlage entspricht. Aufgrund der häufig fehlenden Datenbasis ist dies in den meisten Fällen nicht zu gewährleisten. Um diese Daten- und Informationslücken zu schließen, wird in der Praxis auf unterschiedliche Vorgehensweisen zurückgegriffen:
- Windkanalmessungen (Analyse von präurbanen/urbanen Vergleichsmessungen),
- numerische Modellsimulationen (Analyse von präurbanen/urbanen Vergleichsmessungen),
- Regressionsanalysen (Betrachtung einzelner meteorologischer, geographischer oder urbaner Faktoren in Abhängigkeit von der Zeit) oder
- Geländemessungen (mindestens zwei urbane Standorte mit zwei repräsentativen ruralen Standorten vergleichen).

## 3.3 Genese des Stadtklimas

Wie intensiv der stadtklimatische Effekt letztendlich ausgeprägt ist, wird von einer Reihe von Einflussfaktoren bestimmt, die für jeden urbanen Raum ein ganz spezifisches, eigenes Stadtklima entstehen lassen. Obwohl die primäre Beeinflussung des Stadtklimas grundsätzlich auf der meso- und mikroskaligen Maßstabsebene beruht, sollen zu Beginn die makroskaligen Einflüsse angesprochen werden. Vor allem die Breitenlage bzw. die Klimazone, in der der urbane Siedlungsraum eingebettet ist, bereitet klimatische Rahmenbedingungen, die sich natürlich auch auf die Intensität des Stadtklimaeffektes auswirken. Ebenso gilt es auf makroskaliger Ebene die Entfernung des Stadtkörpers zum nächsten großen Wasserkörper zu betrachten. Die lokal entsprechend deutlicher zu Tage tretenden meso- und mikroskaligen Einflussfaktoren sind

- die topographischen Verhältnisse des urbanen und ruralen Raumes,
- die Größe der Stadt und dementsprechend die Anzahl der Einwohner,
- die Heterogenität der Stadtstruktur,
- der Grad der Versiegelung,
- die Dreidimensionalität der Gebäudestruktur,
- die Produktion sensibler und latenter Wärmeströme anthropogener Herkunft und
- die Art und Zusammensetzung der Emissionen von Luftinhaltsstoffen.

Letztendlich sind es einige wenige Steuerungsgrößen, die den Stadtklimaeffekt in Abhängigkeit von Größe und Bebauungsstruktur verstärken oder abmildern:

- Bebauungsdichte,
- thermisches Verhalten der urbanen Oberflächen und Baukörper,
- hydrologisches Verhalten der urbanen Oberflächen und Baukörper,
- Oberflächenrauigkeit,
- Verhältnis von bebauten und nichtbebauten Flächen,
- Abwärme- und Wasserdampfemissionen und
- Freisetzung anthropogener Luftverunreinigungen.

## 3.4    Struktur und Beschaffenheit urbaner Oberflächen

Charakteristisch für einen urbanen Siedlungsraum ist die Oberflächenvergrößerung aufgrund der Dreidimensionalität des jeweiligen Stadtkörpers. Aus der Anordnung und Struktur der Gebäude können aus klimatologischer Sichtweise verschiedene Faktoren herausgegriffen werden, die sich lokalklimatisch auswirken. Die sind u. a.

- die Dichte der Bebauung,
- die verwendeten Baumaterialien,
- die Größe und Verteilung der innerstädtischen Grünflächen,
- das Vorhandensein oder Fehlen von Wasserflächen,
- die Höhe der Straßenrandbebauung,
- die Breite der Straße,
- die Anordnung der Gebäude zur Straße und
- der Verlauf der Straße.

Ein weiteres Charakteristikum des urbanen Siedlungskörpers, der quasi deckungsgleich mit der Oberflächenstruktur ist, ist die Versiegelung der Bodenoberfläche. In Abhängigkeit der verwendeten Baumaterialien bedeutet die Versiegelung zumeist eine nahezu komplette Abdichtung des ehemals natürlichen Bodens. Ein Austausch zwischen Boden und Atmosphäre ist somit nicht mehr

ungehindert möglich. Die Intensität der Bodenversiegelung spiegelt den Versiegelungsgrad wider. Dieser beschreibt das Verhältnis der versiegelten Flächen zur
entsprechenden Gesamtfläche der Stadt (Wessolek & Renger 1998).

Da in einer Stadt nicht nur die Bodenoberfläche versiegelt werden kann, sondern auch eine unterirdische Versiegelung möglich ist, muss zwischen Überflur-
und Unterflurversiegelung unterschieden werden. Typische Unterflurversiege-
lungen sind U-Bahnschächte, Tiefgaragen, Keller, Kanal- und Leitungssysteme,
Untergrundpassagen und -geschäftsstraßen. Ein aus ökologischer Sicht negativer
Effekt der Überflur- und Unterflurversiegelung ist das schnelle oberirdische Ab-
führen des Niederschlagswassers in die Kanalisation. Eine Versickerung in den
Boden wird dadurch ebenso unterbunden, wie in umgekehrter Richtung ein möglicher kapillarer Aufstieg. Außerdem führt die rasche Entsorgung des Oberflächenwassers zu einer Verringerung der Verdunstung. Dies bedingt eine Erhöhung
der Oberflächentemperaturen, des sensiblen sowie des Bodenwärmestroms und
so letztendlich einen Anstieg der Lufttemperatur. Der Abflussbeiwert (Quotient
aus gefallenem Niederschlag und Abfluss) gibt Auskunft darüber wie viel Niederschlagswasser aufgrund der versiegelten Flächen sofort abgeführt wird, wie viel in
den Untergrund gelangt und wie viel zur Verdunstung vorhanden ist (vgl. Kuttler 2009). Dementsprechend ergibt sich z. B. für eine Straße oder ein Hausdach
ein hoher Abflusswert. Grünflächen hingegen besitzen einen geringen Abflussbeiwert, da sie aufgrund der natürlichen Bodensubstrate das Wasser zwischen-
speichern und so eine Verdunstung ermöglichen (Henninger 2010a).

Die Struktur und Beschaffenheit urbaner Oberflächen weist aufgrund der künstlichen Versiegelung des Bodens gegenüber dem natürlichen Untergrund deutliche
Modifikationen auf. Diese äußern sich in charakteristischen thermischen und hydrologischen Eigenschaften.

### 3.4.1 Thermische Eigenschaften urbaner Oberflächen

Die thermischen Eigenschaften einer urbanen Oberfläche werden bestimmt durch
- den Versiegelungsgrad,
- die Zusammensetzung der verwendeten Materialien,
- die Oberflächenfarbe,
- die Wasserversorgung und
- die Ausrichtung zum solaren Strahlungseinfall der Sonne.

Eine Kombination dieser Faktoren gibt Auskunft darüber wie viel der ankom-
menden Energie von der Oberfläche aufgenommen und in den Untergrund weiter-
geleitet wird bzw. wie viel wieder zeitlich verzögert zurück an die bodennahe Atmosphäre geht. Am eindrucksvollsten zeigt sich das thermische Verhalten am
Beispiel des Asphalts. Verglichen mit einem natürlichen Boden heizt sich der künstliche Baustoff bei starker solarer Einstrahlung extrem auf, vor allem dann, wenn die

Oberfläche trocken ist, da so keine Energie für die Verdunstung aufgewendet werden muss. Die Energie wird nahezu ausschließlich zur Erwärmung der Bodenoberfläche und der aufliegenden Luftschicht verwendet. Natürliche Oberflächen enthalten im Gegensatz dazu häufig einen hohen Feuchtegehalt. Da durch das Zur-Verfügung-Stellen von Wasser Verdunstung stattfinden kann, unter Aufwand also Energie in die Atmosphäre transportiert wird, ergeben sich kühlere Oberflächentemperaturen (vgl. KUTTLER 2009). Nicht zuletzt die dunkle Farbe des Asphalts und der damit verbundene hohe Absorptionsgrad bewirken das Aufheizen. Asphalt weist ebenfalls eine sehr hohe Wärme- und Temperaturleitfähigkeit auf sowie einen entsprechend hohen Wärmeeindringkoeffizienten (ZMARSLY et al. 2007).

Das thermische Verhalten einer urbanen Bodenoberfläche lässt sich anhand des Vergleichs der Luft- und Oberflächentemperatur im Tagesgang darstellen. Den gesamten Tag liegt die Oberflächentemperatur deutlich über der Temperatur der Luft. Folglich entsteht ein Energietransport, der von der Oberfläche in die Atmosphäre gerichtet ist und die Luft erwärmt. Gleichzeitig ergibt sich ein zweiter Energietransport zwischen der Bodenoberfläche und dem Untergrund. Während der Tagstunden ist dieser Energiefluss von der Oberfläche in den Boden hinein gerichtet. Wärme wird dorthin geleitet. In den Abend- und Nachtstunden kehrt sich dieser Fluss um. Infolge der höheren Bodentemperatur im Vergleich zur Oberfläche bewirkt der Temperaturgradient einen Wärmetransport an die Bodenoberfläche. Dieser sorgt für eine zusätzliche Erwärmung der Oberfläche. Was dazu führt, dass auch in der Nacht die Oberflächentemperatur aufrecht erhalten bleibt. Eine nächtliche Abkühlung ist in einem solchen Fall eingeschränkt. Viele der in der Stadt verwendeten künstlichen Materialien weisen diesen Speichereffekt auf und geben nachts ihre Wärme zeitlich verzögert an die Stadtatmosphäre ab. Das thermische Verhalten urbaner Oberflächen kann mithilfe von Thermalbefliegungen eindrucksvoll im Bild festgehalten werden. Die Thermographie macht sich dabei die, in Abhängigkeit des jeweiligen Flächennutzungstyps, unterschiedlich schnell ablaufenden Abkühlungsprozesse der Oberflächenmaterialien zu Nutze. Anhand solcher Aufnahmen, nicht zuletzt auch in Abhängigkeit von Tages- und Nachtzeit, lässt sich das thermische Verhalten der unterschiedlichen Bodenmaterialien sehr gut differenzieren (KUTTLER 2006).

### 3.4.2   Hydrologische Eigenschaften urbaner Oberflächen

Die hydrologischen Eigenschaften einer urbanen Oberfläche sind charakterisiert durch
– das Abflussverhalten des Wassers,
– das Infiltrationsvermögen,
– den kapillaren Aufstieg,
– die Versickerungsrate und
– das Verdunstungspotenzial.
*(Näheres dazu in Kap. 5: Urbaner Wasserhaushalt)*

## 3.5 Urbaner Strahlungs- und Wärmehaushalt

Die Energiebilanz eines urbanen Siedlungskörpers setzt sich zusammen aus Strahlungs- und Wärmehaushalt. Relativ unbeeinflusste Bedingungen (Windstille, kein Niederschlag) vorausgesetzt, kann die urbane Energiebilanz an der Grenzfläche zwischen Bodenoberfläche und Luft in folgende Einzelglieder unterteilt werden (vgl. KUTTLER 2009):

$$Q + Q_{anthr} + Q_{met} + Q_H + Q_E + Q_B = 0 \qquad [W\ m^{-2}]$$

($Q$ = Strahlungsbilanz, $Q_{anthr}$ = anthropogene Wärmeflussdichte, $Q_{met}$ = metabolische Wärmeflussdichte, $Q_H$ = fühlbare Wärmeflussdichte, $Q_E$ = latente Wärmeflussdichte, $Q_B$ = Bodenwärmestrom)

Dem Energieerhaltungsgesetz folgend muss die Summe der Einzelglieder der Energiebilanz einer Fläche ausgeglichen sein und wird dementsprechend gleich Null gesetzt (ebd.). Modifiziert wird die natürliche Energiebilanz durch die im urbanen Raum zusätzlich auftretenden Terme der anthropogenen Wärmflussdichte ($Q_{anthr}$) und der metabolischen Wärmeflussdichte ($Q_{met}$).

– Anthropogene Wärmeflussdichte: anthropogen verursachte Wärmeabgabe in die bodennahe Atmosphäre durch Kraftwerke, Industrieanlagen, den Kfz-Verkehr und die Gebäudeklimatisierung
– Metabolische Wärmeflussdichte: durch den Menschen direkt freigesetzte Wärme (z. B. über die Haut). Für die urbane Energiebilanz ist, bezogen auf die Fläche und unabhängig von der Höhe der Bevölkerungsdichte, $Q_{met}$ lediglich von untergeordneter Bedeutung. Aus klimatologischer Sicht stellt die metabolische Wärmeflussdichte bei der Betrachtung des Innenraumklimas jedoch einen wichtigen Faktor dar, da die stoffwechselbedingte Wärmeproduktion die Raumtemperatur deutlich zu beeinflussen vermag.

### 3.5.1 Urbane Strahlungsbilanz

Ein Vergleich der Strahlungsbilanz des Umlandes mit der des urbanen Raumes offenbart eine deutlich erkennbare Verringerung der kurzwelligen Strahlungsflussdichte in der Stadt. Dieser reduzierte urbane Strahlungsgenuss ist nicht zuletzt darauf zurückzuführen, dass die durch die Luftbeimengungen stärker belastete urbane Atmosphäre eine Strahlungsschwächung erfährt. Gegenwärtig bewirkt die urbane Dunstglocke in mitteleuropäischen Städten eine Reduktion der einfallenden solaren Strahlung von rund 10 % gegenüber dem Umland (u. a. KUTTLER & SCHÄFERS 2000). Neben der allgemeinen Verringerung der kurzwelligen Strahlung lässt sich auch eine Selektion ebendieser feststellen. In Abhängigkeit der Wellenlänge kann es zu einer beinahe vollständigen Absorption der Wellenlängenbereiche $\lambda < 400$ nm kommen. Demgegenüber erhöht sich der Anteil im langwelligen Bereich. Dunkle Oberflächen, vor allem aber die Mehrfachreflexionen innerhalb der Straßenschluchten führen zu einer Verringerung der kurzwelligen Albedo. Dies ist damit zu erklären, dass die Strahlungsflüsse mit zunehmender Höhe über Grund deutlichen Schwankungen unterworfen sind (vgl. KUTTLER 2006).

Sowohl die Oberflächen- und Lufttemperaturen als auch die entsprechenden langwelligen Emissionsgrade der unterschiedlichen Oberflächenmaterialien bestimmen die langwellige Strahlungsflussdichte (HELBIG et al. 1999). Einen ausgesprochen starken Einfluss auf die langwellige Ausstrahlung besitzt der Himmelssichtfaktor (*sky view factor*, ψ; s. Kap. 3.1.3) in Straßenschluchten. Die von der Oberfläche ausgehende Strahlung kann aufgrund des geringen „*sky view factor*" nicht vollständig aus der Straßenschlucht entweichen. Sie trifft auf ihrem Weg in die freie Atmosphäre unweigerlich auf Oberflächen (z. B. gegenüber liegende

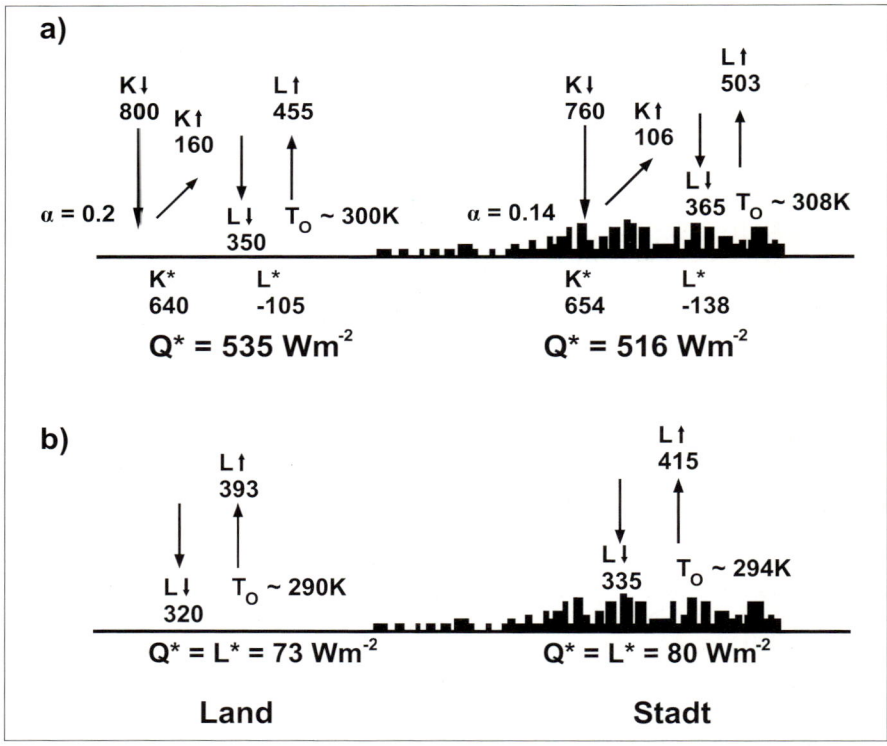

**Abb. 3.4:** Nach OKE 1997 veränderte Darstellung der einzelnen Komponenten der Strahlungsbilanz für einen Umland- und Stadtstandort während einer sommerlichen autochthonen Wetterlage für die Mittags- (a) und Nachtstunden (b): GS = Globalstrahlung; G = atmosphärische Gegenstrahlung; A = terrestrische Ausstrahlung; Rk = kurzwellige Reflexstrahlung; K, L, Q = kurz- und langwellige, gesamte Strahlungsbilanz [W m-2]

Häuserwände). Hindernisfreie Standorte erreichen einen Himmelsichtfaktor von $\psi = 1{,}0$, Straßenschluchten Werte von $\psi < 0{,}4$. Die in der Straßenschlucht verbleibende langwellige Strahlung bedingt an diesem Standort einen Strahlungsgewinn und infolgedessen kommt es zu einer Erhöhung der Temperaturen (ebd.).

Eines der bekanntesten Beispiele für die Darstellung der urbanen Strahlungsbilanz ist das von OKE (1997) aufgezeigte Bild der Stadt Vancouver (Abb. 3.4). Exemplarisch sind die Differenzen der Strahlungsbilanzglieder von Stadt und Umland dargelegt. Demnach offenbart sich für die Stadt-Umland-Differenz, dass diese nur gering ausfällt. Am Tage zeigt sich eine um 3 %, in der Nacht eine um knapp 10 % verringerte urbane Strahlungsbilanz. Diese nahezu ausgeglichene Bilanz zwischen der Stadt und dessen Umland ist darauf zurückzuführen, dass sich die deutlich unterscheidenden kurz- und langwelligen Strahlungsströme weitestgehend ausgleichen. Entscheidend ist zudem der Verschmutzungsgrad der jeweiligen Stadtatmosphäre und dieser variiert dementsprechend natürlich von Standort zu Standort.

### 3.5.2 Urbane Wärmebilanz

Wie bereits für die urbane Strahlungsbilanz gezeigt, so soll auch die urbane Wärmebilanz beispielhaft für Vancouver dargestellt werden (Abb. 3.5). Deutlich tritt während der Tagstunden die fühlbare Wärmeflussdichte ($Q_H$) in den Vordergrund, während am Umlandstandort aufgrund des höheren Feuchtedargebots der Verdunstungswärmestrom ($Q_E$) gegenüber $Q_H$ höhere Werte annimmt. Hinzu kommt der anthropogene Wärmestrom ($Q_{anthr}$), der die Bilanz der Stadt im Vergleich zum Umland modifiziert, da dieser außerhalb des urbanen Siedlungsraumes fehlt. Nicht zu vernachlässigen ist der Speicherterm der Stadt ($\Delta Q_S$). Dieser ist urban fast doppelt so groß wie im Umland. Der urbane Speicherterm besitzt in Abhängigkeit von Untergrund- und Geländebeschaffenheit eine unterschiedliche Bedeutung (u. a. WEBER 2004). In den Nachtstunden kommt es zu einem Wärmetransport ($Q_H$, $Q_E$, $\Delta Q_S$) von den versiegelten hin zu den unversiegelten Flächen. Diesen Vorgang erledigt in der Stadt allein die gespeicherte Wärme ($\Delta Q_S$). $Q_H$ und $Q_E$ sind von der Oberfläche weg gerichtet (vgl. KUTTLER 2006).

### 3.5.3 Anthropogene Wärmeproduktion

Der Einfluss der anthropogenen Wärmeproduktion wurde am Beispiel der urbanen Wärmebilanz bereits durch die Darstellung der Einzelglieder dargelegt. In Abhängigkeit von
– geographischer Breite,
– Wirtschaftsstruktur und
– Energieverbrauchsverhalten
darf die anthropogene Wärmeflussdichte ($Q_{anthr}$) dementsprechend auch keinesfalls außer Acht gelassen werden. Der anthropogene Wärmefluss ist stark abhängig

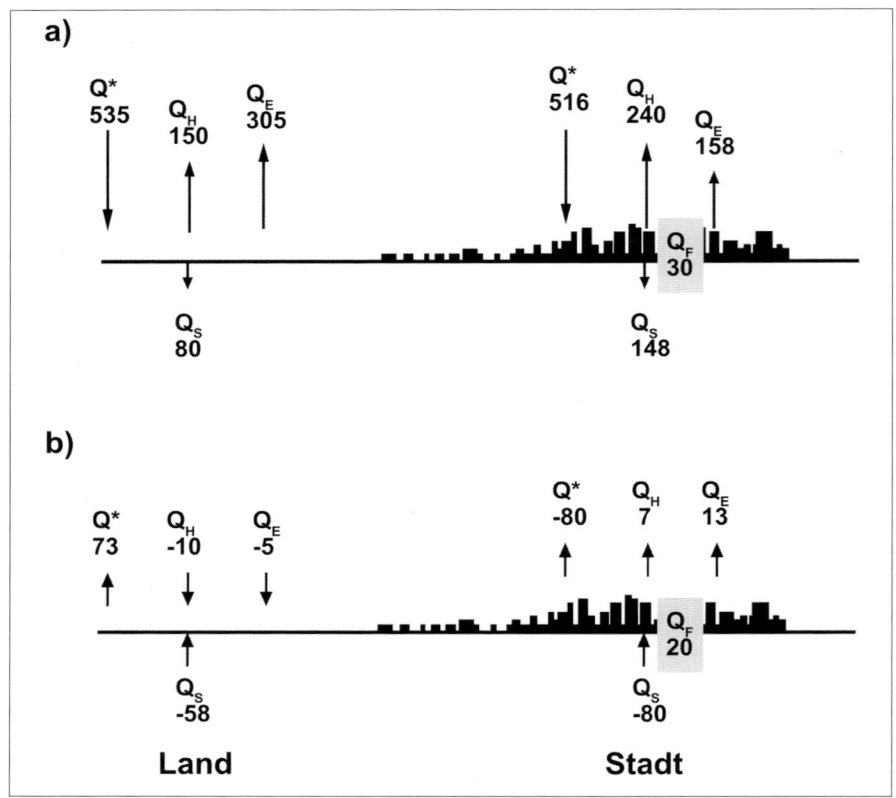

**Abb. 3.5:** Nach OKE 1997 veränderte Darstellung der einzelnen Komponenten der Wärmebilanz für einen Umland- und Stadtstandort während einer sommerlichen autochthonen Wetterlage für die Mittags- (a) und Nachtstunden (b)

von der Bevölkerungsdichte einer Stadt und deren Pro-Kopf-Energieverbrauch. Vor allem winterkalte urbane Siedlungsräume, allerdings auch sommerheiße Städte weisen extrem hohe $Q_{anthr}$-Werte auf. SAILOR und LU (2004) konnten anhand einiger Beispiele nordamerikanischer Städte nachweisen, dass in den Morgen- und Abendstunden $Q_{anthr}$ um bis zu 50 % über dem Tagesmittel liegt. Extrembeispiele für die anthropogene Beeinflussung der urbanen Atmosphäre durch die künstlich produzierte Abwärme stellen die sog. thermischen Punktquellen dar (Kraftwerke, Kühltürme, Raffinerien). Diese verursachen lokale Wärmeflussdichten von > 10 kW m$^{-2}$ auf vergleichsweise kleiner Wirkfläche (ebd.).

Um den Anteil der anthropogenen Wärmeflussdichte in der urbanen Energiebilanz zu verringern und so nachhaltig auch auf die Erwärmung der urbanen At-

mosphäre zu reagieren, ist es notwendig auf Energieeinsparungen zu setzen. Möglichkeiten dazu bietet der urbane Siedlungsraum viele, so z. B. durch die Wärmedämmung an Gebäuden, die Erhöhung der Albedo der Außenfassade oder die Dach- und Fassadenbegrünung.
*Nähere Informationen dazu gibt Kap. 3.9.*

## 3.6    Urbane Atmosphäre

Infolge der im urbanen Raum auftretenden mechanischen und thermischen Turbulenzen darf nicht von einer einheitlichen, gleichbleibenden atmosphärischen Schichtung ausgegangen werden. Vielmehr gilt es drei Schichten innerhalb der urbanen Atmosphäre zu unterscheiden (WANNER 1986):

1. Stadthindernisschicht (engl. *urban canopy layer*, UCL): Die unterste Schicht befindet sich grob gefasst zwischen der Bodenoberfläche und dem mittleren Dachniveau. Eigenes meteorologisches Regime, modifiziert durch die Gebäudehöhe und -form sowie die Energiebilanz der Oberfläche.
2. Übergangsschicht (engl. *urban turbulent wake layer*, UTWL): äußerst turbulente Schicht zwischen der Stadthindernis- und Stadtgrenzschicht.
3. Stadtgrenzschicht (engl. *urban boundary layer*): erstreckt sich über 5 % bis 10 % der Mächtigkeit der atmosphärischen Grenzschicht. Die Schubspannung wirkt als dominierender Faktor gegenüber der Corioliskraft, die Windrichtung bleibt nahezu gleich, Wärme-, Feuchte- und Impulsflüsse sind mehr oder weniger konstant.

Der Stadtgrenzschicht folgt die urbane Mischungsschicht (engl. *urban mixed layer*, UML), dem Übergangsraum zwischen der Stadtatmosphäre und der freien Atmosphäre der planetaren Grenzschicht (s. dazu Abb. 3.6).

Wie deutlich sich die einzelnen Schichten der urbanen Atmosphäre ausbilden ist abhängig von den herrschenden Witterungsverhältnissen. Hohe Windgeschwindigkeiten bewirken ein Vermischen der einzelnen Grenzschichten. Dies kann so weit führen, dass diese nicht mehr voneinander zu unterscheiden sind. Während autochthoner Wetterlagen hingegen kann die urbane Atmosphäre eindeutig unterteilt werden, wobei diese nachts nur wenig mächtig ist, am Tag jedoch mehrere hundert Meter Mächtigkeit erreichen kann. Im Lee der Stadt ist häufig noch weit in das urbane Umland hineinreichend die sog. *„urban plume"* (städtische Abluftfahne) nachweisbar. Dies kann mitunter zur Folge haben, dass turbulenzbedingt die Luftschadstoffe der Abluftfahne einerseits zu einer Anreicherung bzw. Verschmutzung der atmosphärischen Grenzschicht außerhalb der Stadt beitragen, andererseits die rurale bodennahe Luftschicht erwärmt wird (vgl. KUTTLER 2009).

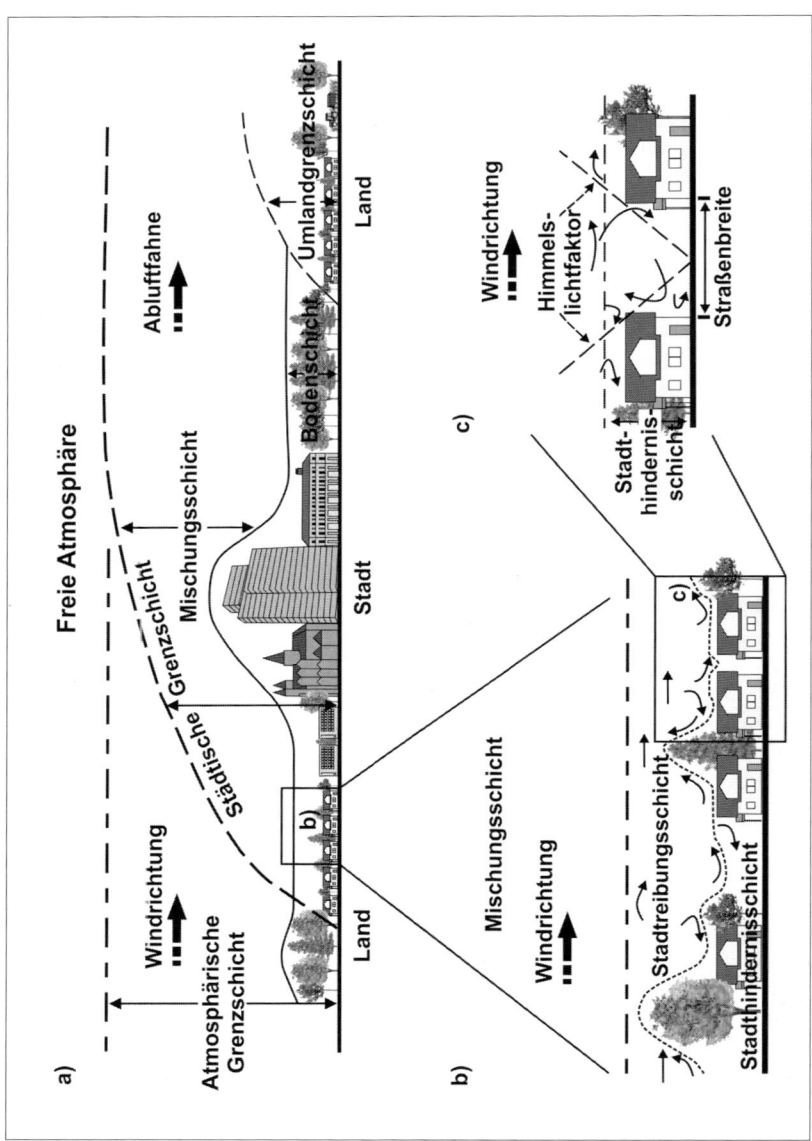

**Abb. 3.6:** Schematische Darstellung des Einflusses des Stadtkörpers auf die atmosphärische Grenzschicht und Ausbildung der urbanen atmosphärischen Schichtung (verändert nach Oke 1997)

### 3.6.1 Hydrologische Aspekte der urbanen Atmosphäre

Wie bereits in Kap. 3.4.2 erwähnt, wird der urbane Wasserhaushalt bestimmt durch den Versiegelungsgrad, das veränderte Abflussverhalten, eine eingeschränkte Versickerung und eine die Verdunstung fördernde, jedoch fehlende Vegetationsdecke. Neben den hydrologischen Modifikationen auf und unter der Bodenoberfläche muss im urbanen Raum auch der Wasserdampftransport in die urbane Atmosphäre berücksichtigt werden. So wird u. a. durch Industrieprozesse und den Kfz-Verkehr Wasser in die Luft emittiert, das die urbane Wasserbilanz gegenüber der natürlichen verändert und somit die urbanen Luftfeuchtigkeits- und Niederschlagsverhältnisse mit beeinflusst.

*Näheres zur urbanen Wasserbilanz in Kap. 5.*

**Luftfeuchtigkeit**
Betrachtet man den Wasserdampfdruck der urbanen Atmosphäre, so zeigt sich deutlich, dass über das Jahr gemittelt mitteleuropäische Städte nicht ganz so trocken sind, wie es aufgrund der Veränderungen des urbanen Wasserhaushaltes erwartet werden könnte. Die Differenz zwischen Umland und Stadt beläuft sich auf rund 1 hPa (vgl. KUTTLER 2010). Allerdings spielt, wie für alle stadtklimatischen Untersuchungen, in ganz entscheidendem Maße die Wahl des Messstandortes und die gegenwärtige Wetterlage eine entscheidende Rolle.

Für den Vergleich der Feuchtewerte zwischen ruralen und urbanen Standorten können demnach einige Charakteristika im Verlauf des Tagesganges hervorgehoben werden:

– Nachts und in den frühen Morgenstunden ist die Stadt-Umland-Differenz des absoluten Dampfdruckes e nur sehr gering.
– Die größten Abweichungen treten in den Nachtstunden auf, wenn das Umland einen höheren absoluten Dampfdruck aufweist.
– Über den gesamten Tag betrachtet liegen die Werte des Umlandes immer, wenn auch teilweise nur sehr leicht, über den Werten der Stadt.

Eine Ausnahme offenbart sich in der zweiten Nachthälfte. Während autochthoner Wetterlagen können die Luftfeuchtigkeitsverhältnisse für kurze Zeit umgekehrt werden. Dann entspricht der urbane Dampfdruck dem ruralen bzw. übertrifft diesen leicht. Ein derartiger Effekt wird als urbaner Luftfeuchtigkeitsüberschuss (engl. *urban moisture excess*, UME) bezeichnet (ebd.). Die Ursache für diese temporäre Feuchtigkeitsumkehr in der zweiten Nachthälfte ist vermutlich darin zu sehen, dass innerhalb der Umlandgrenzschicht aufgrund der schnelleren Abkühlung die Taupunkttemperatur am Abend schneller und nachts vor allem häufiger erreicht wird. Ein weiterer Grund ist, dass die Evapotranspiration innerhalb des urbanen Siedlungsraumes infolge der Überwärmung und der zeitlich verzögerten, in die zweite Nachthälfte verschobenen Wärmeabgabe der Gebäude im Vergleich zum Umland verlängert ist (KUTTLER et al. 2007). Nahezu unbedeutend ist in diesem Zusammenhang die anthropogene Wasserdampfemission aus Industrie, Kühltürmen und dem Kfz-Verkehr.

## Nebel

In einer Vielzahl älterer Untersuchungen zu Nebelereignissen in Städten wurde ausgewiesen, dass der urbane Raum im Vergleich zum unbebauten Umland eine höhere Anzahl an Nebeltagen aufweist (LEE 1987; SACHWEH & KÖPKE 1995). Ursache dafür war die bis Mitte des 20. Jahrhunderts herrschende starke Luftverschmutzung in den Städten. Die luftgetragenen Partikel dienten als potenzielle Kondensationskerne. In den vergangenen Jahrzehnten hat sich jedoch gezeigt, dass eine Umkehr stattgefunden hat und die Stadt nicht mehr zweifelsfrei als nebelreicher Standort bezeichnet werden kann. So konnte z. B. SACHWEH (1997) für einige Großstädte in Süddeutschland nachweisen, dass dort die Nebelhäufigkeit in den letzten 30 Jahren um rund 50 % zurückgegangen ist. Allgemein werden für diese Entwicklung zwei Gründe verantwortlich gemacht:
1. die Verbesserung der urbanen Luftqualität durch Luftreinhaltemaßnahmen und
2. die urbane Überwärmung und somit der Anstieg der Taupunkttemperatur.

## Niederschlag

Gegenwärtig ist es noch immer nicht einheitlich geklärt, ob der urbane Raum eine Erhöhung der Niederschläge hervorruft oder im umgekehrten Fall für eine Verringerung verantwortlich ist. Tatsächlich ist es schwer ein endgültiges Urteil darüber zu fällen. Unterschiedliche Prozesse und komplexe Wechselwirkungen sind an der Bildung von Niederschlägen beteiligt und lassen daher keine verallgemeinernde Aussage für die Stadt zu. Allerdings wirkt sich der urbane Siedlungsraum insoweit modifizierend auf Niederschlagsereignisse aus, dass diesbezüglich drei Wirkungsgrößen beschrieben werden können (SHEPHERD 2005).
1. Urbane Überwärmung und Oberflächenrauigkeit verändern die Wolkendynamik: Es ist die urbane Überwärmung und die im Vergleich zum Umland erhöhte Rauigkeit, welche die auf den Stadtkörper zuströmende Luft entweder zum Abheben und Überströmen oder zum Umströmen des Gebietes zwingen. Das Ergebnis dieses strömungsverändernden Prozesses ist eine im Lee der Stadt stattfindende laterale Konvergenz, die durch eine vertikale Divergenz ausgeglichen wird. Dadurch kommt es zu einer häufig im Lee von Städten zu beobachtenden Niederschlagszunahme. Neben einem abendlichen kann ein zweites morgendliches Niederschlagsmaximum erfasst werden. Beides steht in einem engen Zusammenhang sowohl mit dem Tages- als auch dem Jahresgang der urbanen Wärmeinselintensität.
2. Ablenkung der Niederschlagstropfen aufgrund der hohen Oberflächenrauigkeit: Dieser Vorgang kann mit dem Kämmen von Haaren verglichen werden. Infolge der Gebäudestruktur und entsprechender Oberflächenrauigkeit werden die

kleineren Regentropfen aus der städtischen Grenzschicht „gekämmt". Es erfolgt eine Art Selektion des Niederschlages in Abhängigkeit der Rauigkeitslängen und der Tropfenradien.

3. Anthropogene Partikelemission als Eingriff in wolkenphysikalische Prozesse (MÖLLER 2003):
   Die Theorie der anthropogenen Förderung der Wolken- und dementsprechenden Niederschlagsbildung basiert auf der Vorstellung, dass über urban-industriellen Flächen infolge der Emission von Industrie, Gewerbe und Kraftwerken Partikel in die Luft gelangen, die als Wolkenkondensationskerne dienen können. Allerdings müssen dafür eine Reihe von Voraussetzungen gegeben sein, um in die komplexen wolkenphysikalischen Prozesse einzugreifen:
   – die Ähnlichkeit der Partikel mit Eiskristallen (Sublimationskerne),
   – ein ausreichendes Größenspektrum der Partikel,
   – ein entsprechender Salzgehalt im Wolkenwasser und
   – die Emission zusätzlicher oberflächenaktiver Substanzen.

Ergänzend zu diesen drei genannten Möglichkeiten in die Niederschlagsprozesse einzuwirken muss für den urbanen Raum noch ein weiterer Prozess erwähnt werden, der sich auf das urbane Niederschlagsverhalten auswirkt. Im Gegensatz zu jenen ist dieser Vorgang jedoch eindeutig nachweisbar. So war es u. a. HARLFINGER et al. 2000 möglich für mitteleuropäische Städte sog. Stadt- und Industrieschneefälle nachzuweisen. Dies sind lokal begrenzte, eindeutig anthropogen verursachte Niederschläge. Durch entsprechende Punktquellen (z. B. Wasserdampfemissionen an Kühltürmen) hervorgerufen, lösen diese auf kleinem Raum Schneefälle aus, die teilweise eine Mächtigkeit von mehreren Zentimetern erreichen. Dieses Phänomen tritt allerdings nicht ganzjährig auf und es müssen auch hier unterschiedliche Faktoren ineinandergreifen (deutliche bodennahe Temperaturinversion, hohe Luftfeuchtigkeit, geringe Windgeschwindigkeit, erhöhter Sulfat- und Chloridgehalt der Luft; MALISSA et al. 1980).

Auch natürliche Schneefälle erfahren in der Stadt Veränderungen. Die Anzahl der Schneedeckenzahl ist deutlich reduziert. Dies liegt zum einen an der schnellen Verschmutzung des Schnees. Der Schnee wird dunkler, absorbiert mehr Strahlung und schmilzt. Zum anderen wird durch den hellen Schnee die kurzwellige Albedo kurzfristig verringert, was den Wärmeinseleffekt begünstigt.

Wie kontrovers die Frage der positiven oder negativen Niederschlagsbeeinflussung im Stadtgebiet diskutiert wird, zeigt sich u. a. an ROSENFELD (2000). Seine Analyse satelittengestützer Daten ergab, dass vor allem die Eingriffe in die Wolkenphysik durch die Partikelemission aus urban-industriellen Quellen nicht zu einer Zunahme der Niederschläge führen, sondern vielmehr niederschlagshemmend wirken. Üblicherweise sollte ein Kondensationskern einen Durchmesser von 25 µm besitzen, um an der Wolkenbildung beteiligt zu sein. ROSENFELD konnte aber nachweisen, dass industriell verschmutzte Luft Partikel mit einem Durchmesser von < 14 µm produzieren.

Daher bleibt es auch weiterhin eine offene und zu diskutierende Frage, ob die Stadt Niederschläge begünstigt oder hemmt. Grundsätzlich kann jedoch festgehalten werden, dass der urbane Raum keinen zusätzlichen Niederschlag erzeugt, sondern die natürlichen Niederschlagsprozesse verändert. Was sehr wohl dem stadtklimatologischen Effekt bzw. der Wärmeinselintensität geschuldet ist, ist die Tatsache, dass dies in den Sommermonaten zu einem höheren Gewitter- und Starkregenrisiko führt (SHEM & SHEPHERD 2009).

## 3.7 Urbanes Windfeld

Das natürliche Windfeld wird im Stadtgebiet auf unterschiedliche Weise beeinflusst. Die urbane Überwärmung bedingt ein Aufsteigen der Luftmassen und dies wiederum hat Auswirkungen auf das lokale Luftdruckfeld. Ebenso wird das Windfeld durch die aerodynamische Rauigkeit der bebauten Flächen modifiziert.

Die Veränderung des Luftdruckfeldes als Folge des städtischen Wärmeinseleffektes lässt eine urbane Lokalwindzirkulation entstehen. Hierbei handelt es sich um eine Luftströmung, die zwischen dem Umland und der Stadt auftritt. Dieser vor allem während austauscharmer, autochthoner Wetterlagen auftretende sog. Flurwind dringt unter idealen Bedingungen radial vom Umland (der Flur) in das Stadtgebiet ein (HIDALGO et al. 2008). Diese bodennahe, wenige Meter mächtige, langsam fließende Luft ist das Ergebnis deutlicher urban-ruraler-Temperaturdifferenzen. Demnach entsteht durch die unterschiedliche Energiebilanz zwischen dem städtischen und ländlichen Raum ein Luftdruckgradient. In der Stadt bildet sich ein thermisches Tief, dem bodennah eine kühlere und im Vergleich dazu mit höherem Luftdruck auftretende Umlandluft entgegenwirkt. Dem Druckausgleich folgend wird die lokale Kaltluft des Umlandes in die Stadt transportiert. Dort wird sie erwärmt, steigt auf und fließt dem Druckgefälle entsprechend schließlich als Kompensationsströmung wieder ins Umland zurück. Wie aus Abbildung 3.7 zu ersehen ist, stellt sich so während windschwacher Strahlungsnächte eine lokale Zirkulation ein.

Letztendlich entscheidend für die lokalklimatische Wirkung des Flurwindes ist, wie stark die urbane Wärmeinsel ausgeprägt ist. Je stärker die Intensität der UHI ausfällt, desto größer ist die zu erwartende Eindringtiefe der Luft in die Stadt. Allerdings ist die Ausbreitung des Flurwindes nicht nur von thermischen Faktoren abhängig. Ganz entscheidend für die räumliche Wirkung und die Fließgeschwindigkeit der Kaltluft aus dem Umland ist der Weg, den sie in die Stadt überstreicht. So genannte Luftleit- bzw. Ventilationsbahnen eignen sich für den Transport des Flurwindes in die Stadt (MAYER et al. 1994). Jedoch sind nicht alle Leitbahnen im gleichen Maße geeignet.

Die Veränderungen des urbanen Windfeldes durch die Oberflächenrauigkeit ist unabhängig von Tages- und Jahreszeit. Diese bewirkt eine verminderte Aus-

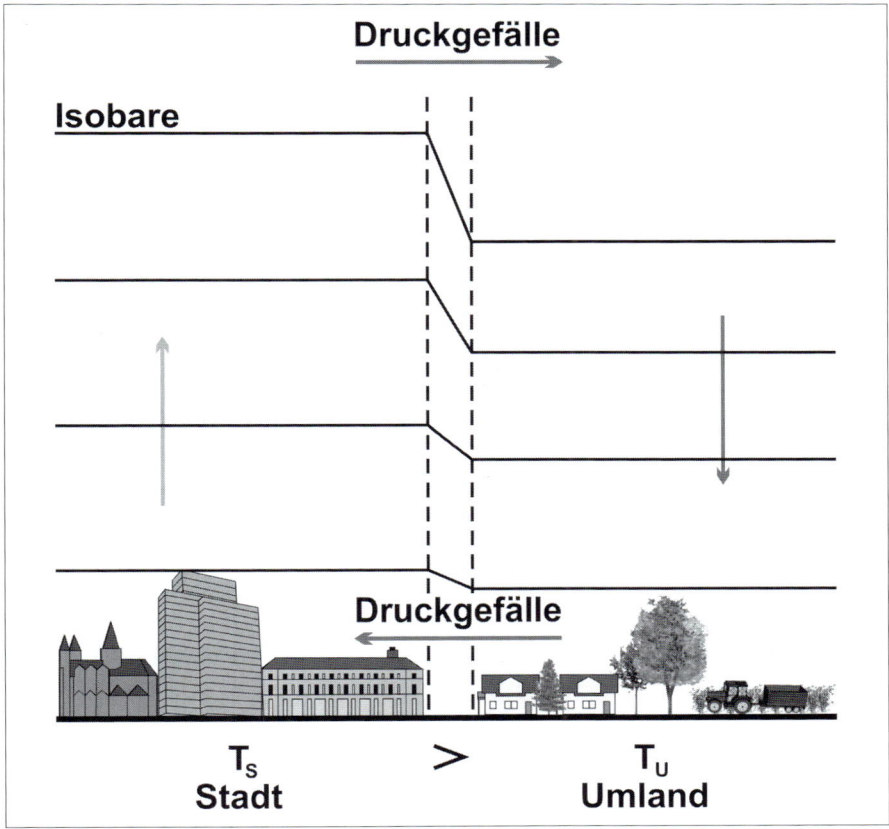

**Abb. 3.7:** Schematische Darstellung der lokalen Lokalwindzirkulation des Flurwindes (eigene Darstellung)

tauschtätigkeit der urbanen Atmosphäre. Vor allem in Straßenschluchten kann sich eine solche Austauscharmut äußerst negativ auf das menschliche Wohlbefinden auswirken, da weder Wärme noch Luftverunreinigungen abtransportiert werden können. Insbesondere Städte in Tallagen leiden besonders stark unter der Austauscharmut. Erkennbar wird dies z. B. durch eine hohe Anzahl an Schwachwindstunden (v ≤ 1,5 m s⁻¹), der Dauer der Schwachwindstunden und durch ein bodennah geringes Luftvolumen, das ausgetauscht wird (KUTTLER 2006). In Extremfällen kann es in Tallagen während austauscharmer Strahlungswetterlagen nachts im dicht bebauten Gebiet zu einer bodennahen atmosphärischen Austauschrate von < 1 h⁻¹ kommen (GROSS 1999). Dies bedeutet, dass das gesamte Luftvolumen in diesem Raum maximal ein Mal pro Stunde ausgetauscht wird.

Die durch die Gebäudestruktur verursachte Austauscharmut, v. a. im dicht bebauten Kernstadtbereich, lässt erahnen welchen Einfluss der gesamte Stadtkörper auf das Windfeld einnimmt. Bis in Höhen von 500 m ü. Gr. sind die Veränderungen des Windfeldes durch die Bodenreibung nachweisbar. Die Stadt stellt vereinfacht ausgedrückt ein Wind- bzw. Strömungshindernis dar, dessen Einfluss über den suburbanen Bereich bis hin ins Umland allmählich zurückgeht.

Dennoch ist es schwierig generalisierend die Aussage zu treffen, dass der urbane Raum immer geringere Windgeschwindigkeiten im Vergleich zum freien Umland aufweist. Das Windfeld ist aufgrund der heterogenen Struktur des Stadtkörpers räumlichen Schwankungen unterworfen. Daher ist es notwendig, sollen Aussagen über das urbane Windfeld getroffen werden, die entsprechenden Flächennutzungstypen bzw. Klimatope zu betrachten. Es ist durchaus möglich außerhalb bebauter Flächen innerstädtische Grünbereiche mit dichtem Baumbestand zu finden, die ebenfalls erheblich reduzierte Windgeschwindigkeiten aufweisen (vgl. KUTTLER 2006).

Neben der hemmenden Wirkung auf die Windgeschwindigkeit bzw. den Austausch erfährt das Windfeld auch eine Beeinflussung der bodennahen Windrichtungsverteilung. Die Windrichtung ist vom urbanen Standort abhängig. Während z. B. auf Freiflächen nahezu unbeeinflusste Strömungsverhältnisse zu erwarten sind, lässt ein unterschiedlich bebautes Gebiet das Gegenteil erwarten. Deutlich wird eine Abhängigkeit von der Lage und der Existenz diverser Hindernisse (z. B. Gebäude oder der Verlauf von Straßenzügen). Ebenso kann es an markanten Stellen (z. B. Gebäudekanten) zu einer erhöhten Wahrscheinlichkeit von Böen kommen. Gebäudeverengungen und Straßenschluchten kanalisieren den Wind, was sich in einem Düseneffekt äußert. Da diese Phänomene jedoch nur lokal auftreten, haben sie keinerlei Bedeutung für die Belüftung der Atmosphäre (HANG et al. 2009)

## 3.8    Urbane Luftqualität

Eine Vielzahl unterschiedlicher gas- und partikelförmiger Luftbeimengungen beeinträchtigt die urbane Luftqualität. Trotz in den letzten Jahren eingesetzter Richtlinien zur Reinhaltung der Luft sind es noch immer die Ballungsräume, die typische Emissionsquellen darstellen. Die wichtigsten Emittenten im urbanen Raum sind der Kfz-Verkehr, Industrie und Gewerbe, Kraftwerke sowie der nicht zu unterschätzende private Hausbrand. Darüber hinaus sind außerhalb der Industrienationen vor allem die Schwellen- und Entwicklungsländer zu betrachten, die über weitere Emissionsquellen die urbane Luftqualität beeinträchtigen. Der Eintrag von Staub aus winderosionsanfälligen Flächen, in Indien und China, stellt einen enormen Emittenten, vor allem aber auch ein großes Luftqualitätsproblem dar (z. B. LINDEN 2006; MENG & LU 2007; LINDEN et al. 2008). Ebenfalls zu beachten ist der Einfluss der Biomasseverbrennung (v. a. Holz; u. a. Henninger 2010b).

In Abhängigkeit der Emissionsart sind die potenziellen Quellen unterschiedlich stark an der Luftverschmutzung beteiligt. Für den urbanen Raum jedoch kann aufgrund der geringen Quellhöhe der Kfz-Verkehr als ein immanent beteiligter Emittent hervorgehoben werden (Henninger 2005). Mehr als 50 % der Stickoxide (NO$_X$), knapp 50 % des Kohlenmonoxids (CO) sowie fast 20 % der flüchtigen organischen Substanzen (NMVOC) werden durch Kraftfahrzeuge freigesetzt. Allerdings kann beispielhaft für den Standort Deutschland die Aussage getroffen werden, dass der Trend der Entwicklung der Luftqualität bzw. die Konzentrationen fast aller Spurenstoffe im Zeitraum von 1980 bis 2009 rückläufig sind. Einzige Ausnahme bildet das bodennahe Ozon (O$_3$) mit jährlichen Konzentrationszuwachsraten von bis zu 2 % (UBA 2010). Daher soll in der Folge das urbane Ozon etwas genauer beleuchtet werden.

An der Ozonproduktion sind im Wesentlichen NO$_X$, CO und NMVOC beteiligt. Intensive solare Einstrahlung führt zur Dissoziation der in den Vorläufersubstanzen enthaltenen Ozonquelle Stickstoffdioxid (NO$_2$). Es entsteht atomarer Sauerstoff (O), der unter Mitwirkung eines inerten Stoßpartners mit molekularem Sauerstoff wiederum in einer nachfolgenden Reaktion Ozon ausbildet. Das O$_3$ kann im umgekehrten Fall jedoch auch mit NO reagieren, woraus molekularer Sauerstoff und in Verbindung von NO + O Stickstoffdioxid wird. Auf diese Art entwickelt sich ein sog. fotochemisches Gleichgewicht zwischen Ozon, atomarem und molekularem Sauerstoff (O$_2$). Ist dieses Gleichgewicht gewährleistet, kommt es durch den Auf- und Abbau des Ozons zu keiner merklichen Anreicherung dieses Spurenstoffes. Im urbanen Siedlungsraum jedoch bedingt eine weitere chemische Reaktion, dass verstärkt bodennahes O$_3$ gebildet werden kann, das fotochemische Gleichgewicht somit ausgehebelt wird. Dafür verantwortlich ist die Oxidation von Kohlenwasserstoffen und/oder Kohlenmonoxid. Somit erfährt der eigentliche fotochemische Prozess der Ozonbildung in der Stadt eine Modifikation und muss als radikal-fotochemische Oxidation bezeichnet werden. Sowohl die NMVOC`s als auch das CO dienen in diesem Prozess als eine Art Katalysator, der die Produktion des Ozons beschleunigt (vgl. Kuttler 2006). Auch die städtische Überwärmung hat ihren Anteil an dieser Entwicklung. Aufgrund der höheren Temperaturen können die Kohlenwasserstoffe sehr viel besser in die urbane Atmosphäre freigesetzt werden. Je wärmer die Umgebungstemperatur ausfällt, desto besser können diese Stoffe aus Lösungsmitteln oder hervorgerufen durch den Kfz-Verkehr emittiert werden (Narumi et al. 2009). Allerdings kann es nicht nur durch anthropogene Emittenten zu einer Steigerung der NVMOC-Konzentrationen kommen. Auch die Produktion biogener Kohlenwasserstoffe (z. B. Isopren, Terpene) wird gesteigert. Vor allem Isopren nimmt bei austauscharmen, strahlungsintensiven Wetterlagen einen nicht zu unterschätzenden Einfluss auf die Produktion des bodennahen Ozons (Strassburger 2004; Henninger 2011).

Hohe Ozonwerte im Sommer führen in urbanen Räumen unweigerlich zum Phänomen des fotochemischen Smogs. Charakteristisch für diesen Smogtyp ist die hohe Konzentration von Fotooxidantien, wobei das $O_3$ als Leitsubstanz angesehen wird. Aufgrund der Tatsache, dass zur Entstehung dieser Situation zwingend hohe Temperaturen und eine intensive solare Einstrahlung benötigt werden, wird der fotochemische Smog auch als Sommersmog bezeichnet. Dieser tritt verstärkt in Ballungsräumen mit entsprechend hoher Kfz-Dichte, vor allem in den frühen Nachmittagsstunden auf.

Wie bereits erwähnt, sind in Deutschland und in anderen vor allem mitteleuropäischen Ländern die urbanen Konzentrationen der Luftschadstoffe rückläufig. Daher soll anhand einiger Beispiele hier exemplarisch auf die wichtigsten Stoffe nur kurz erläuternd eingegangen werden (ebd.):

– Schwefeldioxid ($SO_2$): In den west- und mitteleuropäischen Ländern aufgrund des verstärkten Einsatzes schwefelarmer Brennstoffe, Rauchgaswäschern und dem Einbau von Filteranlagen in Industrie und Kraftwerken nahezu bedeutungslos. Gegensätzlich dazu ist die Entwicklung vor allem in den asiatischen Ländern wie Indien oder China. Dort herrschen teilweise sehr hohe Konzentrationen.
– Stickstoffdioxid ($NO_2$): Die Immissionskonzentration des $NO_2$ ist in einem engen Zusammenhang mit der Kfz-Dichte einer Stadt zu sehen. In Ländern, deren Fahrzeugflotten einen hohen Anteil an Katalysatoren aufweisen, sind die Konzentrationen entsprechend gering.
– Kohlenmonoxid (CO): Die Bedeutung des CO als einem der ehemals größten Luftverschmutzer geht vergleichbar mit dem $SO_2$ und den Stickoxiden ($NO_X$) zunehmend zurück. Hier gelten die gleichen Kriterien wie für $SO_2$ und $NO_2$.
– Stäube (z. B. $PM_{10}$, Ruß): Schwebstäube stellen nicht nur in den Schwellen- und Entwicklungsländern ein rezentes Problem dar, sondern sind auch in den Industrienationen gegenwärtig in der Diskussion (WEBER et al. 2008, HENNINGER 2008a). Neben Industrie, Gewerbe, privatem Hausbrand (v. a. Holz- und Pelletöfen) und Kfz-Verkehr können Stäube auch über die Deflation von Bodenmaterialien in die urbane Atmosphäre gelangen. Der Anteil der Rußemissionen ist vorwiegend abhängig von der Dichte der Dieselfahrzeuge, dem Abrieb der Reifen, vor allem aber von der Verbrennung von Kohle, Öl und Biomasse (POSPISIL & MIROSLAV 2010; HENNINGER 2010b).

Neben dem bereits in Verbindung mit dem Ozon dargelegten Sommersmog gibt es als jahreszeitliches Pendant auch den Wintersmog. Dieser Smogtyp spielt allerdings in den meisten Industrienationen nur noch eine untergeordnete Rolle. Er tritt während winterlicher, austauscharmer Wetterlagen auf und stellt mittlerweile in vielen Schwellen- und Entwicklungsländern ein Problem dar, wenn dort hohe Konzentrationen an $SO_2$, $NO_2$, CO und Schwebstaub erreicht werden. Vergleichbar mit dem Ozon sind $SO_2$ und Staub in Verbindung mit Nebel die Leitsubstanzen des Wintersmogs.

Trotz der fortwährend weiter entwickelten Messmethoden und Messtechniken ergeben sich gegenwärtig noch immer Probleme hinsichtlich der Vergleichbarkeit der urbanen Luftqualität, da es keine einheitlichen Vorgaben zur Messung der Luftinhaltsstoffe gibt (HENNINGER 2005; HENNINGER 2008b; HENNINGER & KUTTLER 2007). Auch ist die Verfügbarkeit des Datenmaterials globaler Ballungsräume sehr unterschiedlich. Selten stehen in ausreichendem Maße Dauermessstationen zur Verfügung. Auch werden nicht an jedem Standort dieselben Spurenstoffe erfasst.

Die Freisetzung anthropogener Luftinhaltsstoffe betrifft unterschiedliche Maßstabsbereiche. Während der Straßen- und Verkehrsstaub ebenso wie NO dem mikroskaligen Bereich zugerechnet werden können, und auch dort wirksam sind, werden die Substanzen $NO_2$, $SO_2$, NMVOC´s und Ozon im mesoskaligen verortet. Distickstoffoxid ($N_2O$), Kohlendioxid ($CO_2$), Methan ($CH_4$), Sulfat- und Nitrataerosolteilchen beeinflussen über den makroskaligen Raum das globale Klima. Für alle genannten gas- und partikelförmigen Luftbeimengungen bleibt zu beachten, dass die Freisetzung im urbanen Raum nicht nur die natürlichen luftchemischen Prozesse verändert, sondern in urbanen Siedlungsräumen nachhaltig auch die Schädigungen sowohl der belebten als auch unbelebten Umwelt verursacht (u. a. GARCIA et al. 2010).

## 3.9 Grundzüge der angewandten Stadtklimatologie

Über die Diskussion um den globalen Klimawandel hinaus hat die angewandte Stadtklimatologie in den letzten Jahren zunehmend an Bedeutung gewonnen. Die Klimaszenarien für die nächsten Jahrzehnte weisen alle in die gleiche Richtung: Mit einem Ansteigen der Temperaturen muss weltweit gerechnet werden. Vor allem aber sind es Extremwetterereignisse wie Hitzewellen, Stürme und Starkniederschlagsereignisse, die die Menschen in Deutschland vor neue Herausforderungen stellen werden (OVERBECK et al. 2008). Und natürlich treten diese Ereignisse nicht nur in ländlichen Gebieten auf. Insbesondere in den urbanen Siedlungsräumen muss aufgrund der lokalklimatischen und lufthygienischen Modifikationen mit einer Verschärfung der Situation gerechnet werden.

### 3.9.1 Forschungs- und Arbeitsfeld der angewandten Stadtklimatologie

Die angewandte Stadtklimatologie wird von der Bearbeitung klimatischer und lufthygienischer Fragestellungen geprägt. Einer der Sachverhalte, der in den letzten Jahren zunehmend in den Fokus der Stadtklimatolgie gerückt ist, ist nicht nur die Betrachtung und Bewertung von Klima und Lufthygiene in der Stadt, sondern auch die Analyse der daraus resultierenden Auswirkungen sowohl auf die biotischen, als auch auf die abiotischen Faktoren des urbanen Ökosystems. Die angewandte Stadtklimatologie stellt das Bindeglied zwischen Klimatologie und Stadtplanung dar. Sie hält Lösungsmöglichkeiten und Handlungsempfehlungen bereit, die sowohl in klimatologischen als auch lufthygienischen Problemfeldern Anwendung finden. Stadtklimaanalysen und die daraus zu erstellenden Synthetischen Klimafunktions- und Planungshinweiskarten erlauben es der Planung auf kommunaler Ebene wichtige klimatische Aspekte innerhalb des kommunalen Handlungsrahmens aufzugreifen (u. a. VDI 1997).

Ein inzwischen fester Bestandteil der gegenwärtigen stadtklimatologischen Untersuchungen ist die wissenschaftliche Teildisziplin der Humanbiometeorologie. Diese befasst sich u. a. mit der Wirkung des Stadtklimas auf das Wohlbefinden der Menschen. Hierbei spielt die thermische Belastung im urbanen Raum eine gewichtige Rolle, vor allem in Anbetracht der zu erwartenden steigenden Temperaturen. Des Weiteren werden mit der immer wieder diskutierten Feinstaubproblematik in Städten zunehmend die lufthygienischen Belange aufgegriffen.

**Thermischer Wirkungskomplex:** Der menschliche Organismus ist innerhalb eng begrenzter klimatischer Verhältnisse in der Lage eine optimale Regulation aller körpereigenen Funktionen zu gewährleisten. Allerdings können bereits kleinste Abweichungen davon auf den Organismus belastend wirken. Dies äußert sich im Sommer durch eine entsprechende Wärmebelastung und im Winter durch den sog. Kältestress. Hohe Lufttemperaturen erschweren die notwendige Wärmeabgabe über die Haut. Ähnliches gilt für die Luftfeuchteverhältnisse. Ist das Dampfdruckgefälle zwischen der Atmosphäre und der menschlichen Haut zu gering, kann auch das zu thermischem Unbehagen führen (Schwülegefühl). Während diese beiden Aspekte die Wärmeabgabe des Körpers behindern, wird durch das Zusammenspiel von niedrigen Temperaturen und hohen Windgeschwindigkeiten die Abgabe verstärkt. Dies bewirkt eine erhebliche Unterkühlung. Kältereize können durch entsprechende Kleidung gemildert werden. Während heißer Sommermonate sind einer bekleidungstechnischen Minderung der Wärmebelastung jedoch Grenzen gesetzt. Gerade im Hinblick auf solche Überwärmungen sind Städte gegenüber dem Umland deutlich benachteiligt.

**Lufthygienischer Wirkungskomplex:** Ist der menschliche Organismus fortwährend hohen Schadstoffkonzentrationen ausgesetzt, kann dies mitunter zu Atemwegs- und Herz-Kreislauferkrankungen führen. Auslöser dafür können z. B. Feinstäube, Stickoxide und Kohlenmonoxid, vor allem aber das Ozon sein. Zusätzlich finden sich auch Krebs erregende Stoffe wie Benzol und andere polyzyklische aromatische Kohlenwasserstoffe in der urbanen Atmosphäre. Vor allem während austauscharmer, autochthoner Wetterlagen muss in urbanen Siedlungsräumen immer wieder mit einer erhöhten Spurenstoffbelastung gerechnet werden. Die hohe räumliche Dichte der unterschiedlichen Emittenten und eine der Bebauungsdichte geschuldete verringerte Durchlüftung der bodennahen Luftschichten können für die immer wieder auftretenden lufthygienischen Belastungen verantwortlich gezeichnet werden.

**Aktinischer Wirkungskomplex:** Der strahlungsklimatische, aktinische Wirkungskomplex stellt für mitteleuropäische Verhältnisse keine gravierenden gesundheitlichen Beeinträchtigungen dar. Der erythemwirksame Spektralbereich der UV-Strahlung wird größtenteils in der Stratosphäre absorbiert. Die gegenwärtige UV-Belastung ist durch den UV-Index bewertbar. Durch gezielte stadtplanerische Maßnahmen bezüglich der Schaffung ausreichender Beschattung im Stadtgebiet (Bäume und Arkaden) können sich im Freien aufhaltende Menschen weitestgehend vor einer möglichen strahlungsklimatischen Belastung schützen.

Neben den humanbiometeorologischen Wirkungskomplexen gilt es zunehmend auch die zu erwartende Zunahme von Starkniederschlagsereignissen in Städten als zukünftige Herausforderung zu betrachten. Die Analyse der Luftfeuchteverhältnisse im urbanen Raum wird im Zusammenspiel mit der thermischen Behaglichkeit der Menschen bearbeitet. Sowohl das Niederschlagsverhalten als auch die damit einhergehenden Abflussverhältnisse sind Aspekte, die, hervorgerufen durch teilweise hohe Versiegelungsgrade städtischer Flächennutzungen, für die ordnungsgemäße Siedlungsentwässerung und Vermeidung von Überflutungen eine grundlegende Rolle spielen.

Schließlich kommt der angewandten Stadtklimatologie nicht zuletzt aufgrund steigender Energiekosten die Aufgabe zu die Menschen für das Thema des klimaangepassten Bauens zu sensibilisieren. Der Stadtklimaeffekt wird in Zukunft dazu führen, dass sich eine im Winter positiv auswirkende urbane Überwärmung (geringere Heizkosten) im Sommer durch einen höheren Kühlungsaufwand (Gebäudeklimatisierung) nahezu ausgleicht. In Anbetracht des klimagerechten Bauens können unter Einbezug des Flächennutzungsplanes und der Bauleitplanung Lösungsansätze geliefert werden, die versuchen das thermische Niveau der Gebäude anzupassen und die Belüftung sowie die Austauschverhältnisse zu verbessern. Ebenso kann mithilfe einer gezielten Planung ein enormes Emissionseinsparpozential erreicht werden. Die angewandte Stadtklimatologie kann Möglichkeiten aufzeigen den Energieverbauch zu reduzieren und gleichzeitig für eine qualitative Aufwertung der urbanen Luftqualität zu sorgen. Eine Verringerung des Verbrauchs ist gleichbedeutend mit einem Rückgang der Emissionen.

### 3.9.2 Rechtliche Grundlagen und Bewertungsmaßstäbe der Stadtklimatologie

Eine den Folgen des Klimawandels geschuldete Beeinträchtigung des Ökosystems Stadt würde unweigerlich einen mehr oder minder großen volkswirtschaftlichen Schaden mit sich bringen. Um auf eine solche Entwicklung reagieren zu können, wurde vom Gesetzgeber dafür Sorge getragen, dass die Belange des Klimas und der Lufthygiene in die räumliche Planung Einzug erhalten. So ist das Baugesetzbuch maßgebend für das Planungswesen. Dabei sind „die Belange des Umweltschutzes, (…) insbesondere (…) der Luft (…) sowie das Klima" zu berücksichtigen (BAUGB 2010). Infolge einer Reihe zulässiger Festsetzungen in den Bebauungsplänen bietet das Baugesetzbuch unterschiedliche Möglichkeiten für eine klimagerechte bzw. klimaangepasste Stadtplanung. U. a. berücksichtigt das Gesetz zur Umweltverträglichkeitsprüfung (UVPG 2008) die im Baugesetzbuch festgeschriebenen Belange. Im UVPG wird konkret über Auswirkungen von Planvorhaben diskutiert, wie sie ermittelt, beschrieben und bewertet werden müssen. Die Belange der Luftqualität bzw. welche Anforderungen an die Luftreinhaltung gestellt werden, regelt das Bundesimmissionsschutzgesetz umfassend (BIMSCHG 2010). Dieses bezieht sich u. a. auf die Betrachtung der Immissionssituation innerhalb urbaner Flächennutzungsstrukturen, allerdings auch auf den anlagenbezogenen Umweltschutz zur Reduktion von Emissionen. Im Energieeinsparungsgesetz (ENEG 2009) sind sowohl das klimagerechte Bauen im privaten Bereich als auch deren energieeffiziente Nutzung festgeschrieben. Durchführungsverordnungen regeln die Prüfung zur Einhaltung der Gesetze:

- Planungswesen        = Baunutzungsverordnung (BAUNVO 1993),
- Immissionsschutz     = Verordnungen zum Immissionsschutz (BIMSCHV 2005)
                         = Technische Anleitung (TA-LUFT 2002)
- Energienutzung       = Energieeinsparverordnung (ENEV 2007)

Um eine adäquate Überwachung der Umweltauflagen zu gewährleisten, wurden entsprechende Beurteilungsmaßstäbe festgesetzt. Diese Werte besitzen den Charakter von Grenzwerten, sodass bei deren Eintreten direkt Maßnahmen (kurzfristige Aktionspläne, langfristige Luftreinhaltepläne etc.) eingeleitet werden können. Zusätzlich zur Bewertung einzelner Spurenstoffe gibt es speziell entwickelte zusammenfassende Beurteilungskriterien der Luftqualität (z. B. *Air Stress Index* oder *Daily Air Quality Index*; MAYER et al. 2002).

Auch zur Bewertung der thermischen Behaglichkeit/ Belastung kann auf Indizes zurückgegriffen werden. Dabei wird versucht die unterschiedlichen Wärmeflüsse zwischen Mensch und Atmosphäre zu beschreiben. Wärmebilanzmodelle des menschlichen Organismus berücksichtigen dabei die Tätigkeit des Menschen, dessen Stoffwechsel und die Isolationswirkung der Bekleidung. Das bekannteste Modell ist des „Klima-Michel-Modell" von JENDRITZKY et. al (1990). Die gebräuchlichsten, darauf aufbauenden thermischen Indizes sind der PMV, PET und pt (MATZARAKIS & MAYER 1997; STAIGER et al. 1997). Sie ermöglichen eine integrative Bewertung der Beeinflussung durch Luft- und Strahlungstemperatur, Luftfeuchtigkeit und Wind auf die menschliche Gesundheit. Allerdings existieren gegenwärtig noch keine Grenzwerte, die vergleichbar zur Bewertung der Luftqualität eine bindende Aussage über die thermische Belastung zulassen. Dementsprechend können, basierend auf den Erkenntnissen der Analyse der thermischen Indizes, keine Handlungsmaßnahmen erzwungen werden.

### 3.9.3 Handlungsfelder der angewandten Stadtklimatologie

Ein für den Stadtbewohner optimales Umfeld wurde von MAYER (1989) mit dem Begriff des „idealen Stadtklimas" umschrieben. Basierend auf gezielten planerischen Eingriffen wird eine urbane Atmosphäre geschaffen, die möglichst keine anthropogenen Luftschadstoffe enthält und den Bewohnern eine große Vielfalt an urbanen Mikroklimaten zur Verfügung stellt. Streng genommen lässt sich dies aber nur für Stadtneugründungen realisieren. Bereits zu Beginn der Planungsphase müssen in solchen Fällen die Belange des Klimas und der Luftqualität mit in die Entscheidungsphase aufgenommen werden. Innerhalb bereits bestehender urbaner Strukturen ist dies nicht durchführbar. Ziel muss es sein der Stadtplanung Handlungsempfehlungen zu liefern, um durch gezielte Maßnahmen dem idealen Stadtklima möglichst nahe zu kommen. Infolge einer reduzierten Belastung kann ein „tolerierbares Stadtklima" geschaffen werden (ebd.).
*Näheres dazu in Kapitel 7: Neue Herausforderungen für die Stadtentwicklung*

Damit adäquat auf die Anforderungen des Klimawandels reagiert werden kann, muss der zu erwartenden steigenden thermischen Belastung im urbanen Raum durch Verminderung des Hitzeeintrages entgegengewirkt werden. Gleichzeitig sollte allerdings auch mittels einer verbesserten Durchlüftung eine Optimierung der Austauschbedingungen innerhalb der bodennahen Stadtatmosphäre sichergestellt sein. Bereits der Einsatz geeigneter Baumaterialien kann eine Verringerung der urbanen Überwärmung bewirken. Mithilfe von Materialien, die einen entsprechend hohen Albedowert aufweisen, kann das Aufheizen der Gebäudeaußenwand reduziert werden. Helle Oberflächen zum Beispiel reflektieren deutlich mehr kurzwellige Sonnenstrahlung. Theoretisch könnte somit ein großflächiger Einsatz unter Berücksichtigung planerischer Aspekte durchaus zu einer Verringerung des sommerlichen Überwärmungseffektes der Stadt beitragen.

Demographischer Wandel und Stadtflucht ermöglichen zunehmend, dass stadtklimatische Erkenntnisse und Handlungsempfehlungen in die Stadtplanungsprozesse einbezogen werden können. Aufgrund des Phänomens der *„shrinking cities"* eröffnet die steigende Zahl frei werdender Flächen diesen Raum aus stadtklimatischer Sicht sinnvoll in die neu entstehenden Nutzungsstrukturen zu integrieren (OSWALT & RIENIETS 2006). Sowohl aus stadtklimatischer als auch aus stadtökologischer Sichtweise bietet sich im urbanen Siedlungsraum vor allem die Schaffung von Frei-, Grün- und Wasserflächen an. Alle innerstädtischen Grünflächen weisen einen mehr oder minder starken Kühlungseffekt aus. Am Tage bedingt der Prozess der Evapotranspiration einen höheren Energieverbrauch, was letztlich zu einer Abkühlung der Lufttemperaturen führt. Zusätzlich verstärkt wird dieser Effekt durch den Schattenwurf der Bäume. Nachts bildet sich über den Grünflächen Kaltluft. Daraus entwickelt sich im Laufe der Nachtstunden die sog. *„urban park breeze"*, eine lokale Windzirkulation zwischen der Grünfläche und der näheren Umgebung (Abb. 3.8). Dabei weht eine kühlere Luftströmung aus dem Park in die überwärmte Nachbarschaft. Dieser Prozess ist von seiner Entstehung mit der Ausbildung des Flurwindes vergleichbar (s. dazu Kap. 3.7). In Abhängigkeit von ihrer Größe und Gestaltung können innerstädtische Grünflächen einen erheblichen Einfluss auf ihre Umgebung ausüben. HORBERT (2000) zur Folge muss ein innerstädtischer Park mindestens eine Fläche von 50 ha aufweisen, um einen deutlichen lokalklimatischen Effekt hervorzurufen. Jedoch konnte BONGARDT (2006) nachweisen, dass auch kleinere Park- und Grünflächen durchaus eine kühlende Wirkung besitzen, auch wenn dieser Effekt auf die direkt angrenzenden Bereiche beschränkt bleibt.

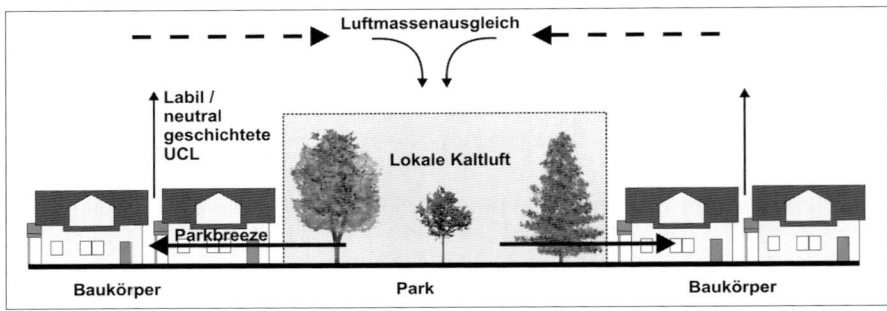

**Abb. 3.8:** Schematische Darstellung der *„urban park breeze"* (verändert nach NARITA et al. 2002 & BONGARDT 2006)

Möglichst naturbelassene Freiflächen bzw. deren Aufwertung ermöglichen einen besseren Luftaustausch mit dem Umland. In ihrer Funktion als Ventilations- bzw. Luftleitbahnen sind diese in der Lage kühlere Luftmassen in bebaute Stadtflächen zu leiten. Gleiches gilt für Flächen (Industrie- und Gewerbebrachen, stillgelegte Bahntrassen, Bebauungslücken etc.), die aufgrund des Schrumpfungsprozesses der Städte nicht mehr für die direkte Verwendung vorgesehen sind. Diese sollten ebenso einer Nutzungsänderung unterliegen, da sie sich auch für die Anlage von Grün- und Freiflächen eignen, wenn sich nach Prüfung der lokalklimatischen Gegebenheiten herausstellt, dass sie relevant wären für ein funktionierendes Stadtbelüftungssystem. Gegebenenfalls sollten solche Areale nicht mehr für eine neue Bebauung frei gegeben werden.

Ein ebenfalls aus lokalklimatischer Sichtweise nicht zu unterschätzendes Potenzial bieten offene Wasserflächen. Infolge der dem Wasser eigenen physikalischen Eigenschaften erwärmt es sich am Tage im Vergleich zur Bodenoberfläche nur sehr langsam. Daher sind Wasserflächen im Sommer deutlich kühler als ihre direkte Umgebung. Auch ist die Verdunstungsrate über Wasserflächen sehr viel höher als über versiegelten Oberflächen. Der Verdunstungsprozess entnimmt der Luft Energie. Diese steht schließlich der bodennahen Luftschicht nicht mehr zur Erwärmung zur Verfügung.

Eine nahezu vergessene Reservefläche in Bezug auf die Schaffung eines verbesserten Lokal- bzw. Mikroklimas ist die Dach- und Fassadenbegrünung. Intensive und extensive Dachbegrünung eröffnet die Möglichkeit nicht nur punktuell, sondern auch durch eine entsprechende Flächenausdehnung, den stadtklimatischen Effekt zu verringern. Am Beispiel der Dachbegrünung zeigt sich u. a. die dämpfende Wirkung von Temperaturextremen auf der Dachoberfläche. Dieser thermische Effekt bedingt, dass begrünte Dächer Oberflächentemperaturen von lediglich 20°C bis 25°C aufweisen, während sich Kiesdächer oder schwarze Bitumenpappe auf bis zu 80°C aufheizen. Zudem bewirkt die Vegetationsdichte auf dem Dach eine verbesserte Wärmedämmung. In den Wintermonaten wird der Wärmedurchgang über den Dachstuhl nachweisbar vermindert. Nicht zuletzt trägt die Dachbegrünung zur Prävention vor der prognostizierten Zunahme von Starkniederschlägen bei. Die Überflutungsgefahr wird deutlich reduziert. Vergleichbar mit offenen Vegetationsflächen, die in der Lage sind Oberflächenwasser zu speichern, wird, je nach Art und Beschaffenheit der Dachbegrünung, das Niederschlagswasser dort teilweise zwischengespeichert, fließt abzüglich von Verdunstung und Transpiration, zeitverzögert ab und entlastet so die Stadtentwässerung erheblich. Der Abflussbeiwert eines 15° geneigten Daches wird durch die Dachbegrünung erheblich verbessert. 80 % bis 100 % des Niederschlagwassers werden über normale Dachflächen unmittelbar in die Kanalisation geleitet. Dem stehen lediglich 30 % direkter Abfluss des begrünten Daches gegenüber (HENNINGER 2010a). Das restliche Wasser wird u. a. über die Verdunstung wieder an die urbane Atmosphäre abgegeben und trägt dementsprechend zu einer Verbesserung des Feuchtegehaltes der Luft bei.

Auch Begrünungsmaßnahmen innerhalb vorhandener Baustrukturen bieten durch Verschattung und Verdunstung ein kühlendes Potenzial. Allerdings muss beachtet werden, dass sich nicht jede Pflanzenart uneingeschränkt für solche Maßnahmen eignet. Aus lufthygienischer Sicht sollte bei der Wahl des Straßenbegleitgrüns auf die Dichte des Kronendachs geachtet werden. Ein mehr oder minder geschlossenes Blätterdach bedingt einen nachweisbar verminderten Luftaustausch mit Schadstoffanreicherungen ähnlich einer engen Straßenschlucht. Dies gilt vor allem entlang solcher Verkehrswege, die durch ein hohes Verkehrsaufkommen gekennzeichnet sind. Grundsätzlich jedoch gilt für straßenbegleitendes Grün, dass es zur Verbesserung des lokalen Klimas beiträgt und eine luftfilternde Funktion einnimmt (u. a. GROMKE & RUCK 2007; LITSCHKE & KUTTLER 2008). Abseits der Verkehrswege gilt es auch für innerstädtische Park- und Grünflächen zu beachten, welches Grün angepflanzt wird. Dabei liegt der Fokus weniger auf den Austauschverhältnissen, sondern vielmehr auf den Arten, die Verwendung finden. Einige Baumarten emittieren unterschiedlich hohe Mengen an flüchtigen organischen Stoffen (z. B. Isopren und Terpenen; s. Kap. 3.8). Diese tragen als biogene Vorläufersubstanzen zur Bildung des bodennahen Ozons bei. Solche Arten sind dementsprechend nicht als straßenbegleitendes Grün oder als

Bestand in einem Park geeignet (BENJAMIN & WINERT 1998; STRASSBURGER 2004; HENNINGER 2011).

Aufgrund der komplexen Anforderungen, die die stadtklimatologischen Modifikationen aus ökologischer und ökonomischer Sicht u. a. an die Stadtplanung stellen, ist es heute nahezu unumgänglich geworden auf Simulationen zurückzugreifen, um adäquate Aussagen über die klimaangepassten Veränderungen einer Stadtstruktur treffen zu können. Mithilfe mikroklimatischer Modellierungen können urbane Problem- und Handlungsfelder besser identifiziert und entsprechende Strategien entworfen werden. Nötig wird eine solche Vorgehensweise, da es zunehmend schwerer wird zwischen dem Ist- und dem beabsichtigten Planzustand klare Ergebnisse vorherzusagen. Mikroklimatische Simulationen ermöglichen letztendlich eine Berücksichtigung unterschiedlicher Elemente, wie beispielsweise die urbane Vegetation und die Bebauung und wie diese in Wechselwirkung mit der Atmosphäre treten. Hierdurch wird eine vorausschauende Planung zur Vermeidung von thermischen oder auch lufthygienischen Belastungsräumen möglich. Aber auch eine Optimierung der bereits vorhandenen Baustrukturen ist denkbar (BRUSE 2000).

# 4. Stadtböden

## 4.1 Einführung

Böden werden als der belebte oberste Abschnitt der verwitterten Erdkruste definiert. Sie erreichen in der Regel Mächtigkeiten zwischen 0,1m bis 1,0 m. Selbst junge Aufschüttungen, in denen noch keine nennenswerten pedogenen Prozesse zu morphologischen Veränderungen des Ausgangssubstrates geführt haben, müssen daher in ihrem obersten Abschnitt als Boden angesprochen werden. Das Umweltmedium Boden stellt ein wichtiges Bindeglied zwischen den Umweltkompartimenten Wasser und Luft dar. Zusammen mit diesen beiden Kompartimenten bildet es die entscheidende Grundlage für das terrestrische Leben auf der Erde.

Boden ist ein nicht vermehrbares Gut. Die Bodenneubildungsrate beträgt weniger als 1mm $a^{-1}$, sodass zerstörte Böden mit ihren vielfältigen Funktionen für zukünftige Generationen nicht mehr zur Verfügung stehen können. Bodenschutz ist daher ein elementarer Bestandteil von Nachhaltigkeitsstrategien. Die wichtigsten Bodenfunktionen sind:

- Lebensraumfunktion (Lebensraum für Fauna und Flora)
- Regelungsfunktion (Speicher-, Filter, Puffer- und Transformationsprozesse)
- Nutzungsfunktion (Land- und Forstwirtschaft, Baugrund und Rohstoffe, Archiv)

Aufgrund der rasanten demographischen Entwicklung ist der überwiegende Teil der Stadtgebiete erst in den letzten ca. 150 Jahren zum Zwecke der Wohnbebauung oder Industrieansiedlung auf ehemaligem meist land- oder forstwirtschaftlich genutztem Terrain durch Expansion kleiner Siedlungszellen angelegt worden.

Im Gegensatz zu einer rein land- oder forstwirtschaftlichen Nutzung der Böden stellt die Urbanisierung der Böden einen bedeutend gravierenderen Eingriff in den Naturhaushalt dar, bei dem die einzelnen pedogenen Eigenschaften gegenüber den potenziell natürlichen Böden meist vollkommen verändert werden. Häufig wird der ursprüngliche Boden abgetragen und/ oder ortsfremde und mit technogenem Material angereicherte Substrate auf die neu entstandene oder natürliche Oberfläche aufgetragen. Hinzu kommen mechanische Verdichtungs- und Versiegelungsprozesse sowie der Eintrag von Schadstoffen. In der Folge verändern sich Wasser- und Nährstoffhaushalt mit gravierenden Auswirkungen auf die verschiedenen Bodenfunktionen, insbesondere die Lebensraum- und Filter-/Speicherfunktion.

Dauerhafte Veränderungen natürlicher Böden durch die Siedlungstätigkeit des Menschen sind bereits für das Neolithikum beschrieben. Detaillierte Untersuchungen an bereits während der Antike wieder aufgegebenen 6000 - 7000 Jahre alten Siedlungshügeln in Bulgarien weisen die irreversiblen Veränderungen durch das Aufwachsen einer über 1 m mächtigen Kulturschicht aus Hüttenlehm und

Siedlungsabfällen nach. Die bedeutenden Siedlungen der Antike bilden häufig den Nukleus heutiger Städte und die seitdem entstandenen Stadtböden übernehmen auch eine Archivfunktion. Gleichzeitig führt die seit der Antike betriebene Metallverarbeitung zur Anreicherung von Schadstoffen, insbesondere Schwermetallen, in urbanen Böden. Auch die Abfall- und Abwasserentsorgung der antiken Städte beeinflusste die Böden im Stadtumland. Während des Mittelalters verstärkte sich der anthropogene Schadstoffeintrag in den Städten, da im Gegensatz zur Antike Abfälle und Abwasser häufig in der Stadt entsorgt wurden. Absolutistische Neugründungen und Stadterweiterungen sind im Gegensatz zu den mittelalterlichen Städten einerseits von Parkanlagen, andererseits von Manufakturen geprägt, die sowohl positive wie negative Auswirkungen auf die Böden haben. Während in den Parkanlagen nutzungsbedingt eine Humusanreicherung zur Bodenverbesserung führt, bedingt der häufig sorglose Umgang mit den in den Manufakturen produzierten Abfällen eine intensivierte Bodenbelastung. Letzteres verstärkte sich aufgrund eines mangelnden Umweltbewusstseins in der Phase der Industrialisierung und dauert – je nach Entwicklungsstand und umweltpolitischen Standards der einzelnen Staaten, in denen die betrachteten Städte liegen – bis heute an. Die dramatische Expansion der Städte seit dem letzten Jahrhundert führt zu einem Flächenverbrauch in bis dahin unbekanntem Ausmaß. Industrielle Abfallprodukte und Hausmüll werden unzureichend gesichert abgelagert. Die zunehmende Nutzung fossiler Brennstoffe führt über den Eintrag kontaminierter Verbrennungs- und Kokereirückstände neben einem Schwermetalleintrag auch erstmals zum Eintrag von persistenten organischen Schadstoffen in die Stadtböden in nennenswertem Umfang, während im Stadtumland die Böden durch athmogene $SO_2$-Depositionen versauern und durch Schwermetalleinträge kontaminiert werden. Die verbesserten Infrastrukturmöglichkeiten durch unterirdische Ver- und Entsorgungsleitungen bedingen umfangreiche Bodenveränderungen durch Bodenaustausch und Leckagen. Die Abwasserentsorgung erfolgt zunehmend über Rieselfelder im Stadtumland, die im Zuge der Expansion in jüngeren Besiedlungsphasen zu Wohngebieten konvertieren. Kriegerische Auseinandersetzungen und städtebauliche Veränderungen führen seit Beginn des letzten Jahrhunderts aufgrund einer zunehmenden Verbesserung der technischen Möglichkeiten zu umfangreichen Gebäude- und Flächenkonversionen mit parallel hierzu verlaufenden Nutzungsänderungen, die die Polygenese der Stadtböden weiter intensiviert.

*Siehe dazu auch Kap. 2: Historische Entwicklung der Stadt und ihrer ökologischen Belastung.*

Seit den 60er Jahren des letzten Jahrhunderts beginnt in den Industrieländern aufgrund eines veränderten Umweltbewusstseins und der Strukturveränderung der Altindustrieräume die Sanierung kontaminierter Bodenstandorte und seit ca. 30 Jahren etabliert sich die Wissenschaft der systematischen Erfassung und Bewertung von Stadtböden, als deren sichtbarster Erfolg die Einführung der eigenen

Klasse der Technosole in der World Reference Base for Soil Resources (WRB) im Jahre 2006 unter Koordination von ROSSITER (2007) und Vorarbeiten von BLUME (1982, 1997), BURGHARDT (1994), ROSSITER & BURGHARDT (2003) sowie LEHMANN (2006) angesehen werden kann. Zwischenzeitlich existiert eine Fülle von Einzelfallbeispielen zu wissenschaftlichen Untersuchungen von Stadtböden aus nahezu allen Regionen dieser Erde.

## 4.2 Stadtbodensystematik

Urbane Böden bestehen häufig aus einer Abfolge junger anthropogener Ablagerungen mit qualitativ und quantitativ schwankenden anthropogen verursachten Beimengungen. Meist weisen diese unkonsolidierten Substrate eine fehlende oder nur initiale pedogene Dynamik auf. Die einzelnen Abschnitte werden daher in der Regel nicht als Horizonte sondern als Schichten bezeichnet. Die *World Reference Base for Soil Resources* (WRB) der *International Union of Soil Sciences* (IUSS) klassifiziert die Böden der Erde in 32 Bodengruppen. Diese werden weiter differenziert durch *prefix* und *suffix Qualifiers*. Ein entscheidendes Merkmal zur genetischen Differenzierung der anthropogen beeinflussten Böden ist die Unterscheidung zwischen *anthropedogenic horizons* und *anthropogenic soil materials*. Erstere werden als Produkt einer langandauernden Kultivierung von in der Regel landwirtschaftlich genutzten Böden verstanden, wobei durch pedogenetische Prozesse typische Horizonte (*terric, irragric, plaggic, hortic, anthraquic, hydragric*) gebildet werden. Ihre Verbreitung konzentriert sich auf relativ kleine Gebiete in den alten Ackerbaugebieten in Westeuropa, den traditionellen Bewässerungsgebieten des Nahen Ostens und Chinas, den seit Jahrtausenden betriebenen Nassreiskulturen Asiens, den alten terrassierten Kulturlandschaften des mediterranen Raumes und der arabischen Halbinsel sowie isolierten Vorkommen in Nord- und Südamerika in Folge einer lange andauernden indianischen Besiedlung.

*Anthropogenic soil materials* hingegen stellen das durch junge Bodenaustauschmaßnahmen entstandene Ausgangsprodukt einer Bodenbildung in statu nascendi dar. Diese unkonsolidierten organischen oder mineralischen Materialien sind in der Regel die Folge größerer Geländeaufschüttungen oder -verfüllungen mit Aushubmaterial, Bauschutt, Bergbauabfallprodukten, Hausmüll etc. MEUSER (1996) unterscheidet hierbei über 100 verschiedene technogene Ausgangssubstrate. Die wichtigsten Gruppen werden von Schlacken, Aschen, Schlämmen und Schutt gebildet. Pedogenetische Prozesse haben in diesem anthropogenen Bodenmaterial aufgrund der geringen Expositionszeit noch nicht zur Ausbildung von Horizonten geführt. Laborexperimente von SCHOLTUS et al. (2009) weisen darauf hin, dass in jungen Aufschüttungen rasch Verwitterungsprozesse einsetzen, die die Voraussetzung für pedogenetische Prozesse darstellen und bereits nach zehnjähriger Exposition von Kompostmaterial kann eine deszendente Verlagerung organischer Substanzen nachgewiesen werden (SAID-PULLICINO et al. 2010). Die Anreicherung von organischer Substanz in den oberen Bodenabschnitten kann nach Jahrzenten zur Ausbildung von A/C - Böden mit einem humosen Oberboden führen (BLUME et al. 2010)

Seit dem Jahre 2006 wird in der WRB zwischen den beiden *Reference soil groups Anthrosols* und *Technosols* unterschieden. *Anthrosols* sind im Wesentlichen durch *anthropedogenic horizons* charakterisiert, *Technosols* hingegen bauen sich aus pedogenetisch in der Regel kaum verändertem anthropogenem Bodenmaterial auf. Sie sind vor allem in dicht besiedelten Räumen, aber auch in Bergbau- und Industriegebieten, Bereichen konzentrierter Verkehrsinfrastrukturen und intensiv militärisch genutzten Arealen anzutreffen. Sie werden durch die folgenden drei Alternativen definiert:

1. Der Anteil an Artefakten in (mindestens der Hälfte) der oberen 100 cm beträgt mehr als 20 Volumenprozent. Liegen in einer Tiefe von weniger als 100 cm unter der Bodenoberfläche kontinuierliche Stein-, zementierte oder verhärtete Lagen, so verringert sich der zu berücksichtigende Bodenabschnitt entsprechend.
2. Innerhalb der oberen 100 cm befindet sich – zumindest teilweise – eine kontinuierliche schwer oder undurchlässige anthropogene Geomembran jedweder Mächtigkeit.
3. echnische Hartgesteine beginnen innerhalb von 5 cm von der Bodenoberfläche und bedecken mehr als 95 % der horizontalen Ausdehnung des Bodens.

Unter Artefakte werden hierbei nur unwesentlich veränderte feste oder flüssige Substanzen verstanden, die durch einen handwerklichen oder industriellen Prozess hergestellt oder substanziell verändert wurden bzw. umgebungsfremde Substanzen, die durch menschliche Aktivität aus einer Tiefe, wo sie durch oberflächennahe Prozesse nicht beeinflusst wurden, in die Nähe der Oberfläche verfrachtet wurden.

Als Hartgestein wird hierbei industriell hergestelltes konsolidiertes Material bezeichnet, das sich substanziell von den Eigenschaften natürlicher Materialien unterscheidet (z. B. Straßenbeläge aus Beton, Asphalt oder Pflasterungen).

Die als *Technosol* definierten Böden werden in der WRB durch folgende nur für *Technosole* typische Qualifier (unterschiedlicher Ordnung bzw. Intensität) weiter differenziert.

1. *Ekranic*: Technische Hartgesteine beginnen innerhalb von 5 cm von der Bodenoberfläche und bedecken mehr als 95 % der horizontalen Ausdehnung des Bodens.
2. *Garbic*: Eine mehr als 20 cm mächtige Schicht innerhalb der oberen 100 cm des Bodens enthält mehr als 20 Volumenprozent Artefakte, von denen mehr als 35 Volumenprozent aus organischen Abfallmaterialien bestehen.
3. *Linic*: Innerhalb der oberen 100 cm befindet sich – zumindest teilweise – eine kontinuierliche schwer oder undurchlässige anthropogene Geomembran jedweder Mächtigkeit.

4. *Spolic*: Eine mehr als 20 cm mächtige Schicht innerhalb der oberen 100 cm des Bodens enthält mehr als 20 Volumenprozent Artefakte, von denen mehr als 35 Volumenprozent aus industriellen Abfallmaterialien bestehen.
5. *Urbic*: Eine mehr als 20 cm mächtige Schicht innerhalb der oberen 100 cm des Bodens enthält mehr als 20 Volumenprozent Artefakte, von denen mehr als 35 Volumenprozent aus Trümmerschutt oder Siedlungsabfällen bestehen.
6. *Reductic*: Gase im Porenraum der Böden (z. B. Methan oder Kohlendioxid) führen zu reduzierenden Bedingungen im Bodenprofil.
7. *Voidic*: Das hyperskeletische Material enthält zu mehr als 10 Volumenprozent Hohlräume von mehr als 5 mm Durchmesser.
8. *Dialemmic: Ekranic Technosols*, die ein regelmäßiges Muster von Feinmaterial in einer Pflasterung aufweisen.

Ergänzend können die Qualifier *vitric, andic* und *terric* zur weiteren Charakterisierung der *Technosols* genutzt werden, wenn die Definitionen um die Parameter technische Gläser, technische Aschen und organische Schlämme ergänzt werden.

Daneben werden die anderen *prefix, suffix* und *phase Qualifiers* nach den Regeln der WRB zur Beschreibung der *Technosols* genutzt. Innerhalb der anderen Bodengruppen der WRB können folgende Qualifiers zur weiteren Charakterisierung mit folgenden Definitionen genutzt werden:
1. *Technic*: Der Anteil an Artefakten (*technic soil materials*) in 20 cm der oberen 100 cm (bzw. 20 % der Solumsmächtigkeit) beträgt mehr als 5 Volumenprozent; oder eine mindestens 5 cm mächtige Schicht innerhalb der oberen 100 cm enthält mehr als 80 % Artefakte.
2. *Endotechnic*: Der Anteil an Artefakten (*technic soil materials*) in 50 cm der oberen 200 cm (Mindestsolum > 100 cm) beträgt mehr als 20 Volumenprozent; oder eine mindestens 10 cm mächtige Schicht innerhalb der oberen 200 cm enthält mehr als 80 % Artefakte.
3. *Spollic*: Eine 20 cm mächtige Schicht innerhalb der oberen 100 cm des Bodens (bzw. 50 % der Solumsmächtigkeit bei geringermächtigen Böden) enthält mehr als 20 Volumenprozent anthropogen transportiertes Bodenmaterial.

Wie diese ausführliche Beschreibung zeigt, werden durch die *Technosole* in der Hauptsache nur Böden mit einem Artefakt-Anteil von über 20 % erfasst. Urbane Böden mit einem geringeren Anteil an Artefakten, die jedoch durch anthropogene Bodenbewegungen in ihrem natürlichen Aufbau deutlich gestört sind, können häufig in die Gruppe der *Regosole* eingeordnet werden. Diese in den Trockengebieten der Erde in Lockersubstraten weit verbreitete Bodengruppe ist aufgrund ihrer fehlenden diagnostischen Horizonte auch zur systematischen Klassifizierung von jungen urbanen Böden geeignet. Ältere Auftrags-Böden aus dem letzten Jahrhundert mit einem hohen Anteil an organischem Material sowie mehrfach gestörte Bodenprofilen auf aufgelassenen Friedhöfen sind Beispiele für diese Gruppe.

Die am Standort vorkommenden natürlichen Böden können bei einem volumenbezogenen geringen anthropogenen oberflächlichen Stoffeintrag (Artefaktanteil > 5 %), der die Morphologie des ursprünglichen Bodenprofils nur unwesentlich beeinflusst, durch einen der drei genannten Prefixe charakterisiert werden (z. B. *Technic Cambisol*).

Bei einem Artefaktanteil von weniger als 5 Volumenprozent wird die ursprüngliche Bodengruppe mit dem Prefix *Reductic* beibehalten, wenn die Bodenmorphologie durch bodenchemische Reaktionen in Folge des Einflusses industrieller Gase (z. B. Methan, Kohlendioxid) deutlich verändert wird. Solche in der deutschen Bodenklassifikation als *Reductosol* angesprochene Böden entstehen durch ein Sauerstoffdefizit im Porenraum, das nicht durch den hohen Wassergehalt, sondern durch ein sauerstoffarmes Gasgemisch reduzierende Bedingungen verursacht (BLUME et al. 2009).

Veränderungen des Stoffhaushaltes und/oder der Funktionen des Bodens aufgrund eines anthropogenen athmogenen Stoffeintrages (z. B. schwermetallhaltige Industriestäube), der sich in der Bodenmorphologie nicht bemerkbar macht, werden in der Bodenbezeichnung der WRB nicht deutlich. Zurzeit wird die Einführung weiterer Bodentypen, z. B. *Pirosol* für feuerbeeinflusste Böden oder *Rekultisol* für Auftragsböden aus natürlichen geologischen Substraten diskutiert (RESULOVIC et al. 2007).

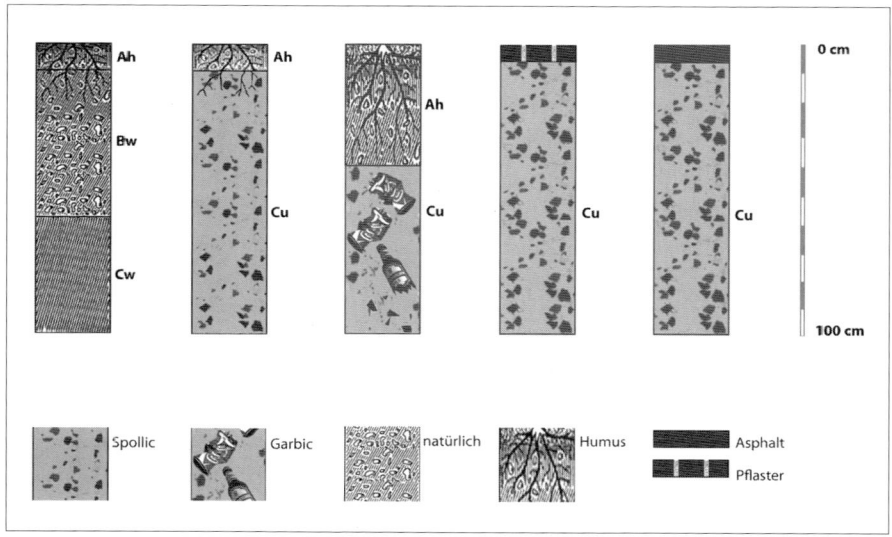

**Abb. 4.1:** Schematische Darstellung typischer Böden in Siedlungsgebieten (eigene Darstellung)

## 4.3 Eigenschaften und Funktionen von Stadtböden

Die Eigenschaften von Stadtböden werden durch das Ausmaß der anthropogenen Überprägung der natürlich vorkommenden Böden bestimmt. Dieses beeinflusst maßgeblich die Funktionen des Bodens als Lebensraum für Fauna und Flora, Speicher, Filter, Puffer und Transformator für Nähr- und Schadstoffe, Grundlage für Land- und Forstwirtschaft, Baugrund und Archiv der Besiedlungsgeschichte.

### 4.3.1 Baugrund und Geomorphologie

Eine der wichtigsten Funktionen von Stadtböden ist die Eignung als Bauland oder Infrastrukturfläche. Durch die rasante Expansion der Städte in den vergangenen zwei Jahrhunderten wurden häufig auch als Baugrund weniger geeignete Areale in Flussnähe oder versumpften Niederungen mit mehrstöckigen Gebäuden bebaut. Bekanntes Beispiel ist die Millionenstadt Bangkok, die im Mündungsbereich des Chao Praya errichtet wurde. Straßen- und Gebäudeabsenkungen aufgrund von Grundwasserabsenkungen und eine daraus resultierende Zunahme von Überschwemmungen sind die Folge.

Auch die Reaktivierung kaltzeitlicher Rutschungen mindert den Grundstückswert erheblich. Häufig werden erst durch unsachgemäße Drainagemaßnahmen im Gebäudeumfeld oder durch aus Alterungsgründen leckende Wasserver- und -entsorgungsleitungen fossile Rutschungen aktiviert und ganze Wohngebiete in Mitleidenschaft gezogen.

Häufig können Städte auf eine mehrere Jahrtausende alte Entwicklung zurückschauen. Der aus dieser Entwicklung resultierende Kulturschutt ist oft nur wenig konsolidiert und kann mehrere Meter Mächtigkeit erreichen. Das wenig verfestigte Material weist in vielen Fällen nur eine unzureichende Standfestigkeit auf, sodass es vor allem bei älteren Gebäuden zu Setzungsschäden kommen kann. Durch Grundwasserabsenkungen kann dies noch verstärkt werden.

In ehemaligen Bergbaugebieten folgt oftmals auf eine langandauernde Phase der Grundwasserabsenkung der sukzessive Anstieg des Grundwassers auf ein quasinatürliches Niveau. In der Folge vernässen ehemalige, zwischenzeitlich anderweitig genutzte Feuchtgebiete und Schadstoffe in Altlasten, die im Hangenden des ehemals abgesenkten Grundwasserspiegels liegen und laufen Gefahr mobilisiert zu werden. Eine Kontamination des Grundwassers und der benachbarten Oberflächengewässer ist die Folge.

In eisensulfidhaltigen Gesteinen, in denen aufgrund jahrzehntelanger Grundwasserabsenkung durch Sauerstoffzufuhr Anhydrid entstanden ist, können in Folge der erneuten Grundwasserzufuhr Hebungserscheinungen beobachtet werden, da hierbei Anhydrid in Gips umgewandelt wird, womit eine Volumenzunahme verbunden ist.

## 4.3.2 Wasserhaushalt

Der Wasserhaushalt urbaner Räume ist nicht nur aufgrund von Oberflächenversiegelungen deutlich verändert. Die Wasserpermeabilität der Böden wird durch den erhöhten Gehalt von großvolumigen Artefakten, insbesondere Trümmerschutt deutlich gefördert. Hierbei treten häufig kf-Werte (gesättigte Wasserleitfähigkeit) von über 500 - 1000 cm d$^{-1}$ auf (HORN et al. 1997). Natürliche Substrate, z. B. Sande erreichen maximal Werte von 600 cm d$^{-1}$. Mit Bodenauftrag verbundene Bodenverdichtungen und Porendiskontinuitäten wirken sich hingegen negativ auf die Permeabilität aus. Dies gilt insbesondere für Geomembrane und polygenetische Böden mit verdichtetem Unterbau. Die erhöhten Humusgehalte in alten Gartenböden und Parkanlagen erhöhen die Wasserspeicherkapazität. Ein langjähriges Wasserhaushaltsmodell der Innenstadt Berlins weist einerseits eine deutliche Erhöhung des Oberflächenabflusses (250 mm a$^{-1}$) aufgrund der Flächenversiegelung nach (im Außenbereich liegt dieser Wert bei 100 mm a$^{-1}$), belegt aber andererseits nahezu natürliche Versickerungsverhältnisse mit ca. 120 mm a$^{-1}$ für die Innenstadt (GLUGLA et al. 1999). Dies wird allerdings nicht als eine Folge der erhöhten Durchlässigkeit der urbanen Böden interpretiert, sondern mit einer verringerten Verdunstung begründet. Vor allem in den Kernstädten ist – im Gegensatz zu den weitständig bebauten Außenbereichen der Städte – aufgrund des hohen Versiegelungsgrades mit einer deutlich reduzierten Sickerwasser- und Grundwasserneubildungsrate zu rechnen. Dies kann durch Grundwasserflurabstände dokumentiert werden. Die Qualität des Grundwassers wird hier durch den Zustand des Abwasserkanalnetzes erheblich beeinflusst. In Halle konnten KOCH et al. (2004) nachweisen, dass in der Kernstadt Temperatur, Phosphat- und Ammoniumgehalt des Grundwassers deutlich erhöht sind; eine Folge von Leckagen der Abwasserkanäle. In den Randbezirken dominiert hingegen ein Nährstoffeintrag aus Düngungsmaßnahmen von Grünflächen und Kleingärten (KOCH et al. 2002). Mit zunehmendem Alter der Bebauung steigt der Kalzium- und Sulfateintrag in das Grundwasser in Folge eines erhöhten Anteils von Bauschutt in den *Technosols* – vermutlich insbesondere eine Folge von Kriegsschäden.

Behördliche Auflagen in deutschen Neubaugebieten zur Versickerung von Niederschlagswasser von versiegelten Flächen haben bisher aufgrund des geringen Anteils der Neubaugebiete an der insgesamt bebauten Fläche nur einen geringen Einfluss auf den urbanen Wasserhaushalt, zumal im inner- und randstädtischen Bereich eine Versickerung von Oberflächenwasser oft an einer Schadstoffbelastung der Versickerungsflächen scheitert. In Neubaugebieten müssen die lokalen Drainageverhältnisse berücksichtigt werden, um Vernässungsprobleme zu umgehen (FETZER et al. 2000).

*(Näheres dazu in Kap. 5: Urbaner Wasserhaushalt)*

### 4.3.3 Schadstoffsenke

Stadtböden können in vielfältiger Weise kontaminiert sein. Im Wesentlichen liegen die folgenden Eintragspfade vor:

- Einbau/ Aufschüttung mit kontaminiertem Material,
- Eintrag über den Wasserpfad, insbesondere in Überschwemmungsgebieten,
- Eintrag über den Luftpfad,
- Direkteintrag durch Bergbauaktivitäten und den Betrieb von Industrieanlagen und Handwerksbetrieben,
- Verluste bei der Distribution fossiler Brennstoffe (Tankstellen, Heizöllager etc.),
- unsachgemäße Deponie von Haus- und Industriemüll,
- Leckagen und Rieselfelder der Abwasserbehandlung,
- Kriegsfolgeschäden und
- Streusalzeinsatz.

Die Auswirkungen der Kontaminanten auf die Bodenfunktionen und das Verhalten der Schadstoffe im Boden werden beeinflusst durch Chemismus und Bindungsform. Prinzipiell kann zwischen organischen und anorganischen Schadstoffen differenziert werden. Die Gruppe der anorganischen Schadstoffe wird in metallische und nichtmetallische Verbindungen unterteilt. Es handelt sich meist um Verbindungen, die auch natürlich vorkommen, jedoch gegenüber der geogenen Hintergrundkonzentration angereichert sind.

Die metallischen Verbindungen umfassen hauptsächlich die Gruppe der Schwermetalle. Die Mengen (Gesamtgehalte) der einzelnen Elemente in urbanen Böden nehmen in der Regel in folgender Reihung ab: Zn>Pb>Cu>Ni>Cd (HILLER et al. 1998). Quellen dieser Metalle sind vornehmlich neben der Metallverhüttung und -bearbeitung der Bergbau sowie die metallverarbeitende Industrie. Erste Kontaminationen sind bereits in römischer Zeit nachweisbar. Im Mittelalter wurde Blei und Kupfer in vielfältiger Form verarbeitet und findet sich in vielen europäischen Altstadtböden (LEWANDOWSKI et al. 1997). Daneben stellen im urbanen Raum der Verkehr, die Verbrennung von Kohle sowie die Abfall- und Abwasserentsorgung, insbesondere die Abwasserverrieselung eine weitverbreitete Belastungsquelle dar (RENGER et al. 1998). Allerdings konnten diesbezügliche Auswirkungen des Straßenverkehrs auch an stark frequentierten Verkehrswegen nur in einem Abstand von bis zu 5 m von der Emissionsquelle nachgewiesen werden (JONECK et al. 1996). Flächendeckende Aussagen zur Schwermetallbelastung liegen nur selten in ausreichender räumlicher Auflösung vor (z. B. Schwermetallkataster des Saarlandes ca. 1 Probenahmepunkt km$^{-2}$). Eine Abschätzung der Schwermetallbelastung auf Basis von Nutzungsgeschichte, Ausgangssubstrat, Siedlungsstruktur, Relief, Altlastensituation und Emissionssituation sind nur für eine Ersteinschätzung sinnvoll (NEITE et al. 1996).

Die Mobilität dieser Elemente im Boden wird gesteuert durch die Bindungsform und den Bodenchemismus. Die relative Verfügbarkeit nimmt häufig in der folgenden Reihung ab: Cd>Pb>Cu>Zn>Ni (HILLER et al. 1998). Dies zeigt, dass absolute Mengenangaben über den Gehalt eines bestimmten Metalls wenig aussagekräftig sind, um die Beeinträchtigung der einzelnen Bodenfunktionen abzuschätzen. Die Metalle liegen häufig in wenig mobilisierbarer Form als Baustein von Kristallgittern, Oxide/Hydroxide, Sulfid oder als Karbonat bzw. Phosphat vor. Daneben können sie als Teil hochmolekularer organischer Komplexe oder in kationischer Form an Bodenkolloide (Tonminerale, Sesquioxide, Humuskomplexe) adsorbiert sein. Die Stabilität dieser Bindungsformen wird über den pH-Wert der Bodenlösung und die Redox-Verhältnisse maßgeblich gesteuert. Bei pH-Werten zwischen 5,5 und 8,0 sind diese Bindungsformen weitestgehend stabil, sodass die Bodenfunktionen nur geringfügig beeinflusst werden. Unterhalb von pH 5,5 werden die Schwermetallverbindungen – elementspezifisch – zunehmend instabil und können über das Bodenwasser von den Pflanzen aufgenommen oder in das Grundwasser verlagert werden. Erhöhte Ton-, Humus- und Eisenoxid/ -hydroxidgehalte können sich dabei stabilisierend auf die Mobilität der Metalle auswirken, indem sie diese an ihren Oberflächen adsorbieren. Mit sinkendem pH-Wert nimmt diese Eigenschaft allerdings aufgrund variabler Ladungseigenschaften dieser Kolloide deutlich ab, sodass unterhalb von pH-Werten um 4,5 ein erhebliches Risiko der Schwermetallmobilität besteht. Reduzierende Bodenverhältnisse können die Mobilität beeinträchtigen, sodass in grundwasserbeeinflussten Böden und *Reductosolen* eine verringerte Schwermetallmobilität beobachtet werden kann. Einige Metalle – z. B. Cadmium – weisen schon bei pH-Werten unterhalb von 6,0 ein erhebliches Mobilitätsrisiko auf. Oberhalb von pH-Werten um 9,0 können Schwermetalle als lösliche Hydroxokomplexe vorliegen. Arsen und Vanadium liegen in anionischer Form vor und können in dieser Form nur schlecht von den Kolloiden sorbiert werden. Bei hohen pH-Werten bilden sich stabile Ca-Arsenate. Daneben werden diese Anionen an schlecht auskristallisierten Eisenoxiden und Eisenhydroxiden angelagert (WELP et al. 1995).

Quecksilber ist als einziges Metall bei Normalbedingungen in elementarer Form flüchtig und kann auch über den Luftpfad mobil werden. In den meisten Fällen liegt Quecksilber allerdings in metallorganischer Form vor und ist dann weitgehend immobil.

In urbanen Böden erhöhen aschehaltige Schichten das Mobilitätsrisiko von Schwermetallen, insbesondere Blei und Arsen, erheblich. Putz und Mörtelreste zeigen trotz hoher Karbonatanteile eine erhöhte Pb- und Zn-Verfügbarkeit. Kokereiabfälle weisen bei extrem sauren Verhältnissen (pH < 2) eine erhöhte Nachlieferbarkeit an Pb und Cu (KALBE et al. 1997). Dies erklärt sich nur teilweise durch Sorption an der Oberfläche der Artefakte. So kann die Kationenaustauschkapazität (KAK) von anthropogenem Skelettmaterial, insbesondere Ziegel, aber auch Kohle und Schlacke als gering (0,7 – 6 mmolc 100 g$^{-1}$) eingestuft werden. Lediglich Holz weist mit einer KAK von bis ca. 50 mmolc 100 g$^{-1}$ ein nennenswertes Sorptionsvermögen auf (KAHLE et al. 1997). Der amphotere Charakter einiger Schwermetalle wird im unterschiedlichen Verhalten bei Bauschutt und Kokereiabfällen deutlich.

Eine erhöhte Konzentration von Schwermetallen im Bodenwasser führt zu einer erhöhten Aufnahme dieser Stoffe durch die Vegetation, was vor allem bei Nutzpflanzen zu einer erheblichen Beeinträchtigung der Verwendbarkeit dieser Produkte führen kann. Allerdings weisen Nutzgärten in der Regel pH-Werte zwischen 6,0 und 8,0 auf, sodass das Risiko einer erhöhten Schwermetallaufnahme hier vergleichsweise gering ist.

Über das oberflächennahe Grund- und Sickerwasser (Interflow) können mobile Schadstoffe in die Oberflächengewässer gelangen, dort die aquatischen und amphibischen Lebensgemeinschaften beeinträchtigen und in den Stillwasserbereichen und Überschwemmungsarealen zur Deposition gelangen.

Die dargestellten Zusammenhänge werden in einem vereinfachten Schätzverfahren, das auch auf Feldmethoden basiert, für eine Ersteinschätzung des Mobilitätsrisikos von Schwermetallen genutzt (Dvwk 1988). In einem GIS-gestützten Verfahren kann hieraus das Risiko der Schwermetallmobilität flächendeckend bewertet werden und bei Vorliegen geeigneter flächendeckender Informationen zum pedogenen Schwermetallgehalt in eine aktuelle Risikoabschätzung überführt werden (Helmes 1999).

Neben einer Aufnahme von Schadstoffen über Nahrungsmittel stellt die inhalative und direkte orale Aufnahme von kontaminiertem Bodenmaterial eine ernsthafte Gefahr für den Menschen dar. Für Kinderspielplätze gelten daher erhöhte Grenzwerte bezüglich der Schadstoffbelastung von Bodenmaterial.

Alkali- und Erdalkalimetalle werden häufig bei Schnee- und Glatteisgefahr zur Sicherung der Verkehrsflächen eingesetzt. Sie liegen in leichtlöslicher Form vor (Chloride) und werden bei ausreichenden Sorptionseigenschaften des Bodens gespeichert. Aufgrund eines hieraus resultierenden Natriumüberschusses können andere wichtige kationische Nährstoffe verdrängt werden und der pH-Wert über 8,0 ansteigen, sodass es zu Beeinträchtigung der Lebensraumfunktion (Pflanzenwachstum) kommen kann.

Nichtmetallische anorganische Stoffe (vor allem Elemente der 5. – 7. Hauptgruppe des Periodensystems) liegen meist in anionischer Form vor. Da Stadtböden häufig pH-Werte im neutralen bis schwach basischen Bereich aufweisen, werden sie aufgrund der in diesem Bereich hohen negativen variablen und permanenten Ladung der Bodenkolloide schlecht an diese sorbiert. Bilden sich keine schwerlöslichen Oxide, Salze wie z. B. Phosphate oder andere komplexe schwerlösliche Verbindungen, so können sie leicht in den Grundwasserbereich verlagert werden.

Die Mehrzahl der zurzeit industriell weltweit hergestellten rund 100.000 verschiedenen chemischen Produkte sind organische Verbindungen, d. h. sie sind in der Hauptsache kohlenstoffhaltig. Viele kommen nicht natürlich vor. Ihr Umweltverhalten ist häufig nur unzureichend erforscht. Die wichtigsten Gruppen können wie folgt zusammengefasst werden:

- MKW: Mineralölkohlenwasserstoffe (Benzin, Heizöl etc.)
- PAK: Polyzyklische aromatische Kohlenwasserstoffe (Verbrennungsprodukt; Gruppe von über 100 verschiedenen kondensierten Benzolringverbindungen, 16 EPA-PAK werden routinemäßig zum PAK-Gesamtgehalt zusammengefasst)
- BTXE: Benzol, Toluol, Xylol, Ethylbenzol (leichtflüchtige aromatische Ringverbindungen, u. a. Bestandteil von Benzin)
- CKW: Chlorierte Kohlenwasserstoffe (persistente Pestizide, z. B. Hexachlorbenzol und DDT)
- LCKW: leichtflüchtige, chlorierte Kohlenwasserstoffe (chlorierte Derivate von Methan und Ethan, Reinigungsmittel; kann auch unter anaeroben Bedingungen in Böden gebildet werden)
- PCB: Polychlorierte Byphenyle (ubiquitär; Eintrag über Luftpfad und Klärschlämme)
- Pestizide (inzwischen nur rasch abbaubare Produkte zugelassen)
- PCDD, PCDF: Polychlorierte Dibenzodioxine, Dibenzofurane (Freisetzung bei industriellen Prozessen und zahlreichen Verbrennungsprozessarten zwischen ca. 300° - 600°C; Eintrag über Luftpfad und Klärschlämme)

Organische Schadstoffe unterscheiden sich von den anorganischen Verbindungen häufig durch ihren unpolaren Charakter, d. h. sie sind im Bodenwasser mit seiner hohen Dielektrizitätskonstante schwer löslich. Die gleiche Eigenschaft führt aber auch dazu, dass sie an den meist negativ geladenen Bodenkolloiden schlecht adsorbiert werden können. Dies wird verstärkt bei Verbindungen mit funktionellen Gruppen, die unter Protonenabspaltung anionischen Charakter annehmen und dann leichter löslich mit dem Bodenwasser verlagert werden können, jedoch von den negativ geladenen Bodenkolloiden nicht adsorbiert werden. Im Gegensatz zu den anorganischen Schadstoffen sind eine Reihe organischer Verbindungen und ihrer Abbauprodukte unter Normalbedingungen flüchtig, sodass eine Stoffverlagerung auch über den Luftpfad erfolgt. Dies kann erheblichen Einfluss auf die Lebensraumfunktion von Stadtböden haben.

Einige dieser Verbindungen sind mikrobiologisch schwer abbaubar und gelten als persistent. Teilweise haben sie kanzerogene Auswirkungen. In vielen Staaten dieser Erde ist ihre Verwendung inzwischen eingeschränkt (z. B. PCB), aber eine Reihe von Verbindungsgruppen (z. B. Dioxine, Furane und PAK ) können ungewollt bei Unfällen in der Industrieproduktion oder bei der unvollständigen Verbrennung organischer Brennstoffe (z. B. in Hausbrandöfen) entstehen. Aufgrund ihrer Toxizität und ihrer ubiquitären Verbreitung sind sie für Stadtböden von besonderer Bedeutung. Die PAK-Konzentration (PAK mit 4 oder 5 Ringen) im Oberboden kann alleine schon durch Hausbrandaktivität – in Abhängigkeit von der Sorptionskraft des Oberbodens und der Emissionsintensität – mehr als 0,4 mg kg$^{-1}$ Boden betragen (ZIERDT et al. 1990). Auch in teerhaltigem Straßenaufbruchmaterial und an Rändern stark befahrener Straßen finden sich PAK und PCB in

Entfernungen von bis zu 5 m vom Straßenrand in Partikelform angereichert (JONECK et al. 1996; MEUSER et al. 1998). Ähnlich können bei Kokereistandorten bis zu 30 mg kg$^{-1}$ Boden beobachtet werden. In Trümmerschuttböden sind PAK mit bis zu 60 mg kg$^{-1}$ Boden angereichert, möglicherweise auch in Folge von Brandeinwirkungen unter Kriegseinfluss (RENGER et al. 1998). Zum einen finden sie sich in Schlacke und Steinkohleresten oder an Ziegelbruchstücken adsorbiert, zum anderen im Feinerdeanteil, der mit den technogenen Substraten assoziiert ist. Eluate zeigen geringe Löslichkeit der PAK (< 1 %) (SMETTAN et al. 1996). PAK werden an DOM (gelöste organische Substanz) sorbiert und mit dieser im Bodenwasser verlagert. Laborversuche zeigen, dass dies durch eine unterschiedliche Molekülgröße der DOM beeinflusst wird. DOM aus Komposten, Klärschlämmen und Müll weisen hierbei eine hohe Bindungskapazität für hochmolekulare PAK auf (RABER et al. 1996). Da Klärschlämme und Komposte bis zu 80 mg kg$^{-1}$ PAK enthalten können, besteht hier ein ausgeprägtes Mobilitätsrisiko (RENGER1998).

**Beurteilungs- und Grenzwerte**
Zur Bewertung der von Bodenkontaminationen ausgehenden Gefahren für die Umwelt existiert eine Reihe von Beurteilungswerten, die in ihrer fachlichen Herleitung und rechtlichen Bedeutung erheblich variieren können. Hierbei sind unterschiedliche Wirkungspfade (z. B. Boden - Mensch oder Boden - Pflanze) zu berücksichtigen.

Unter fachlichen Gesichtspunkten kann zwischen toxikologisch begründeten Werten, Vorsorgewerten sowie Referenz- oder Hintergrundwerten unterschieden werden.

- Toxikologisch begründete Werte basieren in der Regel auf empirischen Erkenntnissen zu toxischen Wirkungen des jeweiligen Stoffes. Häufig sind sie um einen Toleranzbereich erweitert, damit empirisch bedingte Standardabweichungen berücksichtigt werden können.
- Vorsorgewerte werden niedriger als toxikologisch begründete Werte festgelegt und sollen dazu beitragen die Belastung von Schutzgütern zu vermeiden.
- Referenz- bzw. Hintergrundwerte bilden die überregionale Hintergrundbelastung ab. In der Regel basieren sie auf umfangreichen empirischen Untersuchungen zu den natürlichen Vorkommen der zu betrachtenden Stoffe.

Rechtlich muss zwischen Grenzwerten, die in gesetzlichen Regelwerken festgelegt sind und Richtwerten, die lediglich von Expertengremien ermittelt wurden, welche jedoch keine rechtliche Bindung besitzen, unterschieden werden. Es ist von Vorteil, die Charakteristika der einzelnen Werte möglichst genau zu kennen. Leider stößt dies in der Praxis oftmals auf Schwierigkeiten, wenn die Begründungen von rechtlich verbindlichen Werten nicht in ausreichendem Umfang veröffentlicht werden.

In Deutschland regelt die Bundes-Bodenschutz und Altlastenverordnung von 1999, zuletzt geändert im Jahre 2009, in Anhang 2 die Beurteilung der Schadstoffbelastung von Böden (*BBodSchV*, Anhang 2). Unter Berücksichtigung der Wirkungspfade Boden - Mensch, Boden - Nutzpflanze und Boden - Grundwasser werden für jeweils unterschiedliche Nutzungskonstellationen Vorsorge-, Prüf- und Maßnahmenwerte für umweltrelevante Stoffe rechtsverbindlich festgelegt. Bei einem Unterschreiten der Prüfwerte besteht im Allgemeinen keine gesundheitliche Gefährdung. Bei Prüfwertüberschreitung sind (nicht näher beschriebene) Einzelfallermittlungen durchzuführen, um den Gefahrenverdacht abzuklären. Bei Überschreitungen von Maßnahmewerten, die bislang nur für Dioxine und Furane festgelegt wurden, ist nutzungsabhängig in der Regel von einer Gefährdung auszugehen und es sind Maßnahmen erforderlich. Das Verfahren ist in Abbildung 4.2 für das Schwermetall Blei dargestellt.

**Bodensanierung**

Eine Sanierung kontaminierter Standorte erfolgt über In-Situ-, Onsite- oder Offsite-Verfahren. Zu den In-Situ-Verfahren gehört u. a. die Phytoremediation schwermetallbelasteter Böden und die mikrobielle Behandlung von Bodensubstraten mit erhöhten Gehalten an organischen Schadstoffen (z. B. Mineralöl) (SCHWARTZ et al. 2006). Bei der Phytoremediation werden auf die Aufnahme von Schwermetallen spezialisierte ein- oder mehrjährige Pflanzen angesiedelt, deren abgestorbene Biomasse vom Standort entfernt wird. Im Gegensatz hierzu kann durch Kalkungsmaßnahmen der Gesamtschwermetallgehalt zwar nicht reduziert, aber die Mobilität deutlich eingeschränkt werden. Ein erhöhter Gehalt an abbaubaren Organika kann durch eine gezielte Förderung der mikrobiellen Aktivität im Bodensubstrat reduziert werden. Hierzu wird der Boden belüftet, gezielt Stickstoff zur Verbesserung der Nährstoffsituation zugeführt und gegebenenfalls das Substrat gezielt mit ausgewählten Mikroorganismen, z. B. Weißfäulepilzen, geimpft (KÄSTNER et al. 1993). Zur Reinigung von leichtflüchtigen Kohlenwasserstoffen wird das Verfahren der Bodenluftabsaugung eingesetzt (BOCK et al. 1989). Onsite und offsite-Verfahren setzen den Austausch des belasteten Bodenmaterials voraus. Der Aushub wird dann zur Reinigung entweder am Standort belassen (onsite) oder zu einer ortsfremden Anlage (offsite) transportiert. Die Dekontamination erfolgt durch mikrobiologische, thermische und oder chemische Behandlung des Substrates (Wasser- oder Dampfextraktion u. U. mit Tensid-, Chelat- oder Säurezusatz). Der ursprüngliche Boden wird durch solche Maßnahmen in seiner Struktur zerstört. Das neue Substrat kann im Bereich der entstandenen Abgrabung zur Verfüllung eingesetzt werden, sofern die gesetzlichen Grenzwerte nicht überschritten werden (UBA 2002, BLUME 1992).

### 4.3.4   Land- und Forstwirtschaft

Die landwirtschaftliche Nutzung urbaner Böden beschränkt sich aufgrund der hohen Besiedlungsdichte in der Regel auf die Gemüseproduktion in Nutzgärten. Je nach Alter der Nutzgärten können unterschiedlich tiefgründige und nährstoff-

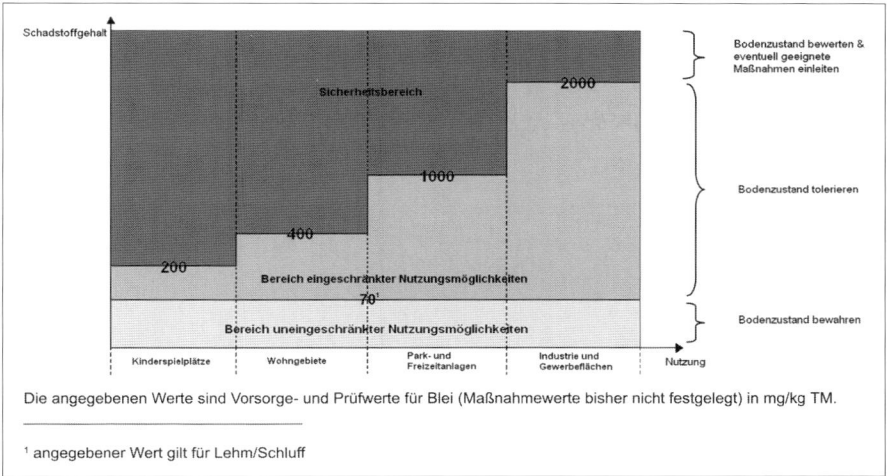

Die angegebenen Werte sind Vorsorge- und Prüfwerte für Blei (Maßnahmewerte bisher nicht festgelegt) in mg/kg TM.

¹ angegebener Wert gilt für Lehm/Schluff

**Abb. 4.2:** Stufenmodell für das Schutzgut Mensch und verschiedene Nutzungen von Böden (eigene Darstellung)

Hintergrundwerte

Häufig in Böden auftretende Metallgehalte

| Metall | | Gesamtgehalte im luftgetrockneten Boden (mg/kg) |
|---|---|---|
| Cd | Cadmium | 0,01 - 0.7 |
| Mn | Mangan | 20 - 3000 |
| Ni | Nickel | 2 - 50 |
| Co | Cobalt | 1 -10 |
| Zn | Zink | 3 - 100 |
| Al | Aluminium | $5000 - 10^5$ |
| Cu | Kupfer | 1 - 40 |
| Pb | Blei | 0,1 - 20 |
| Cr | Chrom | 2 - 50 |
| Hg | Quecksilber | 0,01 – 0,5 |
| Fe | Eisen | $10^3 – 5 \times 10^4$ |

Quelle: DVWK 1988

**Abb. 4.3:** Hintergrund- sowie gesetzlich geregelte Vorsorge-, Prüf- und Maßnahmenwerte in Deutschland (eigene Darstellung)

bzw. humsreiche *Regosole* und *Technosole* angetroffen werden. Die Standorteigenschaften solcher Böden werden in erheblichem Ausmaß durch die Bewirtschaftungsmethoden geprägt. Häufig liegt eine Überversorgung mit Nährstoffen, insbesondere von schwer verlagerbarem Phosphat vor. C/N -Verhältnisse zwischen 5 und 15 sind die Regel und dokumentieren einen hohen Anteil organisch gebundenen Stickstoffs, der witterungsabhängig mineralisiert und als Nitrat ausgewaschen werden kann. pH-Werte > 7 werden häufig auch in sandigen Substraten angetroffen. Die Basensättigung beträgt oft 100 %. Mit dieser deutlichen anthropogenen Bodenverbesserung geht gerade bei älteren Nutzgartenböden (> 40-50 Jahre) eine zunehmende Schadstoffanreicherung einher. Diese ist meist eine Folge der traditionellen Wirtschaftsweise. Rückstände der häufig mit Kohle und Holz betriebenen Hausbrandheizung wurden mit organischen Hausabfällen und/oder kontaminiertem Grünschnitt aus straßennaher Randlage kompostiert und zur Bodenverbesserung in die Böden der Nutzgärten eingebracht. In der Folge wurden mit zunehmender Nutzungsdauer und -intensität Schwermetalle und schlecht abbaubare organische Schadstoffe, die bei Verbrennungsprozessen entstehen (z. B. PAK) in den Böden akkumuliert. Daneben wurden häufig auch Abfallprodukte der Eisenhüttenindustrie (Konverterkalk, Thomasphosphat etc.) zur Bodenverbesserung eingesetzt. Diese Produkte enthalten prozessbedingt hohe Mengen an Schwermetallen (z. B. bis zu 8000 mg kg$^{-1}$ Cr (VIEHAUSEN 2009). Während organische Schadstoffe unter den günstigen Standortbedingungen z. T. mikrobiell wieder abgebaut werden können, reichern sich Schwermetalle kontinuierlich an, da die pH-Werte im Neutralbereich eine weitgehende Immobilisierung der Schwermetalle bewirken. Dies minimiert auch den Schadstofftransfer Boden - Pflanze, sodass eine Beeinträchtigung der Nutzgartenbetreiber über den Nahrungsmittelpfad nur bei außergewöhnlich hohen Schadstoffkonzentrationen zu erwarten ist. Ein Überschreiten der Maßnahmewerte wird in der Regel jedoch nur bei Vorliegen von Altlasten erfolgen. Aufgrund der beschriebenen traditionellen Nutzung sind lediglich Überschreitungen der Vorsorgewerte bekannt (FETZER et al. 1998; KOCH et al. 2002; STEINWEG et al. 2010; MARSCHNER et al. 2010).

Die forstwirtschaftliche Nutzung konzentriert sich häufig – von Haldenrekultivierungen abgesehen – auf anthropogen wenig beeinflusste Böden in den Randbezirken der Städte. Diese Standorte sind oft durch athmogene Schadstoffeinträge belastet. Neben ubiquitären Säureeinträgen können vor allem im Umfeld von z. T. bereits seit Jahrhunderten betriebenen Verhüttungsstandorten erhöhte Schwermetallgehalte in den Oberböden beobachtet werden (KUBINIOK et al. 1998). Waldböden in Mitteleuropa tendieren zur Versauerung, da karbonatreiche Ausgangssubstrate vorrangig landwirtschaftlich genutzt werden und die Puffereigenschaften nährstoffarmer Waldstandorte nicht ausreichen, um die säurehaltigen Niederschläge der letzten Jahrzehnte zu kompensieren. In der Folge können die pH-Werte der Waldböden innerhalb einer Dekade um mehr als eine Einheit sinken und das Risiko einer Mobilisierung von Schwermetallen insbesondere in stadtnahen Lagen steigt. Dies hat Auswirkungen auf die Lebensraum-, Nutzungs- und Regelungsfunktionen dieser Böden. Die nachhaltige Nutzung von Biomasse aus Stadtwäldern zur regenerativen Energienutzung ist hierdurch ebenfalls gefährdet, da ein Holzeinschlag, der sich lediglich an der nachwachsenden Holzmenge orientiert und den Nährstoffhaushalt der Waldböden außer Acht lässt, einer weiteren Bodenversauerung Vorschub leistet (GERBER et al. 2001, 2004).

### 4.3.5 Naherholung und Lebensraum für Tiere und Pflanzen

Urbane Böden werden durch die Flächennutzung mit Parkanlagen, Hausgärten, Straßengrünstreifen, Friedhöfen und städtischen Forsten in vielfältiger Weise als Lebensraum für Tiere und Pflanzen sowie zu Naherholungszwecken genutzt. Urbane Auftragsböden weisen häufig – u. a. in Folge des Gehaltes an Bauschutt – gegenüber naturbelassenen Böden einen erhöhten Nährstoffgehalt, insbesondere Kalzium und Magnesium, aber auch Stickstoff und Phosphate auf. Aufgrund des hohen Skelettgehaltes weisen solche Standorte oft eine geringe Kationenaustauschkapazität auf. Bei gleichzeitiger Verdichtung wird auch die Durchwurzelbarkeit eingeschränkt oder im Falle eines geringmächtigen Auftragsbodens auf wenige Dezimeter im Oberbodenbereich reduziert. Der hohe Skelettanteil verringert die nutzbare Feldkapazität, sodass Nährstoffe vermehrt ausgewaschen werden können (HILLER 1996). Ein geringer Besatz mit Regenwürmern (10 - 20 Individuen m$^{-2}$) bestätigt die schlechten Standortbedingungen solch junger *Technosole*. Bodenverdichtungen mit einer Lagerungsdichte > 1,7 g cm$^{-3}$ und Schwermetallgehalte, welche die Hintergrundbelastung um das 10-100fache übersteigen, verstärken diesen Effekt und führen zu deutlich verringerten Artenzahlen der Mikroben und einer deutlich verringerten Besiedlungsdichte mit Mikroorganismen (WILKE et al. 2009). Hier sind Ameisen, Collembolen und Enchytraen besonders häufig (SCHULTE et al. 1989). Diese negativen Auswirkungen werden in älteren Parkanlagen, Hausgärten und Friedhöfen (> ca. 100 Jahre) durch eine ausgeprägte Humusneubildung und -akkumulation abgemildert (FETZER et al. 1998; HELMES 2004). Ältere vegetationsbestandene Standorte weisen auch ein deutlich aktiveres Bodenleben als junge Aufschüttungen auf. Solche sterilen Substrate erreichen erst nach ca. 20 Jahren ein mit Ackerböden vergleichbares mikrobielles Spektrum und Besiedlungsdichte. Dies gilt nicht nur für Pilze und Actinomyceten, sondern auch für Bakterien. Durch Nährstoffzufuhr und die Ansiedlung von Gräsern kann dieser Prozess beschleunigt werden. So wurden auf Ackerstandorten 41*10$^5$ Bakterien pro Gramm Boden, nach 18jähriger Rekultivierung 50*10$^5$ Bakterien pro Gramm Boden beobachtet (MACHULLA 1996). Eine Verbesserung der Standorteigenschaften urbaner Böden mit zunehmender Dauer der Vegetationsbesiedlung belegt neben dem erhöhten Humusgehalt auch eine Zunahme der Regenwurmdichte, die mit mehr als 400 Individuen m$^{-2}$ höher als auf Ackerböden sein kann. Ursache ist ein erhöhtes Nahrungsangebot durch Streumaterial. Dies wird durch regelmäßiges Mähen der Rasenflächen begünstigt. Auch Laufkäfer und Spinnen sind auf solchen Standorten häufig anzutreffen, während Asseln,

Chilopoden und Diplopoden auf eine Streuauflage angewiesen sind und daher auf Bodenverdichtung empfindlich reagieren (SCHULTE et al. 1989). Die im Bodenleben dokumentierten Bodeneigenschaften zeigen sich auch in der Bewertung der Standorteignung für die Vegetation. Aufgrund umfangreicher Untersuchungen im Ruhrgebiet, basierend auf den Parametern Durchwurzelbarkeit, Textur, Struktur, pH-Wert, Nährstoffgehalt, Humusgehalt, potenzielle Kationenaustauschkapazität und Schwermetallgehalte, schlagen HILLER & BURGHARDT (1997) eine fünfstufige Klassifizierung der Eignung von urbanen Böden als Pflanzenstandort vor:

- Klasse I ist uneingeschränkt geeignet, allerdings selten anzutreffen. Hier werden z. B. mächtige Auftragsböden mit unbelastetem Oberbodenmaterial eingeordnet.
- Auch Klasse II ist weitgehend uneingeschränkt geeignet. Die Böden dieser Klasse unterscheiden sich von Klasse I durch einen geringeren Nährstoffgehalt und höhere, allerdings immobile Schwermetallgehalte. Hier werden z. B. aufgeschüttete Grünflächenstandorte in Wohnsiedlungen eingeordnet.
- Die Substrate der Klasse III weisen bedingt durch einen hohen Skelettanteil oder einen geringmächtigen Auftragsboden über skelettreichen Substraten eine geringe nutzbare Feldkapazität auf. pH-Werte zwischen 5 und 7 bewirken eine Teilmobilität von Schwermetallen. Solche Standorte sind lediglich für eine trockenstresstolerante Begrünung geeignet. Hier werden z. B. Böden auf alten stillgelegten Gleisanlagen eingeordnet.
- Klasse IV ist primär für Pioniergesellschaften geeignet. Das Wasserspeichervermögen ist aufgrund eines erhöhten Skelettgehaltes deutlich reduziert. Die erhöhten Schwermetallgehalte sind bei pH-Werten zwischen 5 und 7 teilweise mobil. Hier werden z. B. Berge- und Schlackehaldenstandorte sowie jüngere nach 1970 aufgelassene Gleisanlagen mit wenig Feinmaterial eingeordnet.
- Klasse V weist sehr starke Standortrestriktionen auch für Pioniergesellschaften auf. Hier können hauptsächlich Moose und Flechten beobachtet werden. Die z. T. verdichteten skelettreichen Böden bzw. nur aus Grobmaterial bestehenden Substrate weisen einen extrem ungünstigen Wasserhaushalt auf. Die pH-Werte liegen über 9 oder unter 5 wodurch eine Mobilität der hohen Schwermetallgehalte begünstigt wird. In diese Gruppe können z. B. ehemalige Wegflächen, Kokereistandorte oder junge Gleisanlagen eingruppiert werden.

### 4.3.6 Archivfunktion

Urbane Böden bauen sich häufig aus Aufschüttungen auf oder sind zumindest deutlich anthropogen überprägt. In ihrem morphologischen Aufbau und Stoffhaushalt spiegelt sich häufig die Nutzungs- und Besiedlungsgeschichte einer Siedlung wider. Die technogenen Substrate und Schadstoffgehalte erlauben z. T. detaillierte Rückschlüsse auf historische Vorgänge und Lebensweisen. Gleichzeitig können sie zu Datierungszwecken genutzt werden. Solche geochemischen Signaturen sind in urbanen Böden weit verbreitet. Teilweise können unterschiedliche historische Abschnitte, dokumentiert durch Artefakte und Geochemie, in einem wenige Dezimeter mächtigen Profil nebeneinander beobachtet werden. Seltener dagegen sind mehrere Meter mächtige Ablagerungen aus Kulturschutt, die eine chronologische Betrachtung der Besiedlungsgeschichte und Lebensweisen ermöglichen. Beeindruckende Beispiele hierzu finden sich in seit der Römerzeit bewohnten Städten. BRUNOTTE et al. (1994) beschreiben ein ca. 7 m mächtiges Profil am Heumarkt in Köln, das die Stadtgeschichte seit der römischen Kaiserzeit aufzeigt. Schwermetallanreicherungen können sowohl in der Neuzeit als auch im Mittelalter verzeichnet werden, wobei eine mittelalterliche Marktphase zwischen dem 9. und 13. Jahrhundert neben erhöhten Schwermetallgehalten eine erhebliche Phosphatanreicherung aufweist. Dies kann auf den Umstand zurückgeführt werden, dass zu dieser Zeit Abfälle und Abwässer über die Kölner Straßen durch den Regen entsorgt wurden. Erst im 14. Jahrhundert wurde durch den Kölner Rat das Ausschütten von Abfällen direkt in die Gassen verboten. Ein weiteres Beispiel wird für Duisburg beschrieben (GERLACH et al. 1993; RADTKE et al. 1997). Ein ca. 5 m mächtiges Profil in Duisburg erlaubt die Rekonstruktion der Stadtgeschichte seit dem Jahr 880. Eine Wechsellagerung von Straßenpflasterungen und Aufschüttungen mit Auelehm, z. T. mit Abfällen vermischt, belegt die wechselvolle mittelalterliche Stadtgeschichte. Für die Neuzeit sind mehrere Zerstörungsschichten nachgewiesen, die durch erhöhte Schwermetallgehalte (Pb, Zn, Cr, Cu, Ni, As und Cd) charakterisiert sind. Aber auch die Sedimente eines mittelalterlichen Abwassergrabens weisen erhöhte Schwermetallgehalte auf. Die Arsen- und Nickelanreicherungen in den mittelalterlichen Sedimenten stehen in Zusammenhang mit der Kupferverarbeitung. Kupfer selbst gibt einen Hinweis auf Glockengießer, Kupferstecher, Kupferschmiede und Messingverarbeitung. Bleiakkumulationen geben Hinweise auf Buchdrucker, Flaschner, Glaser und Glockengießer (GERLACH 1990). Gemäß §2 des Bundes-Bodenschutzgesetzes können Böden aufgrund der Archivfunktion für die Kulturgeschichte als schützenswert eingestuft werden. In welchem Umfang dies für die Vielzahl der bekannten Objekte erfolgt, wird die Praxis zeigen.

## 4.4   Stadtbodenkartierung

Die räumliche Erfassung der Bodenverbreitung erfolgt traditioneller Weise mithilfe von Bodenkarten. Moderne Systeme basieren auf GIS-gestützten Bodeninformationssystemen. Durch digitale Verschneidung unterschiedlicher räumlicher Informationen (Stadtbiotoptypenkarte, Zeitpunkt der ersten Überbauung, Kriegsereignisse, Geologie, Kataster kontaminationsverdächtiger Standorte) können homogene räumliche Einheiten zur Vorbereitung einer Erfassung der Stadtbödenverbreitung und Charakteristika erstellt werden. Die systematische räumliche Erfassung der Stadtböden basiert im Wesentlichen auf einer mehrstufigen räumlichen Analyse einer chronologischen (Land)Nutzungsentwicklung des zu

## Ausschnitt aus der Konzeptbodenkarte für Alt-Saarbrücken

Grundlagen der Auswertung:
Stadtbiotoptypenkarte, LfU, 1997
TK 25 6707, LKVK, Ausgabe 1908,1939,1965,1985,1994
TK 25 6708, LKVK, Ausgabe 1908,1940,1961,1984,1995
Karte der Dokumentation der Kriegsereignisse 1939-45, MdI, 1985
Geologische Karte (GK 100), MfU, 1997
DGM, LKVK, 1999

Hintergrundkarte:
DGK 5 7054, LKVK, 1987
Quelle: verändert nach Helmes 2004

bearbeitenden Gebietes. Im einfachsten Fall besteht die Vornutzung der momentanen Bebauung aus einer land- oder forstwirtschaftlichen Nutzung. In diesen Fällen kann außerhalb der bebauten Flächen der nur wenig veränderte *Anthroposol* vorliegen. Es muss jedoch mit Versiegelungen, Abgrabungen und/oder Bodenaustausch/Verfüllungen im Bereich von Versorgungsleitungen gerechnet werden. Auch Bodenverdichtungen im Zuge der Bebauung eines betrachteten Areals sind häufig nicht auszuschließen. Hinzu kommen Kontaminationen mit unterschiedlichen Schadstoffen und Eintragspfaden je nach aktueller Nutzung.

In den meisten Fällen liegt jedoch eine polygenetische Nutzung vor, die unter Umständen bis in die Antike zurückreicht. Je weiter diese urbane Nutzung zurückliegt, desto schwieriger ist eine Vorhersage der Bodenbeschaffenheit in einem bestimmten Areal.

**Abb. 4.4**: Beispiel einer Bodenkonzeptkarte (eigene Darstellung)

Für Bodenübersichtskarten wird häufig ein Maßstab 1 : 50.000 gewählt. Dargestellt werden Bodengesellschaften in Abhängigkeit von der Nutzungsgeschichte, z. B. „Siedlungsflächen" oder „Industrieanlagen". Jede dieser urbanen Bodenlandschaften wird durch ein detailliertes Querprofil mit charakteristischen Leitprofilen beschrieben (GRENZIUS et al. 1983). Inzwischen liegen von vielen Mittel- und Großstädten Stadtbodenkarten vor. Diese decken jedoch häufig nicht das gesamte Stadtgebiet ab, sondern nur ausgewählte Detailausschnitte, meist im Maßstab 1 : 5.000 oder 1 : 25.000. Ursache ist in der Regel der hohe – mit erheblichen finanziellen Unkosten verbundene – Arbeitsaufwand, sodass nur Inselkarten mit Pilotcharakter vorliegen. Größere Forschungsprojekte am Beispiel von Hamburg oder Hannover zeigen, dass nutzungsbedingt die Diversität der Böden von der Peripherie der Ballungsräume zum Kern hin abnimmt, während die räumliche Variabilität zunimmt (SCHEMSCHAT 1996). In der Regel kommt ein mindestens zweistufiges Verfahren zum Einsatz (SOBOCKA 2010). Hierbei werden urbane Peda zu urbanen Pedotopen aggregiert. Ein Pedon (homogene Bodeneinheit) wird mithilfe eines Leitprofils morphologisch und bodenmineralogisch/chemisch charakterisiert. Ein urbanes Pedotop setzt sich aus mehreren unterschiedlichen Peda zusammen, die je nach Nutzungsgeschichte des Pedotops in unterschiedlichem Ausmaß räumlich differenziert sind. Eine Zwischenstufe stellen Polypeda dar; eine Gruppe benachbarter Peda welche sich nur wenig unterscheiden. Trotz des hochauflösenden Maßstabes weisen diese Karten aufgrund der differenzierten, z. T. parzellenabhängigen Nutzungsgeschichte erhebliche räumliche Unsicherheiten auf. So können selbst auf einer Besitzparzelle mit weniger als 1.000 m² humsreiche *Regosols* neben kontaminierten skelettreichen *Technosols* anstehen. Im Gegensatz zu klassischen Bodeninformationssystemen des ländlichen Raumes muss bei Stadtbodeninformationssystemen trotz hoher räumlicher Auflösung mit einem erheblichen Unsicherheitspotenzial gerechnet werden, sodass letztendlich empirische Geländeuntersuchungen vor Ort endgültige Klarheit über die Bodenbeschaffenheit in einem bestimmten Gebiet geben müssen.

# 5.   Urbaner Wasserhaushalt

Das Ökosystem Stadt unterscheidet sich deutlich vom Ökosystem Land und zeigt sehr gut, wie tiefgreifend der Mensch den natürlichen Wasserkreislauf durch seine Einflussnahme verändern kann. Das Ausmaß richtet sich im Wesentlichen nach dem Grad der Urbanisierung und inwieweit ökologische (z. B. Kläranlagen) sowie hydrologische (z. B. Regenwasserbewirtschaftung) Schutzmaßnahmen ergriffen wurden.

Ein erstes wichtiges Kennzeichen des urbanen Wasserhaushaltes ist, dass die meisten Städte viel mehr Wasser verbrauchen, als in ihrem eigenen Stadtgebiet verfügbar gemacht werden kann. Die Städte beziehen ihr Trinkwasser daher zum größten Teil aus anderen oft auch weit entfernten Regionen. Die Abbildung 5.1 zeigt, welche bedeutenden Trinkwasservolumina aus den umliegenden Regionen in das Emscher Einzugsgebiet, das im nördlichen Teil des Ballungsraumes „Ruhrgebiet" liegt, transportiert werden. Für das südliche Ruhrgebiet („Ruhrverbandsgebiet"; Abb. 5.1) wird das Trinkwasser zwar aus dem Uferfiltrat der Ruhr gewonnen, also sehr ortsnah, aber hierfür bedarf es eines konstanten Wasserstandes im Fluss. Um diesen zu gewährleisten, werden im Einzugsgebiet der Ruhr zahlreiche Talsperren betrieben, mit deren Hilfe die Wasserführung der Ruhr reguliert werden kann.

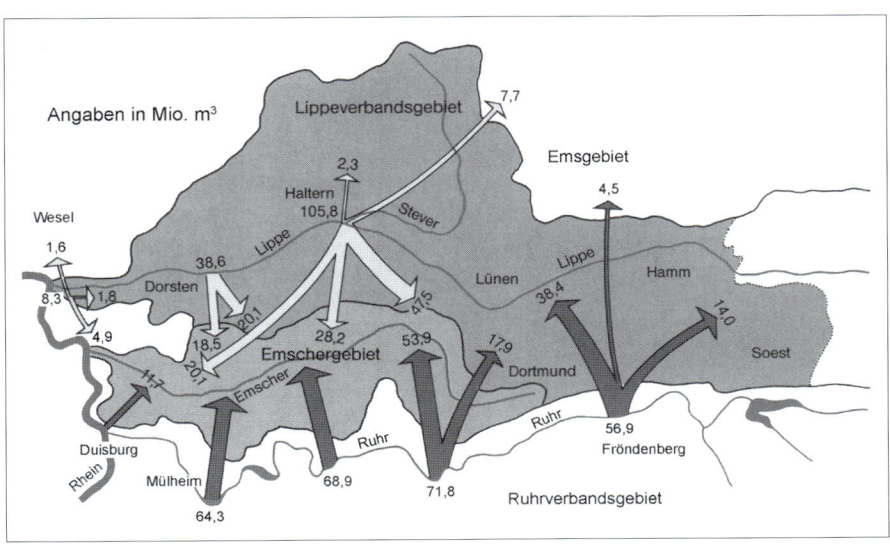

**Abb. 5.1:** Import von Trinkwasser in das Einzugsgebiet der Emscher (EMSCHERGENOSSEN-SCHAFT EG 1989; verändert)

Die Stadt Wien bezieht nahezu 100 % des jährlichen Wasserverbrauches aus den Hochquellgebieten der niederösterreichisch-steirischen Kalkhochalpen (Abb. 5.2), die bis zu 200 km von Wien entfernt sind. Nur für einige Stadtteile oder bei hohem Wasserverbrauch wird zusätzlich Grundwasser aus dem näheren Stadtgebiet in die Trinkwasserversorgung eingeleitet. Für die Versorgung der Stadt Wien mit Trinkwasser aus den Hochquellregionen wurden 1873 und 1910 die I. bzw. II. Hochquellleitung fertiggestellt, mit denen täglich bis zu 437.000 m³ Trinkwasser nach Wien transportiert werden können. Die Streckenlängen vom Quellgebiet bis nach Wien betragen bei der I. Hochquellleitung etwa 95 km, bei der II. etwa 183 km. Die Besonderheit dieser Leitungen besteht darin, dass das Trinkwasser allein aufgrund des natürlichen Gefälles von den Quellgebieten bis in die Stadt Wien fließen kann und somit keine Pumpwerke notwendig sind.

Ein weiteres wichtiges Kennzeichen des städtischen Wasserkreislaufes sind die veränderten hydrologischen Prozesse. Wie bei einem Vergleich zwischen „natürlichem" und urbanem Wasserkreislauf gut zu erkennen ist, treten im urbanen Kreislauf eine Vielzahl von Prozesskomponenten hinzu, die insbesondere die Versickerung des Niederschlages be- bzw. verhindern (Abb. 5.3 und 5.4).

Hervorzuheben ist dabei das gegenüber dem ländlichen Umland erhöhte Niederschlagsangebot. Die urbanen Niederschlagsverhältnisse sind eng mit den städtischen Temperatur- und Windverhältnissen sowie dem Aerosolgehalt der Luft verbunden. Die lokale Überwärmung führt zu starken vertikalen Luftbewegungen, warme, mit vielen Kondensationskernen angereicherte Luftmassen steigen auf und führen vielfach zu heftigen Konvektions- und Starkregen. Im Vergleich zum Umland hat dies eine veränderte Niederschlagsstruktur sowie eine Niederschlagserhöhung zur Folge (SIEKER 1998). Jedoch bleibt die Niederschlagserhöhung durch den urbanen Raum ein noch nicht zur Gänze geklärtes Problem, da Stadtgebiete durchaus zu einer Niederschlagsminderung beitragen können (s. dazu Kap. 3.6.1.3).

Dieser Niederschlag trifft auf einen erhöhten Anteil an versiegelter Fläche und fließt in der Regel auf dem schnellsten Wege über Kanäle entweder der nächsten Kläranlage oder bei einer getrennten Kanalisation dem nächsten Vorfluter, sprich dem nächsten urbanen Gerinne (Bach, Fluss), zu (GILBERT 1994; GANTNER 2002). Zudem können die Versiegelungsmaterialien kurzfristig das Regenwasser nicht sehr gut speichern, weshalb die Verdunstung wesentlich vermindert wird (GLUGLA & KRAHE 1995). Für versiegelte Flächen ist selbst an Sommertagen nur mit einer Verdunstungshöhe von 0,5 mm bis 1 mm pro Tag zu rechnen (MUNLV 2000). Somit wird dem natürlichen Kreislauf ein hoher Anteil des Niederschlagswassers entzogen und steht weder einer weiteren Versickerung in den Boden noch der Verdunstung zur Verfügung.

Der hohe Versiegelungsgrad und die rasche kanalisierte Ableitung des Niederschlagswassers führen dazu, dass in urbanen Ballungszentren ein permanenter Wasserentzug zu verzeichnen ist und somit, trotz des erhöhten Niederschlag-

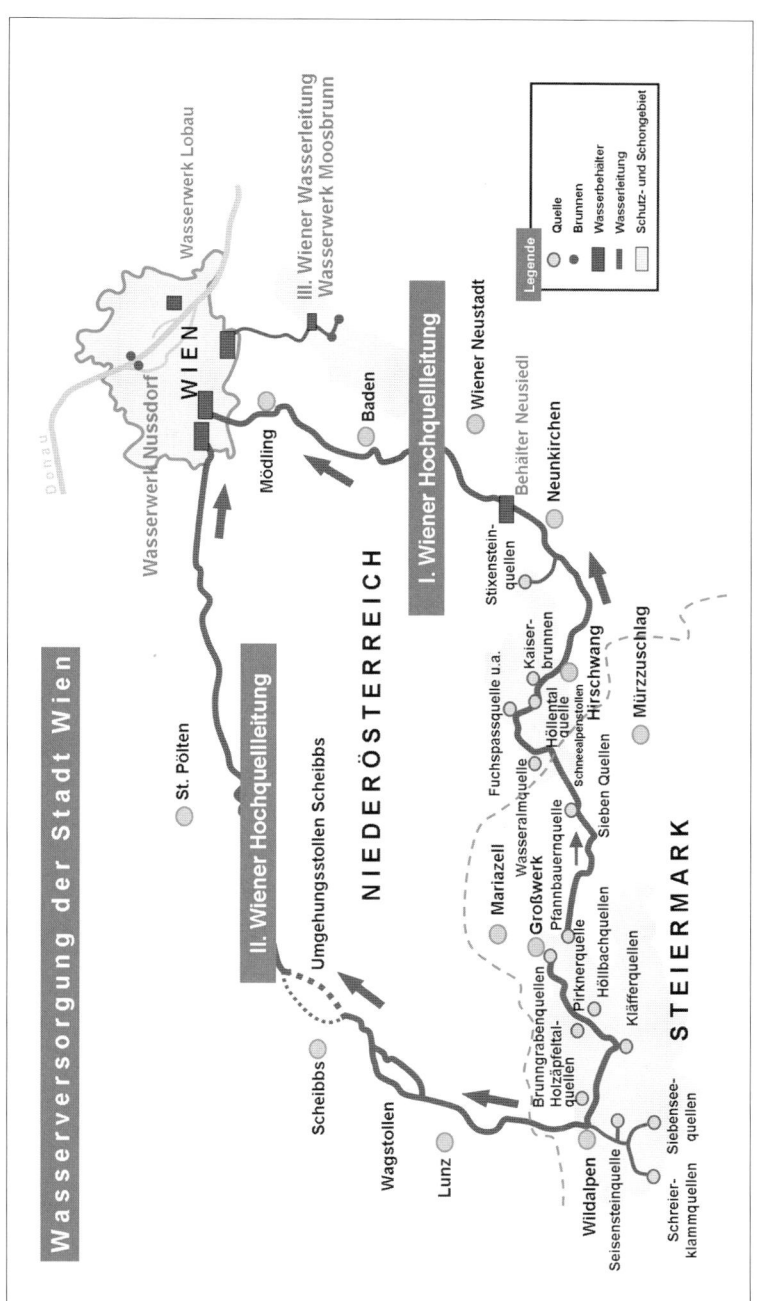

**Abb. 5.2:** Angeschlossene Hochquellgebiete für die Trinkwasserversorgung Wien (WIENER WASSERWERKE 2010; verändert)

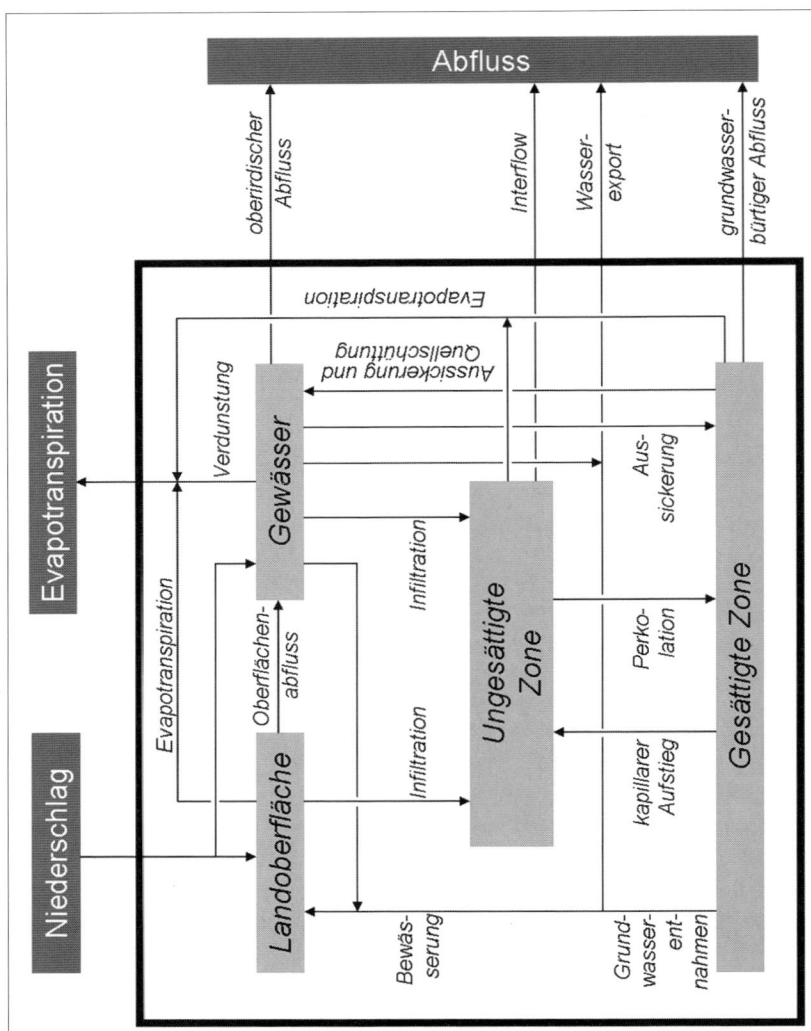

**Abb. 5.3:** Wasserhaushaltskomponenten, -speicher und -prozesse in einem wenig bebauten Einzugsgebiet (WEBER 1991; verändert)

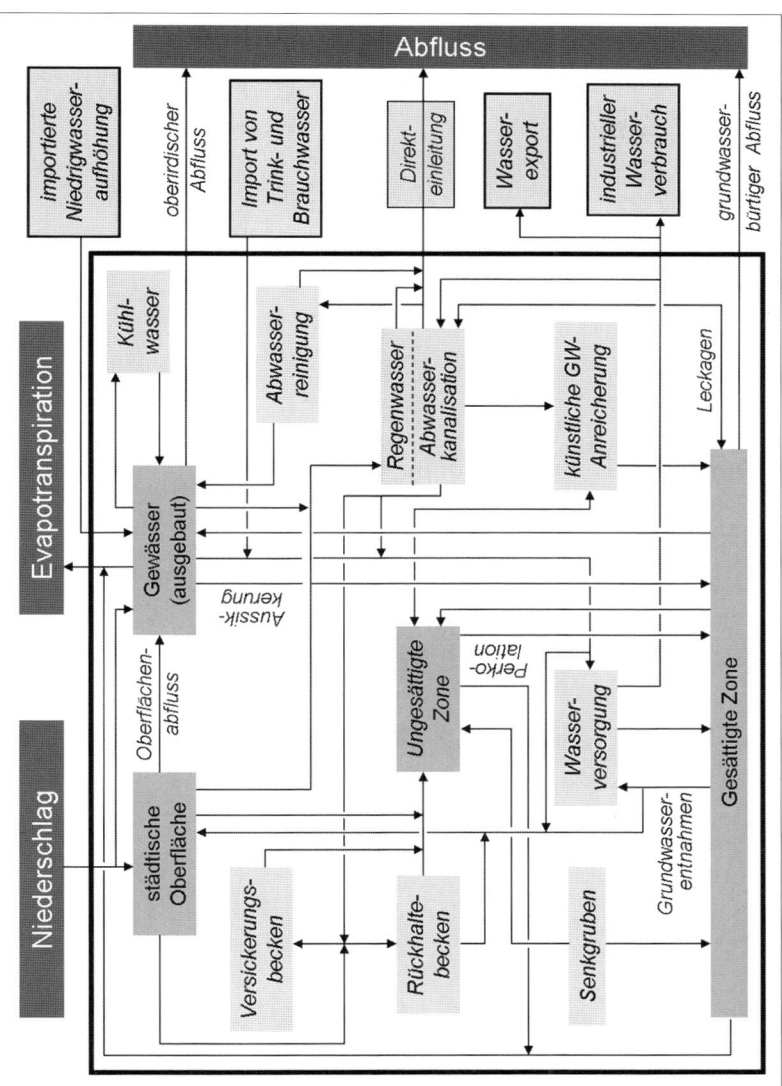

**Abb. 5.4:** Wasserhaushaltskomponenten, -speicher und -prozesse in einem urbanen Einzugsgebiet (WEBER 1991; verändert)

sangebotes, der Grundwasserstand in vielen Städten stetig absinkt. Ein geringer Anteil an Grünflächen sowie der hohe Grad an verdichteten Bodenoberflächen, durch die die natürliche Versickerung reduziert wird, verstärken dieses Phänomen. Die räumliche Verteilung der Grundwasserstände im Stadtgebiet Düsseldorf zeigt sehr gut, dass im stark verdichteten Stadtzentrum deutlich niedrigere Wasserstände vorliegen als in den locker besiedelten Randbreichen (Abb. 5.5).

Auf welche weiteren Prozesse und Parameter die Urbanisierung im Wasserkreislauf einwirkt, wird sehr gut in der Abbildung 5.6 ersichtlich. So wird durch die höhere Versiegelung und Verdichtung der Böden nicht nur der Grundwasserhaushalt beeinflusst, sondern es verändert sich auch die Abflusscharakteristik städtischer Flüsse. Einerseits führen die sinkenden Grundwasserstände zu einer geringen Niedrigwasserführung, andererseits kommt es bei Niederschlagsereignissen durch die rasche Zuführung des Oberflächenwassers in die städtischen Flüsse zu einem viel schnelleren Anstieg des Abflussvolumens. Die Flüsse in urbanen Ökosystemen sind somit regelmäßig starken Schwankungen zwischen Hochwasser und Niedrigwasser ausgesetzt, was wiederum Auswirkungen auf das fluviale Ökosystem hat.

Neben dieser quantitativen Beeinflussung des Wasserkreislaufes durch die Urbanisierung ist die qualitative Veränderung des städtischen Wasserhaushaltes ein weiteres bedeutendes Problem. Durch verschiedenste Aktivitäten (z. B. Verkehr, Industrie, Feinstaub, erhöhter Einsatz von Düngemittel in Grünanlagen) werden die Städte mit Schadstoffen belastet, die vor allem mit dem Niederschlag in das Grundwasser gelangen. Wird das Niederschlagswasser zusammen mit den Abwässern zu den Kläranlagen transportiert (Mischsystem), kommt es dort bei Starkregenereignissen zur Überlastung und nachfolgend zur Erhöhung der Schadstofffrachten im Kläranlagenablauf sowie oftmals zu Schmutzfrachteinleitungen aus der Entlastungstätigkeit der Überlaufbauwerke in die Gewässer (GANTNER 2002). Erfolgt die Niederschlagsableitung getrennt vom Abwasser (Trennsystem), gelangen die z. B. von Straßen abgewaschenen Schadstoffe direkt in die städtischen Gewässer, da meist keine ausreichende Reinigung dieses Oberflächenwassers erfolgt.

Aus diesem Überblick zum urbanen Wasserhaushalt kristallisieren sich im Wesentlichen drei Problemfelder heraus, die in den nächsten Kapiteln eingehend behandelt werden:
1) Die Zunahme des Oberflächenabflusses (Hochwasserproblem)
2) Die Abnahme der Grundwasserneubildung (Vorratsproblem)
3) Die Verschlechterung der Regen- und Grundwasserqualität (Kontaminationsproblem)

Während es sich bei den ersten beiden Problemen um quantitative Komponenten des urbanen Wasserhaushaltes handelt, beschreibt der dritte Punkt ein qualitatives

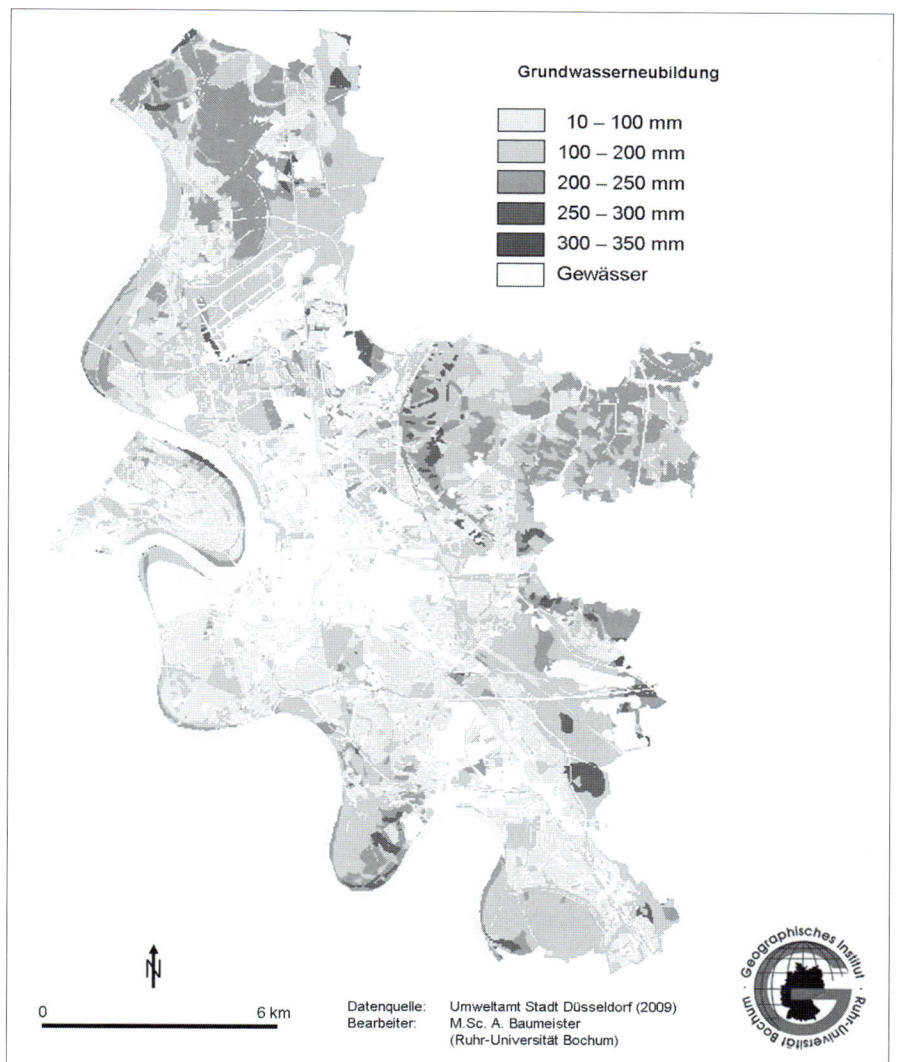

**Abb. 5.5:** Räumliche Verteilung der Grundwasserneubildung im Stadtgebiet von Düsseldorf. Berechnung nach RENGER & STREBEL (1980) für die Dekade 1991 bis 2000 (ZEPP & BAUMEISTER 2010; verändert).

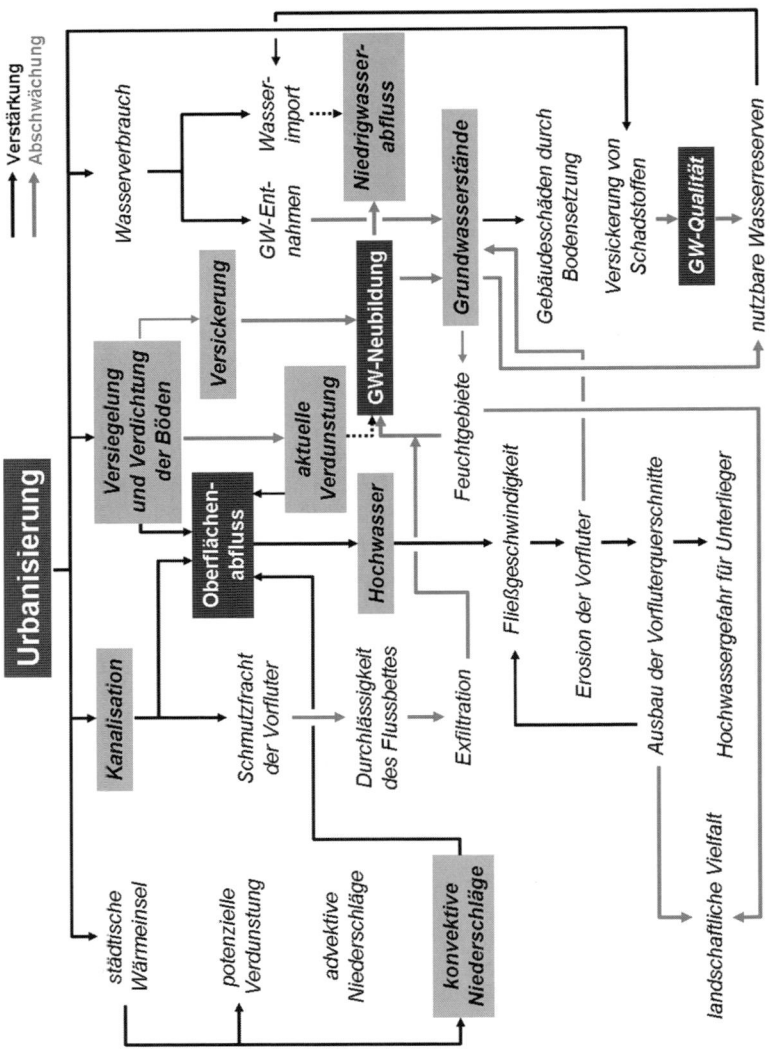

**Abb. 5.6:** Auswirkungen der Urbanisierung auf den Wasserkreislauf (WEBER 1991; verändert)

Problem. Dies zeigt, dass die nachhaltige Behandlung von Problemen des städtischen Wasserhaushaltes eine interdisziplinäre Betrachtungsweise erfordert und somit verschiedene Fachdisziplinen wie Hydrologie, Ökologie oder Biologie angesprochen sind.

## 5.1 Veränderung der Abflussbildung in urbanen Gebieten

Aufgrund der Bodenverdichtung und der zunehmenden Flächenversiegelung nehmen die Verdunstung, die oberflächennahe sowie die tiefgründige Versickerung in urbanen Gebieten gegenüber dem ländlichen Raum ab. Dadurch erhöht sich der Abfluss, insbesondere der Oberflächenabfluss, während sich die Grundwasserneubildung verringert (Abb. 5.7).

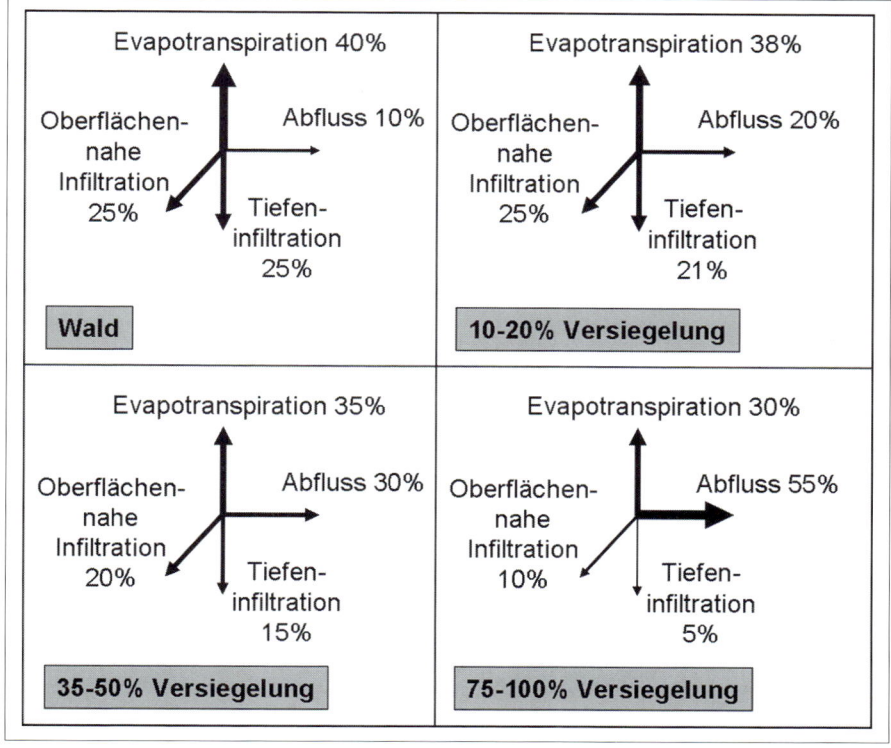

**Abb. 5.7:** Veränderungen der Wasserhaushaltskomponenten mit dem Versiegelungsgrad (PAUL & MEYER 2008; verändert)

### 5.1.1 Versiegelung von Flächen

Die Versiegelung beschreibt die Umwandlung ehemals für Wasser durchlässiger Oberflächen in undurchlässige Flächen (WEBER 1991). Wird ein Boden vollständig versiegelt, wie z. B. bei einer befestigten Straße, so kann kein Niederschlag mehr in den Untergrund versickern, der Versickerungsanteil am Niederschlag beträgt 0 % (Tab. 5.1). Je aufgelockerter der Oberflächenbelag ist, desto höher wird der Versickerungsanteil und desto stärker kann der Oberflächenabfluss reduziert werden.

**Tab. 5.1:** Versickerungsanteile am Niederschlag für verschiedene Belegarten (SIEGERT 1984; KOWALEWSKI et al. 1984; BMRBS 1988; BOCK et al. 1990; verändert)

| Belegart | Versickerungsanteil am Niederschlag [%] | |
|---|---|---|
| | Literaturangaben | Durchschnitt |
| Freifläche | 51 | 45 |
| Rasenfläche | 42 | |
| wassergebundene Decken (gering verdichtet) | 60 – 77 | 60 |
| Rasengittersteine | 60 | |
| Mosaik- bzw. Kleinpflaster (neu) | 55 | 50 |
| Mosaik- bzw. Kleinpflaster (alt) | 20 – 48 | |
| Betonverbundpflaster (neu) | 60 – 90 | |
| Betonverbundpflaster (alt) | 10 – 22 | |
| Kunststeinplatten | 16 | 15 |
| wassergebundene Decken (hoch verdichtet) | 10 – 30 | |
| Asphalt, Beton | 0 | 0 |

Bei der Betrachtung ganzer Städte kann die Versickerungsrate nicht mehr parzellenscharf berechnet werden, daher wird ein Versiegelungsgrad ermittelt, der eng mit dem Bebauungsgrad gekoppelt ist (Abb. 5.8). Der Zusammenhang ist zwar linear, aber die beiden Variablen steigen nicht im gleichen Maße an, da die Versiegelung auch vom Bebauungstyp abhängig ist. Die Tabelle 5.2 gibt einen Überblick zu verschiedenen Versiegelungsgraden in Abhängigkeit des Bebauungstyps im Ruhrgebiet und in anderen Ballungsräumen an. Ein Gebiet mit dem Bebauungstyp „Einzelhausbebauung" weist z. B. im Ruhrgebiet einen versiegelten Flächenanteil von 20 % bis 40 % auf, während der im Durchschnitt anderer Ballungsräume durchaus höher oder niedriger liegen kann.

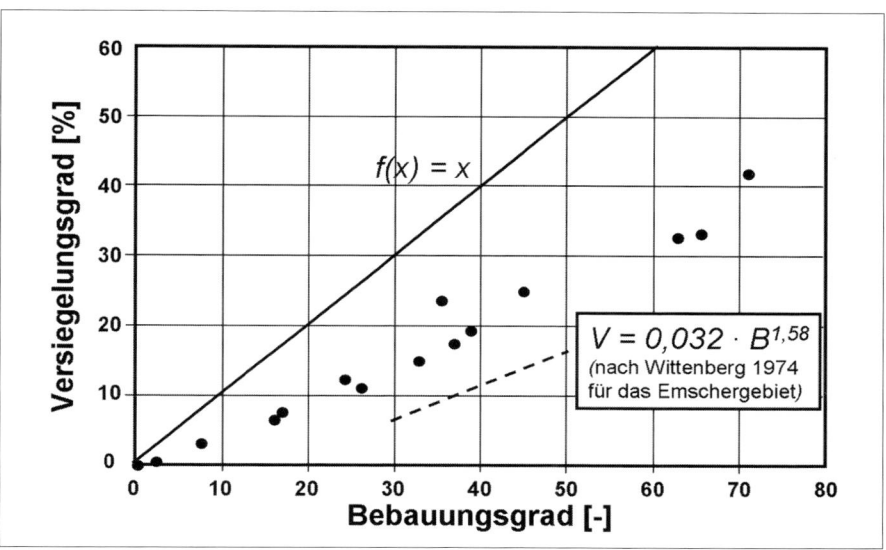

**Abb. 5.8:** Beziehung zwischen Bebauungs (B) - und Versiegelungsgrad (V) für Flächen in Bochum und Castrop-Rauxel (MESSER 1997; verändert)

**Tab. 5.2:** Versiegelungsgrade in Abhängigkeit vom Bebauungstyp in % (MESSER 1997; verändert)

| Bebauungstyp | Ruhrgebiet | übrige Ballungsräume |
|---|---|---|
| Parks, Friedhöfe, Kleingärten | 5 – 20 | keine Angabe |
| Einzelhausbebauung | 20 – 40 | 15 – 50 |
| Reihen- und Doppelhausbebauung | 30 – 55 | 25 – 70 |
| Zeilenhausbebauung | 40 – 65 | 40 – 75 |
| Blockrandbebauung | 50 – 75 | 40 – 90 |
| Blockbebauung | 75 – 95 | 60 – 100 |
| Stadtkern, dichtes Wohngebiet | 75 – 98 | 75 – 100 |
| Hochhausbebauung | keine Angabe | 40 – 100 |
| Gewerbe und Industrie – dicht | 60 – 90 | 85 – 100 |
| Gewerbe und Industrie – locker | 30 – 60 | 20 – 85 |

### 5.1.2   Auswirkungen des hohen Versiegelungsgrades auf Abflussereignisse

Die Informationen zum Bebauungsgrad und weitergehend zur Versiegelung sind eine sehr wichtige Grundlage für die Berechnung des Oberflächenabflusses und Bemessung des Kanalnetzes. So ist es erforderlich in einem Gebiet mit einem hohen Versiegelungsgrad, das einen hohen Anteil an Oberflächenabfluss generiert, ein Kanalnetz mit einem größeren Fassungsvermögen zu errichten als in einem Stadtteil in dem vor allem Grünanlagen enthalten sind.

Der Anteil des Oberflächenabflusses einer Fläche wird in der Hydrologie mit dem Abflussbeiwert beschrieben. Letzterer ist definiert als der Quotient aus dem Anteil des Direktabflusses und der Niederschlagshöhe eines Ereignisses (BAUM-GARTNER & LIEBSCHER 1996). Dabei umfasst der Direktabfluss im Wesentlichen den Oberflächenabfluss aus einem Gebiet. Abbildung 5.9 zeigt schematisch die

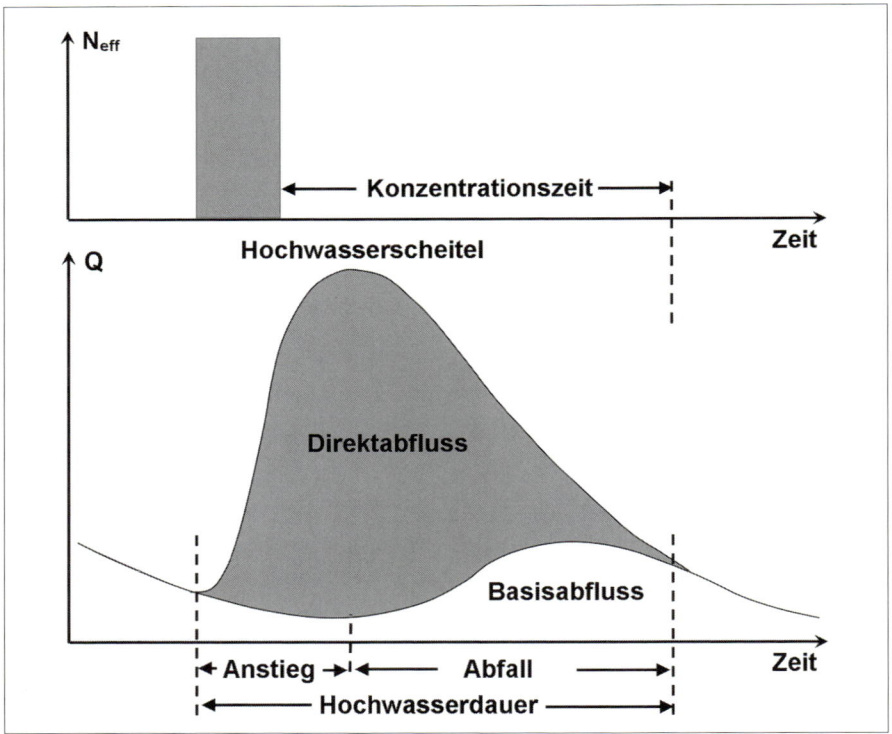

**Abb. 5.9**: Schematische Darstellung einer Abflussganglinie nach einem Niederschlagsereignis (BAUMGARTNER & LIEBSCHER 1990; verändert) (Q = Abfluss; $N_{eff}$ = Effektivniederschlag).

Verteilung von Direkt- und Basisabfluss während eines Niederschlags-Abfluss-Ereignisses. Mit Basisabfluss wird jener Abflussanteil eines Gebietes beschrieben, der aus dem Grundwasserspeicher stammt und zeitlich sehr verzögert dem Vorfluter zufließt. Der effektive Niederschlag ($N_{eff}$) beschreibt den Anteil des Niederschlages, der als Direktabfluss wirksam wird.

Die Differenz zwischen dem Direktabfluss und dem Niederschlag, also der Verlustanteil, wird durch die Verdunstung, dem Muldenrückhalt in der Fläche und dem Speicherungsvermögen von Niederschlagswasser im Boden sowie im Grundwasser bedingt. Der Abflussbeiwert ist somit von der Bodenbedeckung, der Vegetationsdichte, der Bodenvorfeuchte, der Hangneigung sowie der Niederschlagsintensität und -dauer abhängig. Betrachtet man typische städtische Oberflächen, so weisen geneigte Dächer die höchsten Abflussbeiwerte auf, da das Niederschlagswasser rasch abfließen kann (Tab. 5.3). Der sehr geringe Verlustanteil resultiert vor allem aus der Verdunstung benetzter Oberflächen. Flachdächer sind zwar auch vollkommen versiegelt, das Niederschlagswasser kann nicht versickern, aber durch die geringere Hangneigung wird mehr Oberflächenwasser in der Fläche zurückgehalten und für die Verdunstung bereitgestellt.

**Tab. 5.3:** Abflussbeiwerte verschiedener Oberflächen (IMHOFF & IMHOFF 1999; verändert)

| Belegart | Abflussbeiwert $\psi$ [-] | |
|---|---|---|
| | **Spanne** | **Mittelwert** |
| Dächer mit Neigung > 15° | 0,8 – 1 | 0,9 |
| Flachdächer | 0,5 – 0,8 | 0,6 |
| Asphalt- und Betonflächen | 0,75 – 0,9 | 0,85 |
| fugendichtes Pflaster | 0,75 – 0,85 | 0,8 |
| Pflaster ohne Fugenverguss | 0,5 – 0,7 | 0,6 |
| Schotterstraßen, wassergebundene Decken | 0,25 – 0,6 | 0,4 |
| Kiesdächer | 0,5 | 0,5 |
| Höfe, Promenaden | 0,5 | 0,5 |
| Dachgärten | 0,3 | 0,3 |
| Spiel- und Sportplätze | 0,25 | 0,25 |
| Kieswege | 0,15 – 0,3 | 0,2 |

| Belegart | Abflussbeiwert ψ [-] | |
| --- | --- | --- |
| | Spanne | Mittelwert |
| Vorgärten | 0 – 0,15 | 0,05 |
| Schrebergärten | 0 – 0,1 | 0,05 |
| unbefestigte Flächen | 0 – 0,2 | 0,1 |

Daraus zeigt sich, dass für den Abflussbeiwert von urbanen Flächen im Wesentlichen zwei Faktoren von Bedeutung sind. Zum einen wie rasch das Oberflächenwasser abfließen kann (Neigung) und zum anderen wie hoch der versiegelte Flächenanteil ist (Versiegelungsgrad) (Abb. 5.10).

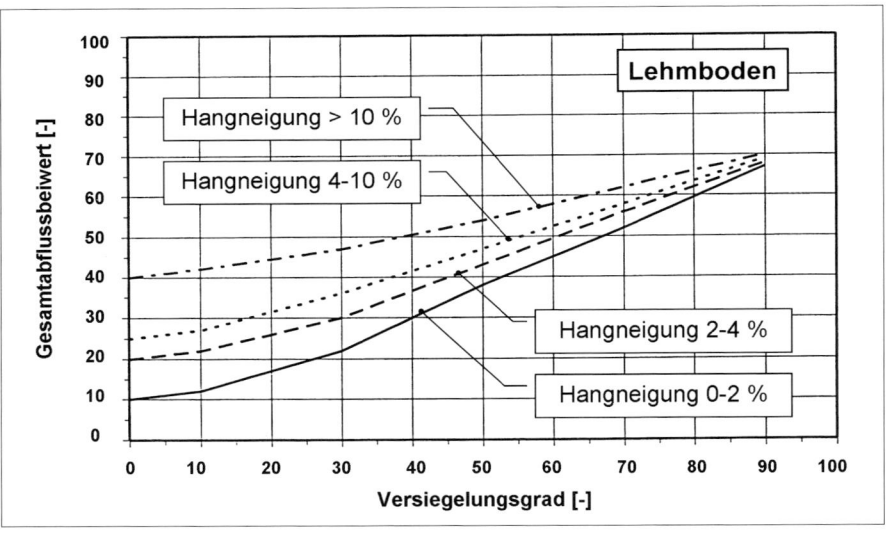

**Abb. 5.10:** Theoretischer Zusammenhang zwischen Versiegelungsgrad und Abflussbeiwert bei unterschiedlichen Hangneigungen (MESSER 1997; verändert)

Betrachtet man die Gesamtfläche einer Stadt als Einzugsgebiet, so gibt der Bebauungsgrad einen Aufschluss über das Ausmaß der Versiegelung. Hierfür ergibt sich ebenfalls ein Zusammenhang, der zeigt, dass mit zunehmendem Bebauungsgrad der Abflussbeiwert steigt (Abb. 5.11).

Differenziert man die Abflussbeiwerte verschiedener Niederschlags-Abfluss-Ereignisse im gleichen urbanen Einzugsgebiet wie in der Abbildung 5.11 nach dem Zeitpunkt des Auftretens (Sommer- und Winterhalbjahr), so ergibt sich eine

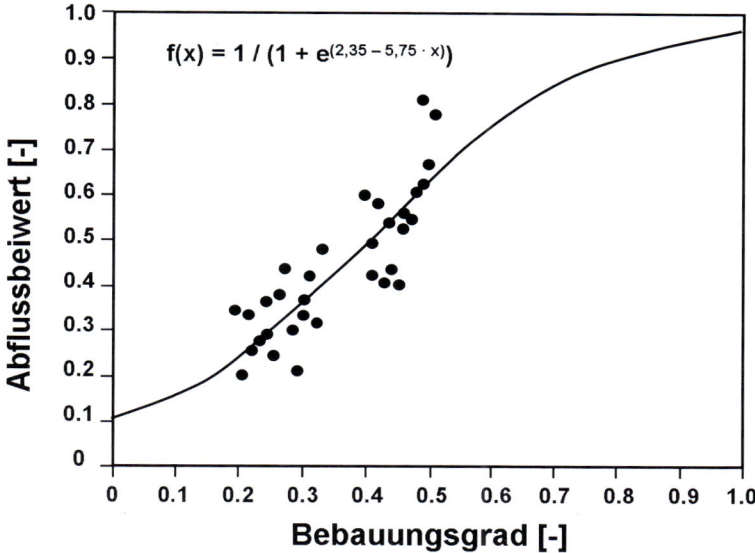

**Abb. 5.11:** Zusammenhang zwischen Bebauungsgrad und Abflussbeiwert für das Einzugsgebiet der Wurm (Raum Aachen) nach Auswertung von Daten der Wasserwirtschaftsjahre 1953 – 1986 (WEBER 1991; verändert)

differenzierte Verteilung (Abb. 5.12). Eine bedeutende Rolle spielt dabei die Niederschlagsintensität. Während im Winterhalbjahr vor allem advektive Landregen mit geringer Intensität auftreten, sind es im Sommerhalbjahr meist konvektive Starkregen (Gewitter) mit hoher Intensität. Letztere übersteigen rasch die Infiltrationskapazität der meist verdichteten urbanen Böden, die Freiflächen können kaum noch Niederschlagswasser aufnehmen und es wird zusätzlich zu den versiegelten Flächen Oberflächenabfluss generiert.

Generell unterscheidet sich die Abflussbildung in urbanen Gebieten von ländlichen Räumen dadurch, dass zum einen der Anteil an versiegelter Fläche deutlich höher ist und somit vielmehr Oberflächenabfluss generiert wird und zum anderen durch das dichte Kanalisationsnetz, wodurch das Oberflächenwasser rascher zum nächsten Vorfluter transportiert werden kann. Die Folge ist, dass sich die Abflussspitzen von Abflussereignissen deutlich erhöhen und sich zudem zeitlich nach vorne verlagern (Abb. 5.13). Die Reaktionszeit eines urbanen Einzugsgebietes auf den Niederschlagsinput ist dementsprechend viel kürzer als in einem ländlichen Gebiet mit sehr geringem Versiegelungsgrad. Die unterschiedlichen Einheitsganglinien in Abbildung 5.14 verdeutlichen den Einfluss des Bebauungsgrades und somit des Versiegelungsgrades auf die Veränderung der Abflussverzö-

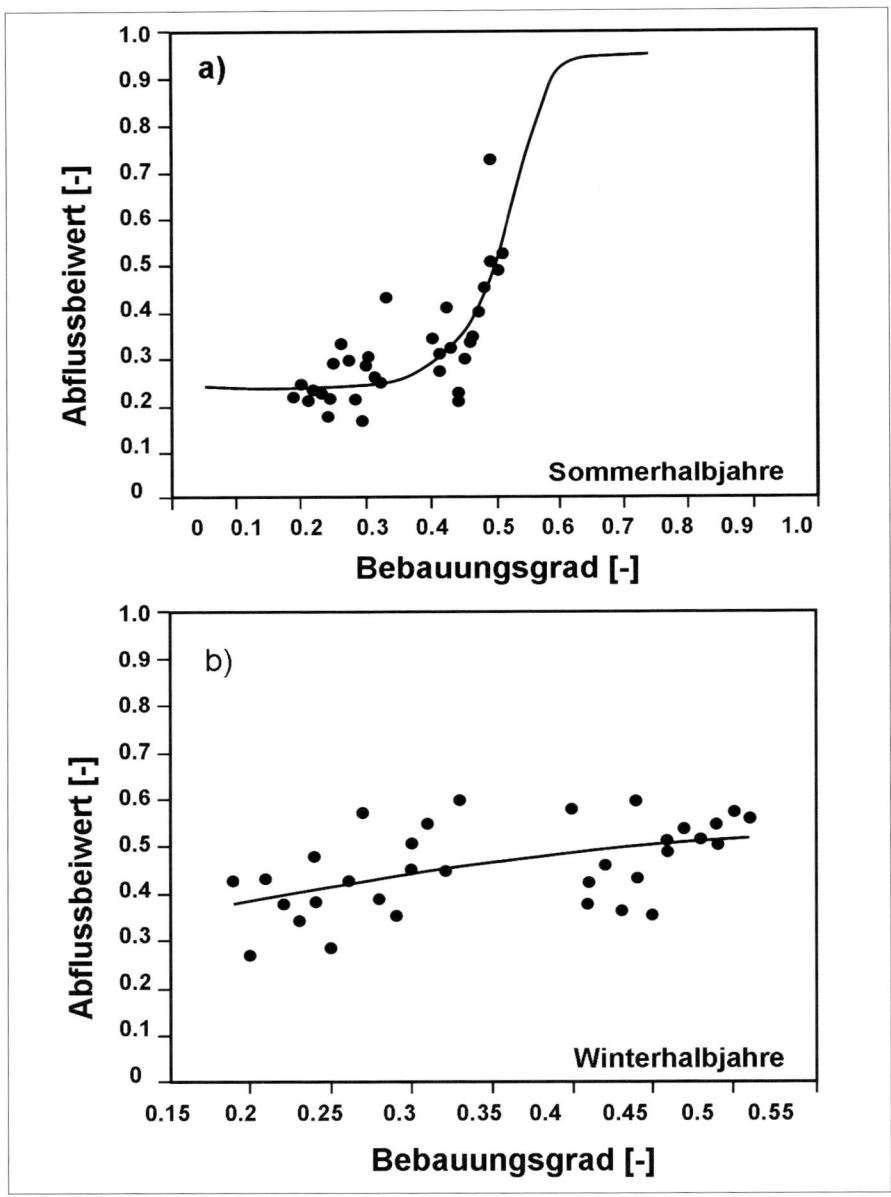

**Abb. 5.12:** Zusammenhang zwischen Bebauungsgrad und Abflussbeiwert der Sommer-
(a) und Winterhalbjahre (b) für das Einzugsgebiet der Wurm (Raum Aachen)
(WEBER 1991; verändert)

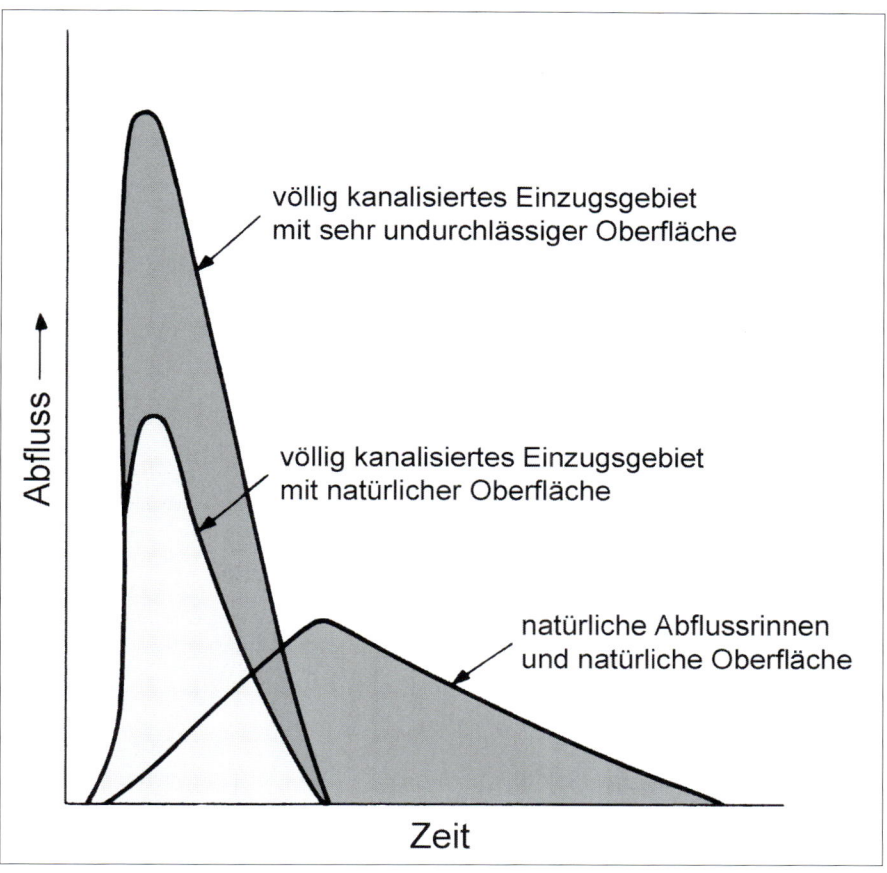

**Abb. 5.13:** Auswirkungen der Versiegelung und Kanalisierung eines Einzugsgebietes auf die Form von Hochwasserganglinien (GOUDIE 2002; verändert)

gerung im urbanen Einzugsgebiet der Wurm. In einem anderen Einzugsgebiet in Südwestdeutschland erhöhte sich der maximale Abfluss um das fünffache, nachdem der bebaute Flächenanteil des Einzugsgebietes von 7 % im Jahre 1958 auf 20 % im Jahre 1978 angestiegen war (KIENLE & LUNZ 1977).

Wie in Abbildung 5.14 zu erkennen ist, steigt bei zunehmendem Bebauungsgrad des Einzugsgebietes auch die Abflussspitze des berechneten Abflussereignisses. Die Ursache hierfür ist, dass ein hoher Anteil des Niederschlages nicht im Untergrund des Einzugsgebietes gespeichert werden kann, sondern direkt dem Vorfluter zugeführt wird. Eine geringere Vegetationsdichte senkt zudem die Verdunstung, was zu einer zusätzlichen Erhöhung des Abflusses führt. So ist im zen-

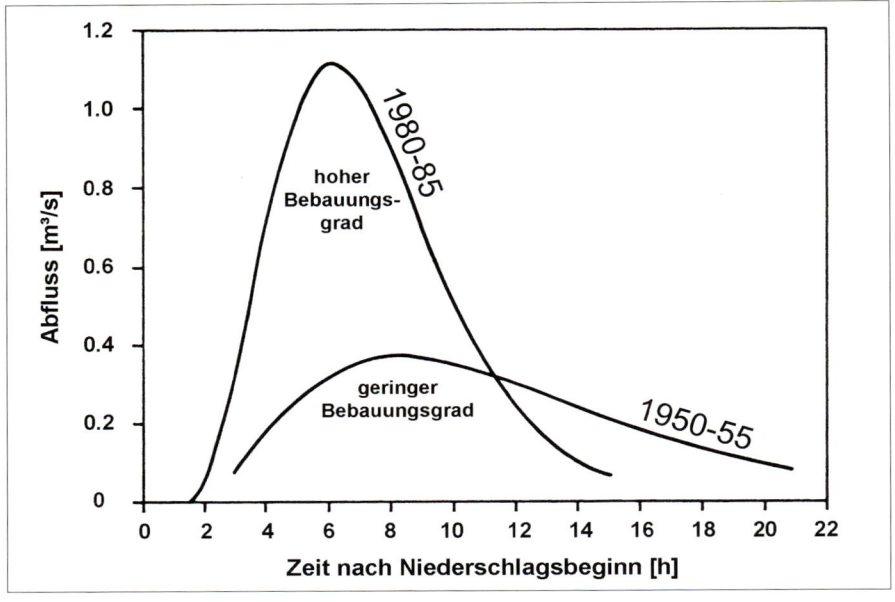

**Abb. 5.14:** Berechnete Einheitsganglinien für das Einzugsgebiet der Wurm (Raum Aachen) auf Basis der Sommerhochwasser (WEBER 1991; verändert)

tralen stark versiegelten Stadtgebiet von Berlin der jährliche Abfluss etwa 2 - 3fach höher als in der ländlichen Umgebung Berlins (SENATSVERWALTUNG FÜR STADTENTWICKLUNG DER STADT BERLIN 2007).

Die Auswirkungen dieser hohen und raschen Abflussspitzen sind vielfältig. Zum einen können sie in ungünstigen Fällen zu stärkerer Erosion im Sohl- und Uferbreich der städtischen Flüsse führen. Zum anderen bewirkt die urban veränderte Abflussbildung eine Veränderung des Wiederkehrintervalls von Hochwasserereignissen verschiedener Größenordnungen (Abb. 5.15).

Abflussereignisse mit einem Spitzenabfluss von z. B. 4 m³ s⁻¹ treten in Einzugsgebieten mit einem hohen Anteil an versiegelter sowie kanalisierter Fläche viel öfter auf als in nicht verstädterten Gebieten. Das Wiederkehrintervall steigt dementsprechend mit zunehmender Urbanisierung.

Neben den hydraulischen Folgen sind die Auswirkungen auf die Ökologie der städtischen Flüsse von Bedeutung. Durch die schnelle Abflussreaktion und den erhöhten Abfluss treten hohe Fließgeschwindigkeiten auf, die zu einer verstärkten Ausspülung von organischem Material oder pflanzlichem Aufwuchs an der Gewässersohle führen. Die Folge ist der Verlust ganzer Habitate und Nahrungsressourcen (BORCHARDT 1998). Die Kanalisierung von städtischen Flüssen trägt zusätzlich zur Erhöhung der Fließgeschwindigkeit des Abflusses bei.

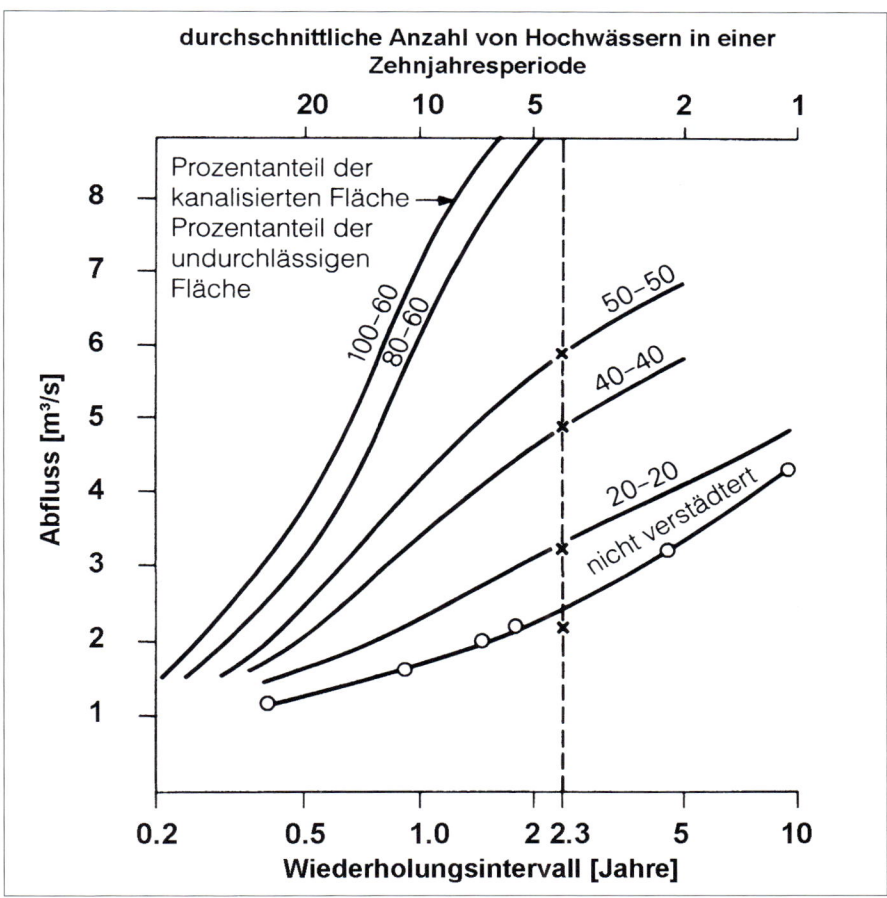

**Abb. 5.15:** Auswirkungen der Versiegelung und Kanalisierung eines Einzugsgebietes auf das Wiederkehrintervall von Hochwasserereignissen verschiedener Größenordnungen (GOUDIE 2002; verändert)

### 5.1.3 Auswirkungen der Versiegelung auf das Grundwasser

Durch die zunehmende Flächenversiegelung in Städten kann immer weniger Niederschlagswasser in den tieferen Untergrund versickern. Die Folge ist eine Verringerung der Grundwasserneubildung und ein stetig absinkender Grundwasserstand. Hinzu kommt, dass Industriebetriebe lokal große Mengen an Grundwasser fördern, um es im industriellen Prozess zu verwenden und somit im direkten Umfeld die Grundwasserabsenkung fördern. Kleinräumig kommen Absenkungen durch das Abpumpen von Grundwasser in tiefen Baugruben (z. B. Hochhäuser, U-Bahnschächte) hinzu. Die Folgen der stetig zunehmenden Grundwasserabsenkung sind insbesondere für die urbane Hydrologie und Ökologie von zentraler Bedeutung.

Während längerer niederschlagsfreier Zeiträume kommt es in Flüssen zu Niedrigwasser. Dabei besteht der Abfluss vor allem aus dem Basisabfluss, also dem Abflussanteil, der aus dem Grundwasserspeicher generiert wird. In urbanen Gebieten versickert durch die rasche Abführung des Oberflächenwassers sehr wenig Wasser in den Untergrund, wodurch der Grundwasserstand kontinuierlich absinkt (Abb. 5.16). Folglich kann in sommerlichen trockenen Perioden weniger Basisabfluss generiert werden und der Abfluss in den städtischen Flüssen ist gegenüber ländlichen Gebieten sehr gering.

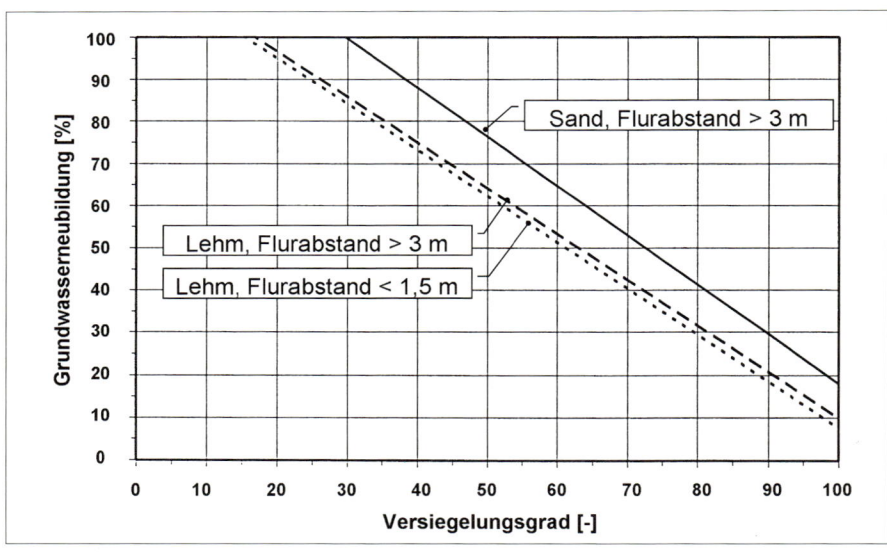

**Abb. 5.16:** Berechnete Grundwasserneubildung (als prozentualer Anteil der Grundwasserneubildung bei unversiegelter Fläche) in Abhängigkeit vom Versiegelungsgrad (MESSER 1997; verändert)

In Verbindung mit den erhöhten Abflussspitzen sind die urbanen Wasserläufe somit hohen Schwankungen zwischen Niedrig- und Hochwasser ausgesetzt, was zu starken ökologischen Stresssituationen führt.

Eine weitere Folge des niedrigen Grundwasserstandes betrifft die städtischen Grünanlagen, in denen Bestandsschäden in Form von z. B. Zuwachsverlusten oder vorzeitigem Laubfall auftreten. Sind größere Flächen von der Grundwasserabsenkung betroffen, kann es zu Standortschäden kommen. Eine bleibende

Verschlechterung der Leistungsfähigkeit eines gesamten Standortes kann eintreten. Dabei hängt das Ausmaß der Schäden davon ab, welchen Anteil das Grundwasser an der Gesamtversorgung der Pflanzen hat. So reagieren z. B. Schwarz-Erle und Eiche besonders empfindlich auf Grundwasserabsenkungen (SUKOPP 1990).

Letztendlich können die Absenkungen zu der Veränderung ganzer Biotope führen, wenn es sich um Lebensgemeinschaften handelt, die besonders an eine Wasserversorgung mit hohem Grundwasserstand gebunden sind (z. B. bodenfeuchte Wälder, Feuchtwiesen usw.) (ADAM 1988).

## 5.2 Einfluss der Urbanisierung auf die Wasserqualität

Die urbanen Gewässer (Flüsse, Grundwasser) werden mit vielen Stoffen verschmutzt, die ihre Qualität grundlegend beeinflussen. Dabei stellt der Transport von Schadstoffen über das Regenwasser, sowohl in das Grundwasser als auch in die Oberflächengewässer (Flüsse, Seen), ein bedeutendes Problem dar.

### 5.2.1 Oberflächengewässer

Die Wasserqualität von städtischen Flüssen hängt neben der Effizienz der Klärung im Wesentlichen davon ab, ob Regenwasser und Abwasser (gewerblich und häuslich) in Trenn- oder Mischsystemen abgeleitet werden.

Handelt es sich um ein Mischsystem, das generell das vorherrschende System darstellt, wird das Regen- und Abwasser gemeinsam über ein Kanalsystem entwässert (GANTNER 2002). Der Vorteil liegt darin, dass auch das Regenwasser, das über die Hausdächer und Verkehrswege abfließt und zum Teil toxische Schadstoffe aufnimmt, gereinigt wird. Der Nachteil dieses Systems ist, dass bei starken Niederschlagsereignissen die Kanäle und Kläranlagen überlastet sind und das überschüssige Abwasser zur Entlastung ungereinigt in die Flüsse geleitet wird. In Deutschland kommen etwa 30 % bis 40 % der jährlichen Mischwasserabflüsse auf diese Weise in die städtischen Gewässer (SIEKER 2001). Durch diese Entlastungseinleitungen werden hauptsächlich sauerstoffreduzierende und eutrophierende Stoffe sowie Keime eingetragen (GANTNER 2002). Bei Ersterem handelt sich vor allem um organische Stoffe, gelöst oder partikulär vorliegend, die von Bakterien, Pilzen und räuberischen Protozonen belagert werden und einen großen Anteil des im Wasser gelösten Sauerstoffs verbrauchen. Dies führt zu anaeroben Zuständen im Fließgewässer. Die zunehmende Eutrophierung (Nährstoffanreicherung) der städtischen Gewässer wird durch den Eintrag von Nährstoffen, wie z. B. anorganischem Phosphor und Stickstoff, hervorgerufen. Dabei gilt es aber zu beachten, dass diese Nährstoffe zu einem großen Anteil durch die Landwirtschaft in die Gewässer gelangen und bereits im Fluss enthalten sind bevor sie in den urbanen Bereich eintreten.

Bei einem Trennsystem wird das Regenwasser getrennt vom Abwasser in einem separaten Kanal gesammelt und direkt dem städtischen Gerinne zugeführt. Dabei kann Regenwasser entweder direkt eingeleitet werden oder falls es sich um stark verschmutzen Flächen handelt (z. B. Straßen, Industrieanlagen) wie das Schmutzwasser der Kläranlage zugeführt werden. Diese erneute Trennung des Regenwassers nach dessen räumlicher Herkunft wird aber in den seltensten Fällen angewandt. Der generelle Vorteil des Trennsystems liegt darin, dass die Kläranlagen weitgehend vor Überlastung geschützt sind und somit die eigentlichen häuslichen und industriellen Abwässer vollständig gereinigt werden. Nachteilig ist hingegen die ungeklärte Einleitung von Regenwasser in die städtischen Gewässer. Zudem sind die meisten Kanalisationsnetze in den großen Städten Europas sehr alt und nicht auf eine getrennte Erfassung von Schmutz- und Regenwasser ausgelegt. Eine Umrüstung erfordert hohe finanzielle Investitionen, weshalb sich die getrennte Erfassung vor allem auf neue Wohngebiete oder Stadtteile konzentriert. Hinsichtlich der stofflichen Belastung der Gewässer treten beim Trennsystem vor allem anorganische und organische Spurenschadstoffe wie Schwermetalle (Blei, Zink, Cadmium), polyzyklische aromatische und mineralölbürtige Kohlenwasserstoffe sowie partikuläre Stoffe in den Vordergrund. Diese werden überwiegend von Dächern, Verkehrswegen oder industriell bebauten Oberflächen abgespült. Während Blei als Indikator für Verkehrsbelastung anzusehen ist, deuten Zink und Kupfer auch auf Abspülung von Dächern (Rinnen und Abdeckungen) hin. In Hannover zeigten Untersuchungen, dass 60 % der Kupferfrachten im Oberflächenabfluss vom Dachabfluss stammen und 85 % der Bleifrachten vom Straßenabfluss (KAYSER 1999). Entscheidende Einflussgröße für die Qualität des vom Dach abgespülten Niederschlagswassers ist das Dachmaterial, was sich vor allem bei metallischen Materialen wie Kupfer- oder verzinkten Blechen auswirkt. Bei Parkplätzen gilt es zu beachten, dass Mineralöle und unverbrannter Kraftstoff von den Fahrzeugen abtropfen und bei entsprechend durchlässigem Boden und geringem Grundwasserflurabstand bis zum Grundwasser durchsickern können. Das ebenfalls in geringen Mengen von Straßen abgespülte Cadmium wird mit besonderer Aufmerksamkeit beobachtet, da sich dieses toxisch wirkende Metall langfristig im Körper von Mensch und Tier anreichert (FELLENBERG 1991).

Kommen die Schadstoffe ungeklärt in die Gewässer, werden sie dort von den Organismen aufgenommen und gelangen dadurch in die Nahrungskette. Feinere Feststoffe, die u. a. in Form von nasser Deposition von Hausdächern abgespült werden können, sedimentieren in den Fließgewässern nur langsam und tragen somit zur Trübung bei. Dadurch wird der Lichteinfall in das Gewässer erheblich vermindert, was zu einer Schädigung der Gewässerflora und -fauna infolge Lichtmangel führen kann.

## 5.2.2 Grundwasser

Neben der Verschmutzung der Oberflächengewässer ist die Belastung des Grundwassers mit Schadstoffen in städtischen Gebieten von großer Bedeutung, insbesondere wenn die Grundwasserreserven zur Trinkwassergewinnung herangezogen werden. Von Straßen abgespülte Stoffe (Schwermetalle, Öle, Belagsreste), die ungeklärt in den Untergrund versickern, undichte Kanäle, erhöhter Einsatz von Dünge- und Pflanzenschutzmitteln in Gartenanlagen (Pestizide und Herbizide), unsachgemäße Lagerung von industriellen wassergefährdenden Stoffen oder fehlende Abdichtung von Mülldeponien stellen zentrale Quellen für die Grundwasserverunreinigung dar.

Problematisch ist insbesondere, dass einige Schadstoffe so aggressiv sind, dass sie Dichtungen unterirdischer Rohrleitungen auflösen und durchdringen. Darunter fallen u. a. einige halogenierte Methan- und Ethan-Derivate, Phenole oder Biphenyle, die in der chemischen Reinigung als Lösungsmittel für Farben oder als Weichmacher für Kunststoffe eingesetzt werden. Unterschätzt werden die in Haushalten verwendeten Tenside, die zwar eine geringe Toxizität aufweisen, aber gleichzeitig die Wasserlöslichkeit vieler Giftstoffe im Abwasser und im Boden erhöhen und somit vermehrt ins Grundwasser eingetragen werden (FELLENBERG 1991).

## 5.3. Maßnahmen zur Verbesserung der Wassersituation in urbanen Räumen

Anstrengungen zur Förderung des Wasserkreislaufes in Städten zielen einerseits auf eine nachhaltige Regenwasserbewirtschaftung und andererseits auf ressourcenbetonte Aspekte hinsichtlich der Grundwasserneubildung ab. Hauptaufgabe muss es also sein, die Abflussgeschwindigkeit des Niederschlagswassers zu senken und den Übergang des Wassers an die Luft (Verdunstung) oder in den Grundwasserkörper (Versickerung) zu erhöhen (BLWG 2003). Diese Bereiche sind eng miteinander verbunden, denn je mehr Regenwasser auf Freiflächen versickern kann, umso mehr kann die Grundwasserneubildung gefördert und der Anteil des Oberflächenabflusses reduziert werden. Ziel ist es daher, den Versiegelungsgrad in Städten durch verschiedene Maßnahmen zu verringern und die Versickerung von Regenwasser zu ermöglichen. Eine Entlastung der Entwässerungssysteme darf jedoch nicht zum Nachteil für den Gewässerschutz werden. Generell kann jedoch davon ausgegangen werden, dass Niederschlag von Dachflächen und Fassaden, unbelasteten Hofflächen und untergeordneten Wohnstraßen als nicht schädlich verunreinigt einzustufen ist und somit der Versickerung zugeführt werden kann (ebd.).

Eine sehr einfache und praktikable Maßnahme stellt die Flächenversickerung dar, bei der der auf versiegelten Flächen (z. B. Hausdächer) gebildete Oberflächenabfluss auf vorhandene freie Flächen geleitet wird und dort versickern kann (Foto 5.1 und 5.2). Voraussetzung ist, dass der Untergrund sehr durchlässig ist und es zu keinem Wasserstau sowohl an der Oberfläche als auch im oberflächennahen Untergrund kommt (Abb. 5.17). Zudem sollte die Grundstücksfläche so groß sein, dass auch bei größeren Niederschlagsereignissen das Wasser gut aufgenommen werden kann.

**Foto 5.1 und 5.2:** Flächenversickerung von Regenwasser

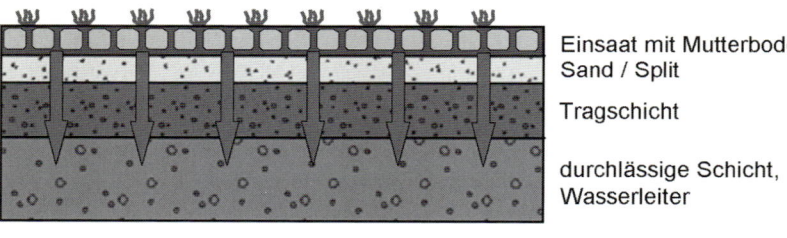

Einsaat mit Mutterboden
Sand / Split

Tragschicht

durchlässige Schicht,
Wasserleiter

**Abb. 5.17:** Schematischer Aufbau des Untergrundes bei einer Flächenversickerung (eigene Darstellung

Bei sehr gut, aber auch bei sehr gering durchlässigen Böden ist die Muldenversickerung anwendbar, bei der das Regenwasser in einer etwa 30 cm tiefen Mulde zusammenfließt und langsam versickern kann (Foto 5.3). Diese Mulden können mit Rasen oder anderen kleinwüchsigen Pflanzen begrünt sowie mit unterschiedlichen Tiefen angelegt werden.

Liegt ein Boden mit sehr undurchlässigem Untergrund vor, so kann die Versickerung über das Rigolensystem erfolgen. Dabei wird der undurchlässige Bereich mit einem Kieskörper aufgebrochen, damit das Regenwasser über diesen in den durchlässigen Untergrund versickern und abgeleitet werden kann (Abb. 5.18 und Foto 5.4). Dieses System entspricht weitgehend auch den in der Landwirtschaft oft verwendeten Drainagen, die zur Entwässerung von nassen Bereichen eingesetzt werden.

Um die flächenhafte Versickerung von Regenwasser zu erhöhen, ist es auch sinnvoll versiegelte Flächen mit entsprechenden durchlässigen Materialen zu versehen, die eine bessere Regenwasserversickerung ermöglichen. So sollten Park-

**Foto 5.3:** Muldenversickerung von Regenwasser (SUBVE 2010; verändert)

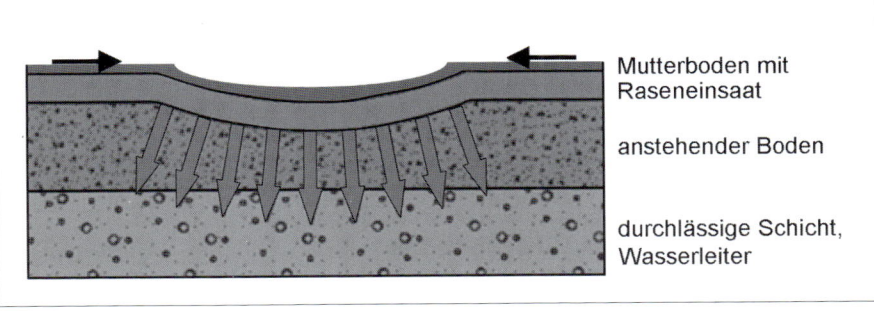

Mutterboden mit Raseneinsaat

anstehender Boden

durchlässige Schicht, Wasserleiter

**Abb. 5.18:** Schematischer Aufbau des Untergrundes bei einer Rigolenversickerung (eigene Darstellung

plätze oder Einfahrten zu Garagen nicht vollständig mit Asphalt, sondern z. B. mit Rasengittersteinen bedeckt werden.

Hiermit kann die Versickerung um etwa 200 mm pro Jahr erhöht und der Anteil des Oberflächenabflusses um etwa 400 mm pro Jahr verringert werden (Abb. 5.19).

**Foto 5.4:** Einbau einer Rigolenversickerung (SUBVE 2010; verändert)

Ein weiteres Ziel zur Verbesserung des urbanen Wasserkreislaufes ist, die hydrologische Reaktionszeit, die durch die zunehmende Kanalisierung stark verkürzt worden ist, zu erhöhen. Durch die Schaffung offener Fließgewässer kann die Fließzeit des Abflusses gegenüber kanalisierten Bächen, in denen das Wasser aufgrund des geringen Reibungswiderstandes schneller fließen kann, erhöht werden. Dadurch wird das Niederschlagswasser dem Vorfluter verzögert zugeführt und somit werden die Abflussspitzen zeitlich nach hinten verlagert.

Die Schaffung von offenen Wasserläufen sowie der Rückbau von urbanen Bächen, die im Laufe der Zeit begradigt wurden und zur Verkürzung der Fließgeschwindigkeit beitrugen, stellen weitere Maßnahmen zur Reduzierung der Fließzeit dar. Insbesondere im Ballungsraum „Ruhrgebiet" unterlagen die Fließgewässer einer starken anthropogenen Veränderung. Die Fotos 5.5 und 5.6 geben einen kleinen Einblick in diese Veränderungen und zeigen den Katenberger Bach vor und nach der Begradigung. Durch den erneuten Rückbau solcher Bäche werden die Fließstrecken und somit die Fließzeiten erhöht.

Um den Zulauf von Regenwasser in den Vorfluter zu verzögern, ist in diesem Zusammenhang auch der Bau von Regenrückhalte- oder Regenüberlaufbecken sehr sinnvoll (Abb. 5.20). Beim Regenüberlaufbecken muss kein Trennsystem

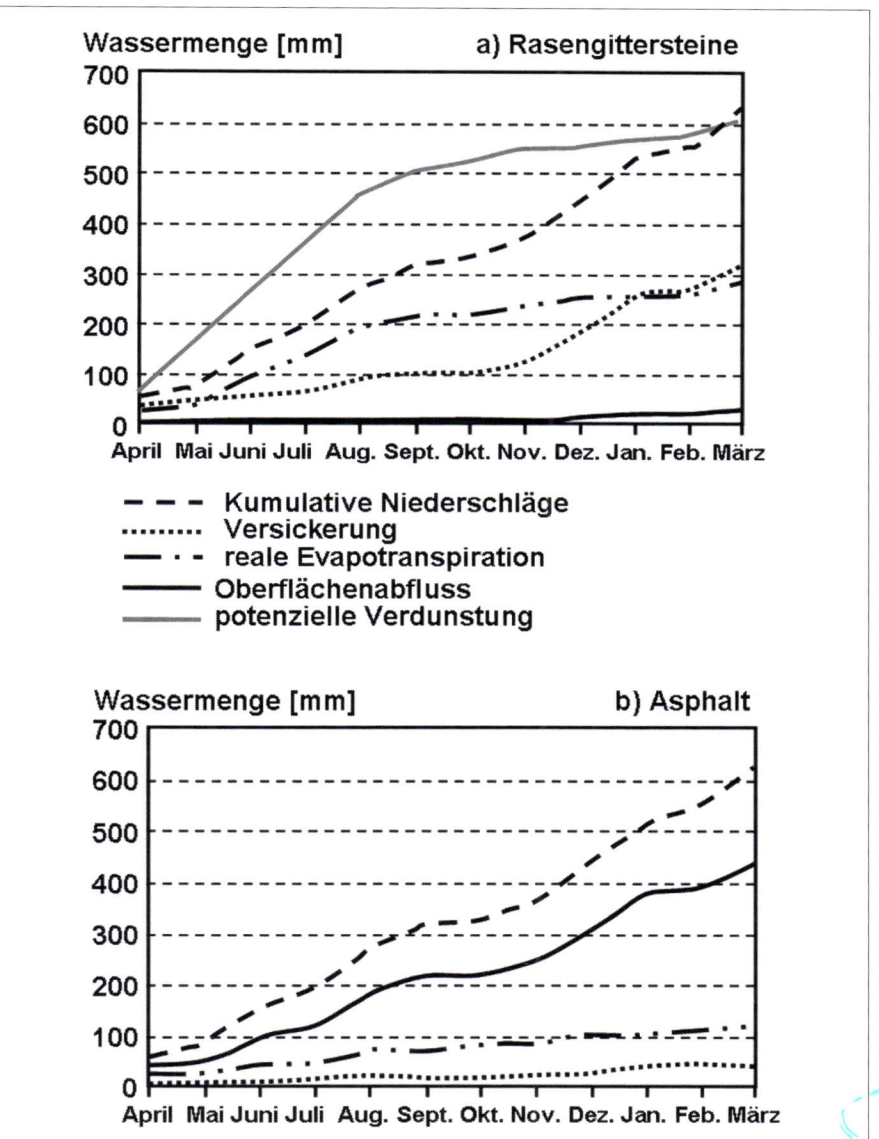

**Abb. 5.19:** Jahressummenkurven von Wasserhaushaltskomponenten zweier unterschiedlich versiegelter Flächen (SUKOPP & WITTIG 1998; verändert)

**Foto 5.5 und 5.6:** Der Katenberger Bach vor (oben) und nach seiner Begradigung (unten) (HELBING 1925)

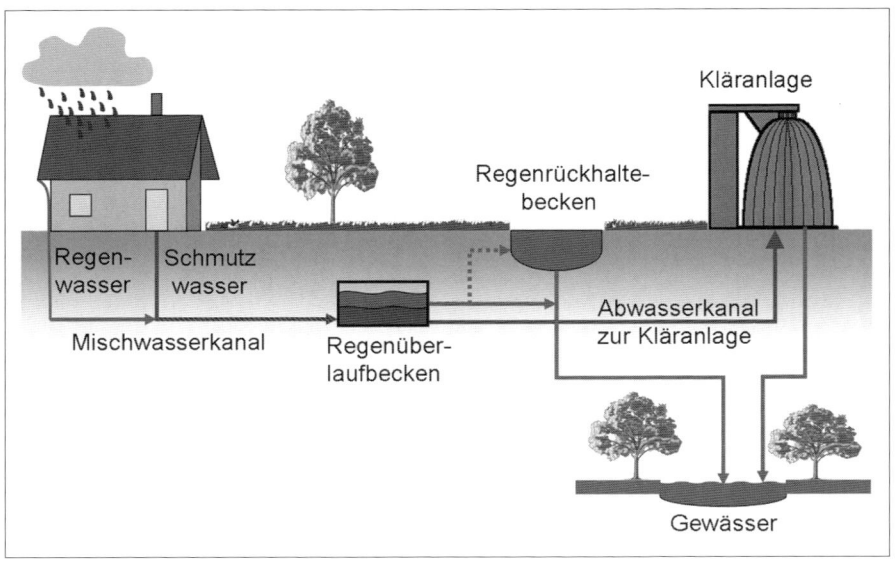

**Abb. 5.20:** Schematische Darstellung der Funktion von Regenüberlauf- und Regenrückhaltebecken (eigene Darstellung)

**Foto 5.7:** Regenrückhaltebecken

vorliegen, das Regenwasser wird mit dem Schmutzwasser aufgefangen. Durch die kurzfristige Speicherung des stark verschmutzten Wassers kann sich das Feinmaterial im Becken ablagern und wird nicht in das Gerinne weitergegeben. Beim Regenrückhaltebecken ist hingegen die Voraussetzung, dass ein Trennsystem vorliegt, also die getrennte Kanalisierung von Regen- und Abwasser. Regenrückhaltebecken können zudem sehr gut in die Landschaft integriert werden und sind oft so angelegt, dass sie zusätzlich dem Naturschutz dienen und mittlerweile fester Bestandteil von Bebauungsplänen sind (Foto 5.7).

Ein anderer Weg, um Regenwasser dezentral zurückzuhalten, kann z. B. durch den Bau von kleineren Zisternen in Privatgärten erreicht werden. Hier wird das auf den Dächern gesammelte Niederschlagswasser unterirdisch in größeren Behältern gesammelt und entweder als Brauchwasser (Bewässerung im Garten oder Toilettenspülung) genutzt oder der Versickerung zugeführt. Wird das in Zisternen gesammelte Niederschlagswasser wieder dem Vorfluter zugeführt, besitzt dieses System vor allem den Vorteil, dass sich die von den Dächern abgespülten Schwebstoffe in der Regenzisterne absetzen und somit die Trübung des Fließgewässers reduziert.

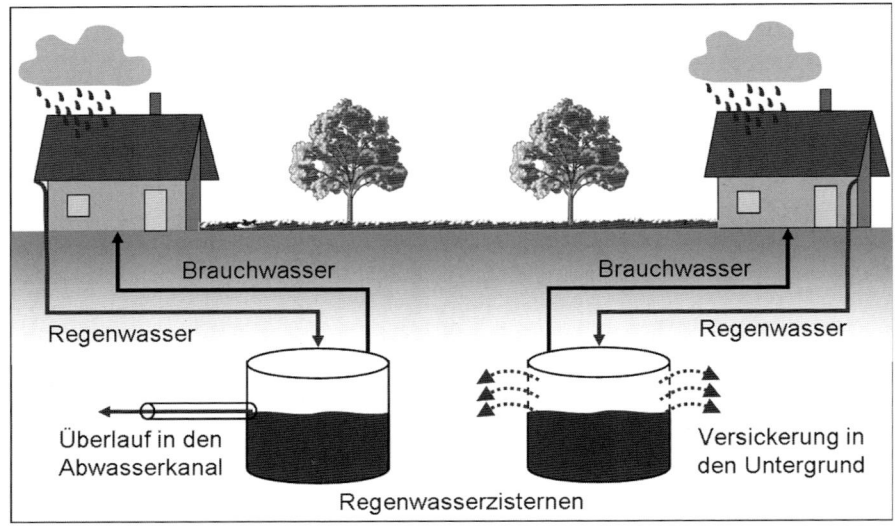

**Abb. 5.21:** Schematische Darstellung der Nutzung von Regenzisternen als Überlauf-(links) und Versickerungszisterne (rechts) (KÖNIG 1999; verändert)

# 6. Pflanzen und Tiere in städtischen Lebensräumen

## 6.1 Einleitung

Nach Einschätzung von Experten können unter den aktuellen Bedingungen weit mehr Pflanzen und Tiere in urbanen Lebensräumen existieren als auf umgebenden landwirtschaftlich genutzten Flächen. Auf den letzteren wurden vor allem seit den 1970er Jahren noch vorhandene Standortunterschiede wie Feuchtegrade, pH-Werte oder Nährstoffverhältnisse immer stärker nivelliert, um so möglichst optimale Ausgangsbedingungen für die Produktion landwirtschaftlicher Güter herzustellen. Damit war der großflächige Verlust von immer mehr Lebensräumen verbunden, denn in Deutschland nehmen Landwirtschaftsflächen ungefähr 50 % der Gesamtfläche ein. Als wichtige Rückzugsräume haben sich dabei die Städte entwickelt. Schätzungen gehen davon aus, dass dort heute bis zu 90 % des Arteninventars überleben können, während auf den Flächen der intensiven (weitgehend maschinengerechten und maßlos überdüngten) Landwirtschaft gerade noch etwa 10 % von Allerweltsarten (sog. Ubiquisten) mit wenig ausgeprägten Lebensraumansprüchen und sehr weiter Verbreitung existieren können (REICHHOLF 2007).

Den Nutzungsansprüchen von Industrie, Verkehr und Siedlungen werden im negativsten Fall noch 5 Prozent der Verluste von Arten und Biotopen zugesprochen, in Abhängigkeit der gewählten Artengruppe aber zwischen 70 bis 95 Prozent seitens der landwirtschaftlichen Nutzungen.

Wenn man bei der Betrachtung der Artenausstattung Mitteleuropa in den Fokus rückt, kann festgestellt werden, dass Städte, explizit größere Städte hier vor allem in alten agrarischen Kulturlandschaften entstanden sind. Es handelt sich mithin um produktive und heterogen ausgestattete Landschaftsräume, die im Vergleich zu anthropogen viel stärker überprägten Industrielandschaften im allgemeinen mittlere Störungsgrade aufweisen, wobei die baulichen Strukturen selbst zur Erhöhung der Verschiedenartigkeit (als künstliche Felsenlandschaften) ebenso beitragen wie der Offenlandcharakter (im Vergleich zu dort natürlicherweise vorherrschenden eher dunklen Waldlandschaften) der Städte (WERNER et al. 2009).

## 6.2 Besonderheiten der städtischen Lebensräume

Zur Kennzeichnung von Städten im ökologischen Kontext werden oft die Kriterien Bevölkerungszahl und -dichte sowie die ausgeprägte bauliche Entwicklung herangezogen. Eine ausführliche Zusammenfassung einschlägiger Kriterien zur näheren Charakterisierung von urbanen Räumen findet sich bei WERNER et al. (2009) und MÖLLERS (2010):

- Einwohnerzahl mindestens 20.000 und Bevölkerungsdichte größer als 500 Individuen $km^{-2}$,
- komplexe Anordnung von Gebäuden, Infrastruktur und Freiflächen, durchschnittliche Versiegelung von 40 bis 50 %, in den Stadtkernen über 60 %,
- Entstehung von Wärmeinseln mit verlängerten Vegetationsperioden, Trockenstress im Sommer und Temperaturdämpfung im Winter,
- trockenere Ausprägung des Wasserhaushaltes,
- punktuell hohe Nährstoffeintrage, großflächig jedoch Nährstoffarmut,
- großflächig hoher Lichtgenuss,
- hohe Struktur- und Standortvielfalt,
- Schadstoffbelastungen (vor allem boden- und luftgebunden),
- Störungen (Tritt, Unruhe, Lärm, Licht, Bauaktivitäten),
- Verinselung von Freiräumen und naturnahen Flächen,
- hoher Anteil eingeführter und kultivierter Arten,
- hoher Anteil von Generalisten.

*Die besonderen Ausprägungen der abiotischen Standortfaktoren in Städten sind in den Kapiteln 3 (Das Klima der Stadt), 4 (Stadtböden) und 5 (Urbaner Wasserhaushalt) detailliert beschrieben.*

## 6.3   Gliederung der städtischen Lebensräume

Eine besondere Schwierigkeit bei der ökologischen Untersuchung und Charakterisierung urbaner Räume war schon immer die Kennzeichnung der sehr komplexen Strukturheterogenität und zeitlichen Variabilität, die in Städten auf kleinstem Raum nebeneinander existieren und sich dabei auch gegenseitig durchdringen können. Bewährt hat sich die Kartierung von Struktur- bzw. Nutzungstypen, die z. B. folgendermaßen unterschieden werden können und in verschiedenen mitteleuropäischen Städten ähnliche ökologische Merkmalsausprägungen aufweisen (Pauleit 1998):

- Einzel- und Doppelhausbebauung
- Reihenhausbebauung
- Geschossbebauung
- Blockbebauung
- Hallenbebauung und Lager
- Mischbebauung
- Sonderbebauung (z. B. Schulen, Krankenhäuser, Kindergärten)
- Straßen
- Parkplätze
- Gleisanlagen
- Rohbodenflächen
- Kleingartenanlagen
- Sportanlagen

- Stillgewässer
- Fließgewässer
- Wälder
- Hecken, Feld- und Stadtgehölze
- Parkanlagen und andere Grünflächen
- Friedhöfe
- extensives Grünland und Brachen
- Wissen und Weiden
- Ackerflächen
- Sonderkulturen und Baumschulen

Bei Bedarf kann diese Liste um regionsspezifische Typen ergänzt werden (z. B. Halden, Flächen zur Abfallbeseitigung, Rieselflächen, usw.).

## 6.4 Pflanzen der städtischen Lebensräume

Einige der auch heute noch in mitteleuropäischen Stadträumen siedelnden Pflanzenarten sind als Kulturbegleiter des Menschen bereits seit der jüngeren Steinzeit bzw. seit der Bronzezeit nachweisbar. Bei archäologischen Grabungen finden sich Früchte, Samen, Pflanzenteile oder auch Pollen, vor allem in ehemaligen Abfallgruben, Vorratslagern, Grabanlagen oder Brunnen (WITTIG 2002).

Grundsätzlich stellt sich die Frage, aus welchen natürlichen Lebensräumen diejenigen Pflanzenarten stammen, die sich in mitteleuropäischen Städten ausbreiten konnten. Es handelt sich weniger um typische Waldarten, die an schattige und bezüglich des Wasser- und Nährstoffhaushaltes an mittlere Standorteigenschaften angepasst sind. Die meisten urbanen Areale sind demgegenüber durch Auflichtung, Nährstoffanreicherung, häufige Störungen und mit Zunahme der Siedlungsgröße auch steigender Trockenheit gekennzeichnet. Vergleichbare Standortverhältnisse treten in der mitteleuropäischen Waldlandschaft natürlicherweise eher kleinflächig als Sonderstandorte auf (ebd.):

- Bruchwälder, Auen, Hochstaudenfluren an Flussufern,
- Spülsäume, Schlamm-, Sand- und Kiesflächen an Binnengewässern (Pionierfluren),
- Spülsäume, Dünen und Felsen an Meeresküsten,
- Windwurf- und sonstige Verlichtungsflächen (wie z. B. Brandflächen, Lawinenbahnen, Wildwechsel und Flächen in der Umgebung von Tierbauten),
- Lockergestein (wie z. B. Geröllhalden oder Sanddünen),
- Felsen.

Infolge von Windwurf oder aufgrund anderer Ursachen aufgelichtete Flächen in naturnahen Wäldern können vergleichsweise trockene Standortbedingungen aufweisen, wie sie auch im städtischen Bereich auftreten. Pflanzen mit flugfähigen und/oder lange Zeit im Boden überlebensfähigen Samen weisen Eigenschaften auf, die die Ausbreitung in urbanen Lebensräumen begünstigen. Von Vorteil sind frühe Keimzeiten, die Bildung großer Blattmassen, die die Entwicklung von Konkurrenten unterdrücken und die Ausbildung eines ausgeprägten Wurzelwerkes (ebd.).

Bezüglich ihrer besonderen Standortausprägungen sind mitteleuropäische Städte am ehesten mit künstlichen Felslandschaften vergleichbar, weshalb auch spezielle daran angepasste Arten (vor allem Flechten, Moose und Farne) neue Lebensräume in urbanen Räumen gefunden haben, wo sie vor allem auf und an Mauern sowie auf Dachflächen ihren natürlichen Standorten entsprechende Nischen besiedeln (ebd.). Besonderer Artenreichtum kann auf Friedhöfen festgestellt werden. Auf einer am Stadtrand von Berlin gelegenen Anlage konnten über 500 verschiedene Farn- und Blütenpflanzen und 119 verschiedene Moosarten kartiert werden. 38 Arten der Moose standen auf der Roten Liste Brandenburgs, 27 waren selten und einige rund um Berlin und in Brandenburg ausgestorben bzw. galten als verschollen (siehe auch Kasten 6.1). Ursache der hohen Artenvielfalt in diesen Pflanzengruppen sind die sehr unterschiedlich auf Friedhöfen zu findenden Gesteine der Grabmäler (Sandstein, Granit, Quarz, etc.), wenn sie nicht übermäßig gepflegt sind. In Berlin konnten auf diesen Natursteinoberflächen auch Mittel- und Hochgebirgsarten nachgewiesen werden (MÖLLER 2010). Weitere *„hot spots"* der Biodiversität stellen städtische Kleingartenanlagen dar (BDG 2010; siehe auch Kasten 6.2).

---

### Kasten 6.1: Rote-Liste-Arten in Städten (BfN 2009)

Rote Listen gibt es für Pflanzen und Tiere, Pflanzengesellschaften und Biotoptypen. Es handelt sich um Verzeichnisse verschwundener bzw. gefährdeter Arten und Biotope für bestimmte meist politisch definierte Raumeinheiten (Staaten oder Teilräume von diesen). Sie wurden Anfang der 1970er Jahre nach dem Vorbild der Red Data Books der IUCN (International Union for Nature Conservation and Natural Ressources = Internationale Naturschutzunion) für die Bundesrepublik Deutschland erstellt. Für die DDR wurden sie Ende der 1970er Jahre publiziert. Zur Zeit werden sie bereits zum vierten Mal überarbeitet.

Rote Listen haben sich als wichtige Datengrundlage für die ökologisch orientierte Planung herausgestellt. Sie werden auch von deutschen Gerichten als Beurteilungsgrundlage anerkannt, obwohl sie keine gesetzliche Basis darstellen, sondern vielmehr als Konvention, also zusammengefasste Expertenmeinung, verstanden werden müssen. Man unterscheidet die folgenden Kategorien:

Kategorie 0: Ausgestorben oder verschollen

Hierunter fallen die Arten, die vor rund hundert Jahren auf dem Gebiet Deutschlands bzw. den einzelnen Ländern noch vorgekommen und mittlerweile aber ausgestorben sind bzw. systematisch ausgerottet wurden. Arten, die trotz gezielter Suche seit mehr als 10 Jahren nicht nachgewiesen sind, gelten als verschollen. Beispiel: Langflügelfledermaus *(Miniopterus schreibersii)*

### Kategorie 1: Vom Aussterben bedroht

Hierunter zählen Arten, deren zukünftiges Überleben unwahrscheinlich ist, wenn die sie bedrohenden Faktoren nicht beseitigt und gezielte Arterhaltungsmaßnahmen durchgeführt werden. Diese Arten weisen meist nur wenige voneinander isolierte Teilpopulationen mit wenigen Individuen auf. Die noch vorhandene Population ist insgesamt auf eine kritische Restgröße zusammengeschrumpft. Beispiel: Haubenlerche *(Galerida cristata)*, Hausratte *(Rattus ratus)*

### Kategorie 2: Stark gefährdet

Diese Arten weisen in ihrem gesamten Verbreitungsgebiet eine hohe Gefährdung auf. Ihre Bestände sind erkennbar zurückgegangen, in einigen Landesteilen sind sie bereits verschollen und sie weisen nur mehr kleine Populationen auf. Beispiel: Graues Langohr *(Plecotus austriacus)*, Wimperfledermaus *(Myotis emarginatus)*

### Kategorie 3: Gefährdet

In großen Teilen ihres einheimischen Verbreitungsgebietes sind diese Arten gefährdet. Sie sind regional und lokal deutlich zurückgegangen bzw. bereits verschwunden und weisen meist nur kleine Populationen auf. Beispiele: Grauammer *(Emberiza calandra)*, Goldammer *(Emberiza citrinella)*.

Des weiteren werden drei Kategorien unterschieden, in denen Arten bzw. Lebensgemeinschaften aufgelistet werden, deren Bestand zwar als gefährdet angenommen wird, eine nähere Einstufung aufgrund der aktuellen Datenlage jedoch zur Zeit nicht möglich ist.

### Kategorie V: Zurückgehend, Art der Vorwarnliste

Hierunter fallen Arten, die aktuell zwar nicht gefährdet, dennoch in ihren Verbreitungsgebieten merklich zurückgegangen sind. Sie sind oftmals an in der Kulturlandschaft selten gewordene Lebensräume gebunden. Beispiele: Mehlschwalbe *(Delichon urbicum)*, Rauchschwalbe *(Hirundo rustica)*, Teichhuhn *(Gallinula chloropus)*, Feldsperling *(Passer montanus)*, Hausperling *(Passer domesticus)*

### Kategorie G: Gefährdung anzunehmen

Aufgrund einzelner Untersuchungsergebnisse kann die Gefährdung dieser Arten angenommen, aber keine genauere Einstufung vorgenommen werden. Unter diese Kategorie fallen im Allgemeinen weniger gut untersuchte Spezies, also vor allem Nichtwirbeltiere. Beispiel: Breitflügelfledermaus *(Eptesicus serotinus)*

### Kategorie R: Extrem selten

Arten mit von Natur aus kleinen Populationen oder starken Spezialisierungen. Beispiel: Helgoländer Hausmaus *(Mus domesticus helgolandicus)*

---

**Kasten 6.2: Biodiversität in Kleingartenanlagen**

Der Bundesverband Deutscher Gartenfreunde hat in fast allen Bundesländern Untersuchungen zur Biodiversität von Haus- und Freizeitgärten durchgeführt und dabei ermittelt, das bezüglich der dort zu findenden Nahrungspflanzen, Bienenweide und Zierpflanzen in hohem Maße zur Arten- und Sortenvielfalt von Kulturpflanzen und damit zum Erhalt der Agrobiodiversität beigetragen wird. An 83 Kartierungsstandorten wurden mehr als 2.000 Kulturpflanzenarten und mehr als 1.500 Sorten gefunden, die 170 verschiedenen Pflanzenfamilien angehörten. Vom Kulturapfel *(Malus x domestica)* und der Gattung der Rosengewächse *(Rosa)* wurden erwartungsgemäß die meisten Sorten nachgewiesen. Mit 86 Prozent (das sind 1.813 verschiedene Arten) dominieren die Zierpflanzen, von denen über 600 den Stauden zuzurechnen sind. Des Weiteren wurden 230 verschiedene Straucharten und 149 unterschiedliche Zwiebel- und Knollenpflanzen gefunden. 31 Prozent der erfassten Arten wurden nur ein einziges Mal gefunden. Es handelte sich oft um seltene bzw. auch „vergessene" Kulturpflanzenarten. Dazu gehören z. B. Helm- oder Faselbohne *(Lablab purpureus)*, winterharte Orchideen wie der Gelbe Frauenschuh *(Cypredium calceolus)*, die Moltebeere*(Rubus chamaemorus)* oder der sehr seltene Schmetterlingsblütler Tragant *(Astragalus angustifolius)*. Verglichen mit einem etwa 20 mal größeren Stadtpark wurden in einer Kleingartenanlage in Weißenfels (Sachsen-Anhalt) mehr als doppelt so viele Pflanzenarten ermittelt (BDG 2010).

---

Bezogen auf ihre Fläche weisen Städte eine höhere Pflanzen-Biodiversität auf als vergleichbar große Flächen in der Umgebung. In ländlich oder sogar naturbetonten Räumen ohne urbane Überprägungen wird die Pflanzenvielfalt im Wesentlichen durch Einflüsse der Geologie oder Topographie in Kombination mit aktuellen bzw. historischen Nutzungen geprägt. Diese Faktoren sind durch moderne Landbewirtschaftungsverfahren großflächig vereinheitlicht worden, um Nahrungsmittel und andere Produkte zu erzeugen. Demgegenüber sind Städte durch eher kleinflächige vom Menschen geprägte und oft ständig beeinflusste, sich sehr stark unterscheidende Standortmosaike geprägt, die einer größeren Anzahl an Pflanzenarten als Lebensraum dienen können. Hinzu kommen bewusst oder unbewusst eingeführte nicht heimische Pflanzenarten, die sich dauerhaft etablieren konnten (siehe auch Kap. 6.5).

Die Besiedelung dieser Flächen lässt sich anhand unterschiedlicher Anpassungsstrategien beschreiben. Grundsätzlich wird in der Ökologie dabei zwischen r- und K-Strategien unterschieden (STUGREN 1986). Die r-Strategien weisen hohe Vermehrungsraten auf und können (neue) Lebensräume sehr schnell mit hohen Individuendichten besiedeln. Weil sie auch hohe Sterberaten aufweisen, kommt es zu hohen Fluktuationen der Populationsdichte. Diese Arten sind an Lebensräume mit hohem Störpotenzial angepasst. Demgegenüber dominieren K-Strategien in ausreichend mit allen Ressourcen ausgestatteten Lebensräumen, die zeitlich betrachtet konstant oder saisonal vorhersagbar sind (BEGON et al. 1991). Das Wachstum ihrer Populationen lässt sich mittels einer asymptotischen Wachstumskurve beschreiben, wobei ein langsames kontinuierliches Wachstum mit niedrigen Vermehrungs- und Sterberaten bis zur unüberbrückbaren Populationsgröße K zu beobachten ist (STUGREN 1986).

In einem darüber hinausgehenden Modell hat GRIME (1979) eine Klassifikation von Biotopen und Pflanzenlebenszyklen entwickelt, die in der folgenden Abbildung 6.1 die besondere Vielfalt sehr unterschiedlicher urbaner Lebensräume darstellt (GILBERT 1994). Die betrachteten Biotope werden bezüglich ihrer unterschiedlichen Störungsintensitäten, verursacht durch Fraß, Krankheiten, Trittbelastung oder katastrophale Umwelteinwirkungen (Wind, Feuer, Überschwemmung), eingeteilt und die Verfügbarkeit von Licht, Wasser und Mineralstoffen abgeschätzt. Bei geringem Störpotenzial und ausreichender Ressourcenverfügbarkeit etabliert sich eine eher dichte Population mit Konkurrenzstrategie (K). Bei ebenfalls günstiger Ressourcenausstattung, aber hohem Störpotenzial, ist

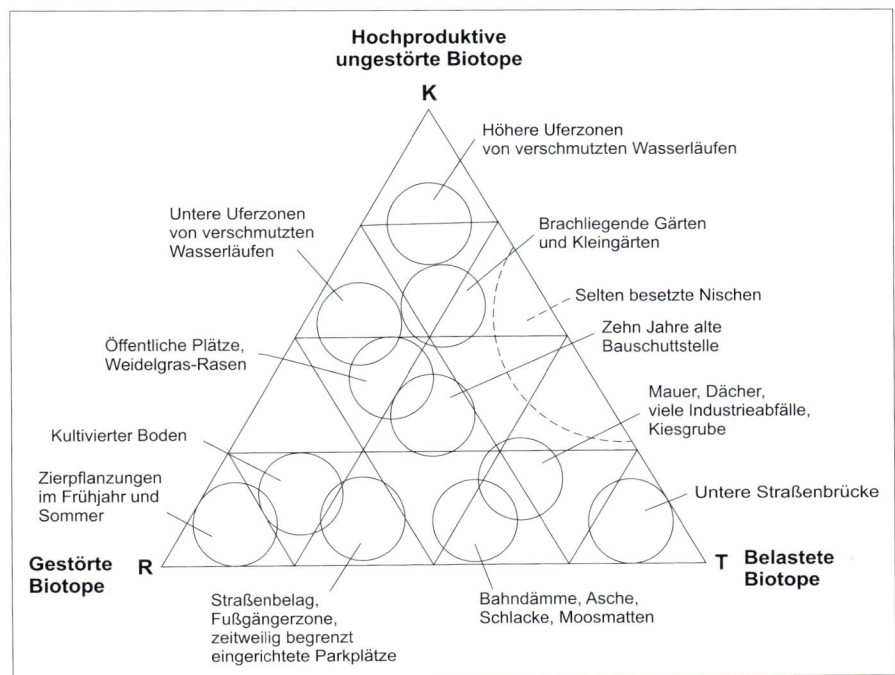

**Abb. 6.1:** Das K-R-T-Modell nach GRIME (1979). Das Modell zeigt die Spannbreite der Biotope in Städten (verändert)

die Ausbildung einer **Ruderal-Strategie (R)** zu erwarten. Die **Toleranz-Strategie (T)** ist dann sinnvoll, wenn die verfügbaren Ressourcen gering sind und zusätzlich spezifische **Belastungssituationen (z.** B. durch Schwermetalle, Luftverunreinigungen oder organische Giftstoffe) gegeben sind (BEGON et. al. 1991). Die Anwendung dieses Modells auf urbane Biotope ist sehr überzeugend (GILBERT 1994). Ruderal angepasste Organismen und gestörte Biotope können dem r-Typ zugeordnet werden, während konkurrierende Organismen mit wenig gestörten und ressourcenreichen Biotopen eher dem K-Typ entsprechen. GRIMES Modells ist deshalb hilfreich, weil es die Tatsache beschreibt, dass viele Organismen in Biotopen leben, die zwar vorhersagbar sind, dabei aber voraussagbar feindliche Lebensvoraussetzungen aufweisen (u. a. in Wüsten, an den Polkappen, im Hochgebirge, aber ebenso auch in den Städten) (BEGON et al. 1991).

In Tabelle 6.1 sind die Folgen der menschlichen Einflussnahme auf die urbane Pflanzenwelt überblickhaft dargestellt (WITTIG 1996).

**Tab. 6.1:** Auswirkungen menschlicher Einflussnahmen auf die Pflanzenwelt (WITTIG 2002)

| menschliche Einflussnahme | | | Auswirkungen aus „Sicht" der Pflanzen |
|---|---|---|---|
| Art | Objekt | Effekt | |
| INDIREKT | Klima | wärmer (insbesondere auch mildere Winter), trockener | Begünstigung wärmeliebender und trockenheitsresistenter Arten; Erhöhung der Überlebenschance frostempfindlicher Arten; kaum Existenzmöglichkeiten für stark (luft-)feuchtigkeitsabhängige Arten (Hygrophyten); Verlängerung der Vegetationsperiode |
| | | Luft stärker verschmutzt | Begünstigung toxitoleranter Arten; Benachteiligung empfindlicher Arten |
| | Boden | nährstoffreicher, basischer | Begünstigung nährstoffliebender, basiphiler Arten |
| | | schadstoffreicher | Konkurrenzvorteil für schadstoffresistente Arten |
| | | wasserärmer | Vorteil für Wassersparer und/oder extreme Tiefwurzler; kaum Existenzmöglichkeiten für Hygrophyten |
| | Wasser | Grundwasser abgesenkt, Oberflächenwasser schneller abfließend | |

| | | | |
|---|---|---|---|
| | Ge-wässer | eingefasst, kanalisiert oder verrohrt, verschmutzt | kaum Chance für Sumpf- und Wasserpflanzen (Helo- und Hydrophyten) |
| D I R E K T | gesamter Standort | Störung, Vernichtung, Neuschaffung | Begünstigung von einjährigen Arten (Therophyten) mit kurzem Generationszyklus (mehrere Generationen pro Jahr), hohe Samenproduktion, effektiver Ausbreitungsmechanismen (z. B. Windverbreitung), langlebiger Samenbank; Verringerung der Konkurrenz: bessere Chancen für Neuankömmlinge (Neophyten) |
| | Pflanze | Bekämpfung | |
| | | mechanische Schädigung | Vorteile für regenerationskräftige Arten; Nachteile für zart gebaute oder bruchempfindliche Spezies |

Generell kann die Situation der Pflanzenarten in mitteleuropäischen Städten folgendermaßen zusammenfassend beschrieben werden (WITTIG 2002):

- Die Zusammensetzung der aktuellen Vegetation weicht ganz erheblich von der Flora ab, die auf der gleichen Fläche in Zeiten weniger intensiver Urbanisation vorkam.
- Die Vegetation der urbanen Räume unterscheidet sich signifikant von der Flora des Umlandes.
- Das Artenspektrum mitteleuropäischer Städte vergleichbarer Größe ähnelt sich erheblich.

Den Zusammenhang zwischen der Anzahl aller in einer Stadt kartierten Gefäßpflanzenarten und ihrer Einwohnerzahl zeigt die folgende Abbildung 6.2, die sehr stark an vergleichbare Zusammenhänge der Inseltheorie erinnert. Die Pflanzen-Biodiversität ist in Stadtgebieten teilweise sehr unterschiedlich verteilt. In verschiedenen Städten konnte festgestellt werden, dass die Übergangszone vom Zentrum zum Stadtrand einen sehr hohen floristischen Reichtum aufweist. Dabei spielt die Größe einer Stadt eine wichtige Rolle. Je stärker eine Stadt wächst, desto weniger Pflanzenarten können im Stadtzentrum nachgewiesen werden. Allerdings weist es mehr Arten auf als das Umland. Bei weiterem Wachstum nimmt die Diversität kontinuierlich ab bis das Zentrum insgesamt artenärmer als das ursprüngliche Umland geworden ist.

Grundsätzlich konnte für Mitteleuropa festgestellt werden, dass bei einer Stadtfläche größer als 100 km² und einer Einwohnerzahl über 200.000 Menschen über 1.000 höhere Pflanzenarten vorkommen können. Pro km² wurden je nach Ausstattung und Nutzungsstruktur Anzahlen von knapp 30 bis über 600 Arten ermittelt (WERNER et al. 2002). Das aus insgesamt 16 verschiedenen Institutionen zusammengesetzte Netzwerk BioFrankfurt konnte für das fast 150 km² große

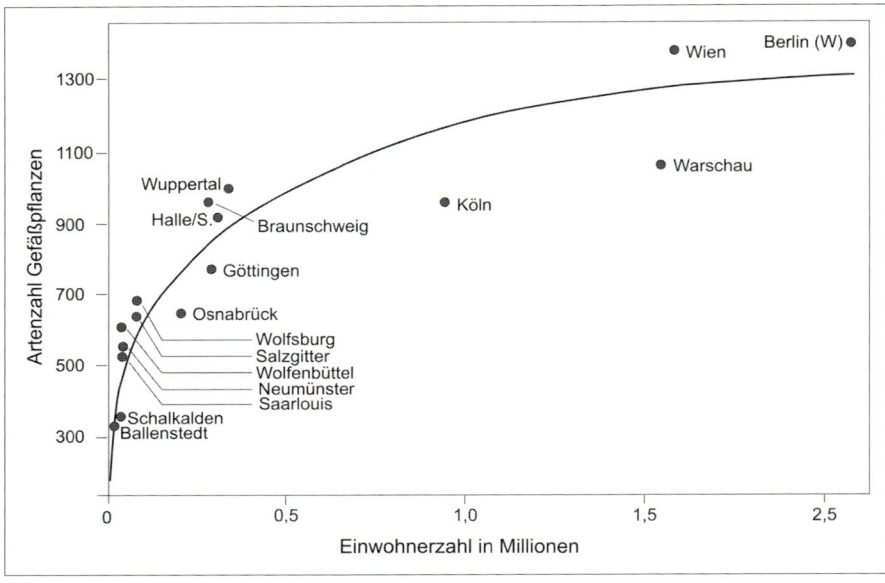

**Abb. 6.2:** Anzahl der Gefäßpflanzen und Einwohnerzahl von Städten (BRANDES & ZACHARIAS 1990, KLOTZ 1990; verändert)

Stadtgebiet von Frankfurt/Main insgesamt 1.675 Farn- und Blütenpflanzen ermitteln. Dies entspricht rund der Hälfte aller in Deutschland bekannten Arten, auch wenn das Stadtgebiet gerade einmal 0,06 % der Fläche der Bundesrepublik umfasst. Die Mittelgebirgsregion Taunus ist rund elf Mal größer und kann lediglich mit 1.250 Arten aufwarten (LEMHÖFER 2010).

Global betrachtet zeichnet sich in den letzten Jahren eine Tendenz zur Vereinheitlichung der urbanen Floren teilweise sogar über die Klimazonen hinaus ab. Mögliche Erklärungen liefern SUKOPP et al. 1995:
- Über weltumspannende Handelsnetze und Verkehrswege können von jeder Art sämtliche potenzielle Wuchsorte erreicht werden.
- Da menschliche Nutzungen in allen Städten die wichtigsten Standortfaktoren sind und sich global angleichen, weisen an anthropogene Standortfaktoren angepasste Pflanzenarten sehr gute Überlebenschancen auf, zumindest in vergleichbaren Klimazonen.
- Klimatisch bedingte Standortunterschiede werden in Städten ausgeglichen (u. a. durch den Wärmeinseleffekt).
- Da einheimische Arten in der Regel nicht an Störeinflüsse städtischer Lebensräume angepasst sind, werden die durch ebendiese Störungen entstandenen Vegetationslücken mit präadaptierten Neuankömmlingen besetzt.

Aktuelle Untersuchungen kommen zu den folgenden Aussagen (WERNER et al. 2009):
- Städte weisen bezüglich der Gefäßpflanzen eine hohe Vielfalt auf.
- Diese Vielfalt ist nicht stabil, sondern ihre Artenzusammensetzung ist von einer hohen Dynamik geprägt, egal wie lange eine Stadt existiert und in welcher Region der Erde sie sich befindet.
- Im Vergleich zu vor 100 Jahren ist ein Rückgang der Gesamtartenzahlen in den Städten festzustellen.
- Die absolute Zahl der Neophyten und ihr Anteil am Gesamtartenbestand steigt überall weiterhin an.
- Während der Anteil derjenigen Arten, die ehemals weit verbreitet waren, zurückgeht, steigt der Anteil derjenigen, die früher selten vorgekommen sind, an.

Die folgende Tabelle 6.2 listet Pflanzenarten auf, die ökologisch besonders eng an Stadtstandorte gebunden sind (WITTIG 1991, ELLENBERG 1996). Um in stark bebauten Räumen überhaupt existieren zu können, müssen sie besondere Eigenschaften aufweisen. Sie werden ausnahmslos leicht durch Wind, Tiere oder Menschen verbreitet, weisen viele Blüten mit hohem Fruchtansatz auf und benötigen keine Insekten als Bestäuber. Sie können durch mechanische Beeinträchtigungen wie Schnitt, Abbrechen oder Trittbelastung nicht beseitigt werden, weil sie schnell nachwachsen und lange in Samenform (bei ungünstigen ökologischen Verhältnissen) überdauern können. Aufgrund meist kleiner Blüten kann auch niemand auf die Idee kommen, Blumensträuße aus ihnen zu binden.

**Tab. 6.2**: Extrem urbanophile Arten (WITTIG 1991, ELLENBERG 1996)

| | |
|---|---|
| Blatthalm-Rispengras *(Poa compressa)* | Mäuseschwanz-Federschwingel *(Vulpia myuros)* |
| Dach-Trespe *(Bromus tectorum)* | Pfeilkresse *(Cardaria draba)* |
| Färber-Wau *(Reseda luteola)* | Sand-Schaumkresse *(Cardaminopsis arenosa)* |
| Gelber Wau *(Reseda lutea)* | Schmalblättrige Doppelsame *(Diplotaxis tenuifolia)* |
| Gemeine Nachtkerze *(Oenothera biennis)* | Stachel-Lattich *(Lactuca serriola)* |
| Graukresse *(Berteroa incarna)* | Taubenkropf-Leimkraut *(Silene vulgaris)* |
| Kali-Salzkraut *(Salsola kali)* | Ungarische Rauke *(Sisymbrium altissimum)* |
| Klebriger Gänsefuß *(Chenopodium botrys)* | Virginische Kresse *(Lepidium virginicum)* |
| Kleines Liebesgras *(Eragrostis minor)* | Weg-Diestel *(Carduus acanthoides)* |
| Mäuse-Gerste (Hordeum murinum) | Weißer Fuchsschwanz *(Amaranthus albus)* |

Zur näheren Charakterisierung der ökologischen Standorteigenschaften können unter anderem die Zeigerwerte nach ELLENBERG et al. (1992) herangezogen werden (siehe Kasten 6.3). Danach sind die als extrem urbanophil gekennzeichneten Arten (siehe Tabelle 6.2) an Offenlandbedingungen angepasst, vertragen aber auch kurze Phasen der Beschattung. Sie sind mit einer Temperaturzahl im Allgemeinen größer 6 sehr wärmebedürftig und können Wassermangelsituationen unproblematisch überdauern (Feuchtezahl 2 bis 4), sodass sie auch feinerdearme, steinige Standorte besiedeln können. Ihr Stickstoffbedarf ist eher gering (N-Zahl: 1 bis 4) und sie siedeln gern auf kalkreichen Standorten (Reaktionszahl 6 bis 9). Viele kamen in der natürlichen Umwelt nicht vor und sind entweder neu eingebürgert worden oder eingewandert (so genannte Neophyten, siehe auch unten). Für die Neubürger ist die Überlebenswahrscheinlichkeit in Städten deutlich besser, weil sie sich dort leichter durchsetzen konnten als im Umland, wo die Konkurrenz zu einheimischen Arten größer ist.

---

**Kasten 6.3: Zeigerwerte von Pflanzen**

Das ökologische Verhalten von Pflanzen kann anhand verschiedener Zeigerwerte genauer charakterisiert werden. Diese Werte berücksichtigen den herrschenden Konkurrenzdruck in der Vegetationsdecke und geben somit keine Auskunft über die physiologischen Ansprüche der einzelnen Pflanzenarten, die nur durch entsprechende Kulturversuche zuverlässig bestimmt werden könnten. Weil die Zeigerwerte eine sehr zuverlässige Ansprache der Standortverhältnisse ermöglichen, werden sie für die Beantwortung sehr unterschiedlicher Fragestellung in der ökologisch orientierten Planung verwendet. Als ordinale Skalierungen ersetzen sie keine empirischen Untersuchungen, sind jedoch ideal einsetzbar, wenn Messungen aus Zeit- bzw. Kostengründen nicht durchführbar sind oder wenn durch Vergleich historischer Vegetationsaufnahmen mit aktuellen Erhebungen Aussagen über eingetretene Standortveränderungen getroffen werden sollen. Da die Zeigerwerte seit vielen Jahrzehnten immer wieder überarbeitet wurden, ist eine mathematische Weiterverarbeitung durchaus zulässig und führt auch zu plausiblen Ergebnissen, wenn der Bearbeiter eine kritische Distanz und große Sorgfalt bei der Interpretation seiner Rechenergebnisse walten lässt. Die ökologische Bewertung der Gefäßpflanzen erfolgt über sieben Ziffern. Dabei wurden die drei klimatischen Faktoren Licht, Wärme und Kontinentalität, die drei Bodenfaktoren Feuchtigkeit, Bodenreaktion und Stickstoffversorgung sowie das Verhalten zum Salz- bzw. Schwermetallgehalt des Bodens eingestuft. Dies erfolgt über eine neunteilige Skala (beim Feuchtefaktor 12-teilig), wobei 1 das geringste und 9 das größte Ausmaß des bewerteten Faktors kennzeichnet.

Einige andere wichtige Faktoren konnten bisher nicht aufgenommen werden, weil sie sich entweder einer differenzierten Betrachtung weitgehend entziehen (z. B. Phosphor) oder indirekt durch andere Zeigerwerte beschrieben werden (z. B. Calciumgehalte durch die Reaktionszahl). Mechanisch wirksame Faktoren (Wind, Feuer oder Tritt durch Wildtiere) sind vergleichsweise leicht zu beurteilen bzw. wesentlich durch menschliche Nutzungen geprägt (Schnitt durch den Menschen oder Verbiss und Tritt durch Weidetiere) und somit ebenfalls mit verhältnismäßig geringem Aufwand selbst zu bestimmen.

ELLENBERG et al. (1992) definieren die ökologischen Zeigerwerte folgendermaßen:

L = Lichtzahl
Vorkommen von Pflanzen in Beziehung zur relativen Beleuchtungsstärke

T = Temperaturzahl
Vorkommen von Pflanzen im Wärmegefälle von der nivalen Stufe bis in die wärmsten Tieflagen

K = Kontinentalitätszahl
Vorkommen der Pflanzen im Kontinentalitätsgefälle von der Atlantikküste bis ins Innere Eurasiens

F = Feuchtezahl
Vorkommen der Pflanzen im Gefälle der Bodenfeuchtigkeit vom flachgründig trockenen Felshang bis zum Sumpfboden sowie vom seichten bis zum tiefen Wasser

R= Reaktionszahl
Vorkommen der Pflanzen im Gefälle der Bodenreaktion bzw. des Basen- und Kalkgehaltes im Boden

N = Stickstoffzahl
Vorkommen der Pflanzen im Gefälle der Mineralstickstoffversorgung während der Vegetationszeit

S = Salzzahl
Vorkommen der Pflanzen im Gefälle der Salz-, insbesondere der Chloridkonzentration im Wurzelbereich

B, b = Schwermetallresistenz
Vorkommen der Pflanzenarten an Standorten mit hoher Konzentration an Blei, Zink oder anderen Schwermetallen

Die verschiedenen Pflanzenarten bilden in den Städten unterschiedliche Pflanzengesellschaften aus (ELLENBERG 1996). Oftmals am häufigsten vertreten sind mehrschnittige artenarme Rasengesellschaften. Des Weiteren kommen Trittrasengesellschaften vor, die die Zwischenräume von Pflastersteinen besiedeln. Auch kurz- bis langlebige Ruderalgesellschaften sind in unterschiedlichen Artenzusammensetzungen anzutreffen. Große Brachflächen weisen im Allgemeinen die höchste Diversität sowohl bezüglich unterschiedlicher Vegetationsgesellschaften als auch im Hinblick auf die Artendiversität auf. Wenn sie längere Zeit ungestört bleiben, können sich hier auch Gebüsche und Baumbestände entwickeln. Die folgende Tabelle 6.3 zeigt in deutschen Städten typischerweise anzutreffende Baumarten, die in den meisten Fällen vom Menschen bewusst gepflanzt wurden und sich nur ganz selten durch längerfristige Sukzession in urbanen Räumen ausbreiten konnten.

**Tab. 6.3:** Typische Baumarten, die in urbanen Räumen anzutreffen sind (WITTIG 2002)

| Heimisch: | Nicht heimisch: |
| --- | --- |
| Linde *(Tilia spec.)* | Rosskastanie *(Aesculus hippocastanum)* |
| Birke *(Betula pendula)* | Walnuss *(Juglans regia)* |
| Berg-Ahorn *(Acer pseudo-platanus)* | Zucker-Ahorn *(Acer saccharinum)* |
| Hainbuche *(Carpinus betulus)* | Robinie *(Robinia pseudoacacia)* |
| Spitz-Ahorn *(Acer platanoides)* | Omorika-Fichte *(Picea omorica)* |
| Stiel-Eiche *(Quercus robur)* | Schwarzkiefer *(Pinus nigra)* |
| Esche *(Fraxinus excelsior)* | |
| Feld-Ahorn *(Acer campestre)* | |
| Europäische Fichte *(Picea abies)* | |
| Lärche *(Larix decidua)* | |
| Eibe *(Taxus baccata)* | |

## 6.5 Neophyten

Als Neophyten bezeichnet man Pflanzenarten, die nach 1500 n. Chr. in Mitteleuropa bewusst oder unbewusst eingeführt (bzw. eingeschleppt) wurden. Als Handels- und Verkehrszentren übernahmen Städte auch die Funktion idealer Einwanderungstore für in Mitteleuropa ursprünglich nicht einheimische Pflanzenarten. Typischerweise handelt es sich dabei um Orte, an denen Waren (aber auch Abfallprodukte) u. a. aus dem Landwirtschafts- und Forstsektor um- bzw. ausgeladen, gelagert oder weiterverarbeitet werden, also Hafenanlagen, Güterbahnhöfe, Lager- und Markthallen, verarbeitende Betriebe (Sägewerke, Mühlen, Webereien oder Lebensmittelhersteller) und auch Abfalldeponien, Gartenanlagen und selbst Vogelfutterhäuschen. Vor allem in früheren Zeiten war auch das damals verwendete Verpackungsmaterial in Form von Rinde, Stroh, Blättern oder auch anderen organischen Materialien Ausgangsbasis für die Verbreitung von Neophyten.

Die folgende Abbildung 6.3 verdeutlicht sehr klar die Wechselwirkung zwischen der Bevölkerungsentwicklung (in diesem Fall in der Großstadt Berlin) und der Anzahl der neophytischen Ruderalarten.

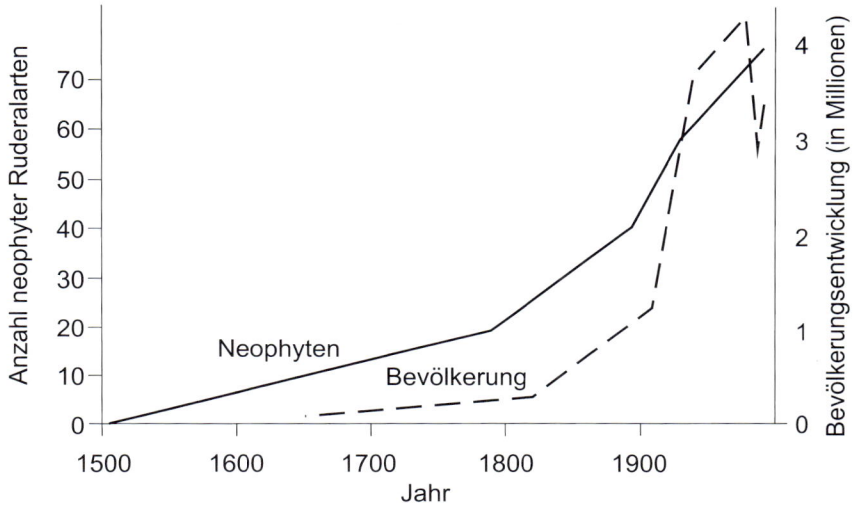

**Abb. 6.3**: Beziehung zwischen der Bevölkerungsentwicklung in Berlin und der Anzahl an krautigen Ruderalpflanzen, die nach 1500 n.Chr. eingeführt wurden (SUKOPP et al. 1979; verändert)

Die überwiegende Mehrzahl der Neophyten wird unbeabsichtigt als Samen mit anderen Frachten eingeschleppt. Sie finden sich sowohl an verschiedenen Ankunftsorten (wie z. B. Häfen, Flughäfen oder Bahnhöfen) als auch entlang der Transportwege (Straßen, Kanälen oder Schienensträngen) sowie an den Bestimmungsorten (meist Industriegebiete). Viele Arten können nicht dauerhaft überleben. Die folgende Tabelle unterscheidet eingeführte Pflanzenarten nach ihrem Einbürgerungsgrad (GILBERT 1994). Die Zugehörigkeit zu den (unterschiedenen) Kategorien kann allerdings variieren.

**Tab. 6.4**: Einteilung der Pflanzen nach ihrer Herkunft und ihrem Einbürgerungsgrad (GILBERT 1994)

| | |
|---|---|
| Einheimische Arten | Arten, die von einem Ursprungsort, an dem die Pflanzen heimisch sind, in den städtischen Lebensraum auf natürliche Weise ohne menschlichen Einfluss, absichtlich oder unabsichtlich, gelangt sind. |

| Nicht einheimische Arten | Arten, die absichtlich oder unabsichtlich durch menschliches Handeln eingeschleppt wurden. |
|---|---|
| | (1) Neuheimische: Eingeführte Arten, die einen festen Platz in der naturnahen Vegetation haben. |
| | (2) Kulturabhängige: Eingeführte Arten, die sich nur in von Menschen beeinflusster Vegetation etablieren konnten. |
| | (3) Unbeständige: Eingeführte Arten, deren Standorte und Durchsetzungskraft unbeständig sind. |

Der Anteil neu eingebürgerter Arten unterscheidet sich in den verschiedenen städtischen Biotopen ganz erheblich und kann wenige Prozente bis hin zu 50 % erreichen (WERNER et al. 2009). Der Anteil nimmt aber nicht automatisch mit dem Alter einer Stadt zu. In Rom mit seiner über zweitausendjährigen Geschichte wurde der aktuelle Anteil der einheimischen Arten mit 82 % ermittelt. Nur etwas mehr als 12 % waren Neophyten, der Rest somit Arten, die vor 1500 eingeführt wurden (so genannte Archäophyten). In Berlin wurden über 1.000 Neophyten nachgewiesen. Das sind knapp 50 % aller dort gefundenen Wildpflanzenarten (MÖLLER 2010).

## 6.6 Tiere der städtischen Lebensräume

Nach KLAUSNITZER (1993) wird die Bedeutung der in einer Stadt lebenden Tiere gegenüber den Pflanzen stark unterschätzt. Ihre Biomasse ist zwar deutlich geringer, ihre Diversität jedoch erheblich höher als die der Flora. Grundsätzlich wird davon ausgegangen, dass auf eine Pflanzenart etwa 10 Tierarten kommen, sodass sich schon aufgrund dieses Verhältnisses eine ungleich höhere Artenmannigfaltigkeit ergibt.

Mit dem Menschen und seinen verschiedenen Nutzungen ergeben sich für die Wildtiere vielfältige Wechselwirkungen in den von ihnen neu besiedelten städtischen Lebensräumen:

- Regenwürmer als entscheidende Organismengruppe zur Gesunderhaltung von Böden,
- Möglichkeit des aktiven und passiven Monitoring der Umweltqualität (Bioindikation) u. a. mittels Rückstandsanalysen,
- Tiergesellschaften als Indikator zur Bestimmung ökologischer Qualitäten und Wertigkeiten,
- Schutz und Erhaltung städtischer Grünsysteme mittels Förderung natürlich vorkommender Parasiten und Raubtiere,
- Schutz bedrohter Arten,
- Begegnungen mit Wild- und Haustieren in der Stadt als Grundlage der physischen Gesundheit des Menschen,

- Schädigung von Vorräten und Materialien (z. B. Tauben),
- Erreger und Überträger von Krankheiten und
- Entstehung störender und gesundheitsgefährdender Abfälle (Hunde- und Taubenkot).

Im Folgenden soll die Tiergruppe der Vögel etwas ausführlicher beschrieben werden. Im Gegensatz zu anderen Tierklassen lassen sich Vogelarten akustisch und optisch sehr leicht bestimmen, weisen aufgrund ihrer Standortansprüche und ihrer hohen Mobilität meist gute Indikatoreigenschaften auf und gehören zu den attraktiven Arten, die für die meisten in der Stadt wohnenden Menschen eher mit positiven Assoziationen (Gesang) verbunden sind. Für ihren Erhalt und das ungestörte Überleben in den verschiedenen Habitaten (zu der auch die Städte gerechnet werden) wird von Naturschutzorganisationen bereits seit über 100 Jahren gekämpft. Ebenso lange werden wissenschaftliche Beobachtungen durchgeführt, sodass über diese Gruppe sehr viel mehr Informationen vorliegen als über irgendeine andere Tiergruppe. Des Weiteren stehen auch einige Vertreter dieser Gruppe auf der Roten Liste gefährdeter Tierarten für die Bundesrepublik Deutschland (BfN 2009, siehe auch Kasten 6.1). Auch andere sehr mobile (flugfähige) Tiergruppen (Fledermäuse, Schmetterlinge und verschiedene Insektengruppen) konnten Städte als neue Lebensräume erobern.

Vergleicht man die Brutvogelanzahl und -dichte mit gut untersuchten Naturschutzgebieten, stellt man fest, dass es eine Stadt wie München mit 110 nachgewiesenen unterschiedlichen Brutvogelarten sehr gut mit vielen bayerischen Naturschutzgebieten bezüglich der Artenvielfalt aufnehmen kann. Berlin mit über 140 verschiedenen Brutvogelarten gibt sogar 150 verschiedene Arten an und übertrifft damit nahezu alle deutschen Naturschutzgebiete (MÖLLER 2010). Auch

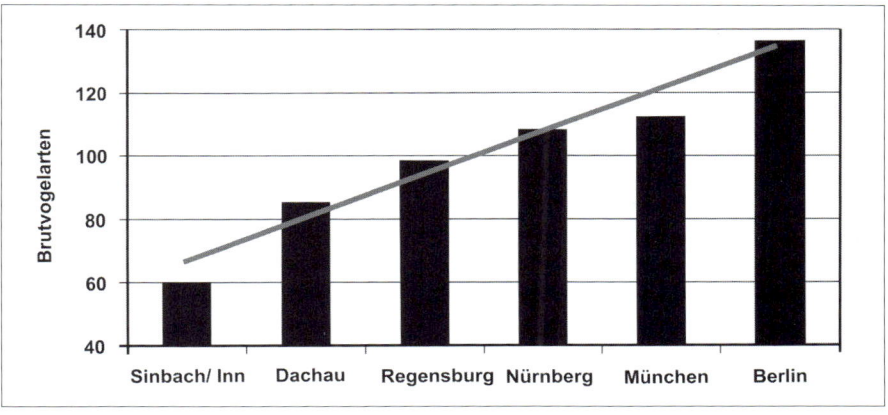

**Abb. 6.4:** Zahl der Brutvogelarten im Stadtgebiet (REICHHOLF 2007; verändert)

Köln weist eine Besonderheit auf: Hier konnten mit nahezu 1.150 Brutpaaren je Quadratkilometer die dichtesten Brutvogelbestände deutschlandweit nachgewiesen werden. Insgesamt wurde festgestellt, dass die Reichhaltigkeit der Vogelwelt und der Brutbestand an Vogelindividuen mit der Größe einer Stadt anwächst (REICHHOLF 2010).

Vergleicht man die Verhaltensweisen der städtischen Brutvogelarten mit ihren Verwandten in natürlichen Lebensräumen, können zum Teil Anpassungseffekte beobachtet werden, die das Überleben der Art im städtischen Lebensraum verbessern (KLAUSNITZER 1987 & 1993):

- Die Anpassungen können so weit fortschreiten, dass städtische Lebensräume Optimalhabitate für bestimmte Arten darstellen, sie ausschließlich dort brüten und hohe Individuendichten aufweisen.
- Es wurden auch Erweiterungen der ökologischen Anpassungen beobachtet, sodass auch bisher nicht besiedelte suboptimale Habitate als Lebensraum dienen können.
- Urbane Populationen können sehr stabil sein, sich selbst reproduzieren und kaum Wechselwirkungen zu Umgebungspopulationen aufweisen. Zuwanderungen aus diesen sind zum Erhalt der Stadtpopulation auch gar nicht erforderlich.
- Innerhalb der Städte können höhere Lebenserwartungen und verlängerte Reproduktionsphasen beobachtet werden, wodurch die Überlebenswahrscheinlichkeit erhöht wird. Andererseits wurden auch verringerte Eizahlen, erhöhte Jugendmortalität oder gestörte Geschlechterverhältnisse (Männchenüberschuss) festgestellt.
- In den Städten können sich bisher nicht bekannte neue Vogelgemeinschaften herausbilden (siehe Tabelle 6.5).

Für das Überleben einiger Tierarten stellen Städte überaus günstige Ausgangsvoraussetzungen dar, die in den natürlichen Lebensräumen so nicht gegeben sind (ebd.):

- Nahrungsangebote sind oft vielfältiger und stehen vor allem auch im Winter (in der freien Natur eigentlich eine Periode des Nahrungsmangels) in Form von Nahrungsmittelresten des Menschen, aber auch in Form von Abfällen, Pflanzen oder Dung zur Verfügung.
- Die vielfältigen Strukturen der urbanen Räume stellen für bestimmte Arten ideale Wohn- und Braträume zur Verfügung.
- Vor allem im Winter wirkt sich die klimatische Situation begünstigend aus.
- Auch verschiedene Verhaltensänderungen wurden beobachtet: Gewöhnungseffekte an die Menschen (u. a. durch Verringerung der Fluchtdistanzen), Änderung von Nahrungsgewohnheiten (Winterfütterung), Veränderung jahreszeitlicher Rhythmen (u. a. verursacht durch nächtliche Beleuchtung, siehe auch Kasten 6.4).

- Für viele Arten besteht in der Stadt verringerter Feinddruck und geringere Konkurrenz, des Weiteren ist dort nur in Ausnahmefällen mit Bejagung zu rechnen (siehe Kasten 6.5).

---

**Kasten 6.4: Lichtverschmutzung**

Nächtliche Beleuchtung wurde als Beeinflussung der Umwelt lange Zeit völlig vernachlässigt, obwohl mittlerweile wissenschaftlich belegt werden konnte, das vielfältige Wirkungen auf Menschen und Tiere damit verbunden sein können. Das Hormon Melatonin steuert beim Menschen den Tag-Nacht-Rhythmus und wird in ausreichenden Mengen nur bei Dunkelheit freigesetzt. Es schützt kurzfristig vor Müdigkeit und längerfristig vor Darm-, Prostata- und Brustkrebs (MAPPUS-NIEDECK 2010). Viele Insektenarten verwechseln besonders hell strahlende Lampen mit der Sonne, kreisen die ganze Nacht um diese herum und fallen schließlich erschöpft zu Boden. Auf diese Weise sterben jedes Jahr Milliarden von Insekten an Straßenlaternen und stehen als Nahrung z. B. für Fledermäuse nicht mehr zur Verfügung. Auch von Zugvögeln ist bekannt, dass sie im Ozean beleuchtete Bohrinseln ansteuern und bis zur totalen Erschöpfung stundenlang umkreisen. Andere fliegen erschöpfende Umwege oder kollidieren mit beleuchteten Hochhäusern.

Auch Auswirkungen auf das Fortpflanzungsverhalten wurden beobachtet (KEMPENAERS et al. 2010). Die Straßenbeleuchtung entlang eines Waldrandes bewirkte bei vier von fünf untersuchten Arten deutlich frühere Gesangsaktivitäten vor allem bei den sowieso schon sehr früh singenden Rotkehlchen-Männchen *(Erithacus rubecula)* (im Schnitt 80 Minuten früher als die im dunklen schlafenden Artgenossen). Bei Blaumeisen *(Parus caeruleus)* konnte darüber hinaus festgestellt werden, dass die Eiablage unter Lichteinfluss durchschnittlich 1,5 Tage früher stattfand als bei wald- und waldrandlebenden Weibchen ohne Lichteinfluss. Frühere Eiablage könnte dann kritisch werden, wenn Phasen erhöhten Futterbedarfs der Jungvögel nicht mehr mit dem Zeitpunkt maximaler Futterverfügbarkeit zusammenfallen.

---

**Kasten 6.5: Jagd in Städten**

Auch jagdbare Tiere wie Feldhase *(Lepus europaeus)*, Wildkaninchen (Oryctulagus cuniculus), Fuchs *(Vulpes vulopes)*, Reh *(Capreolus capreolus)* und vor allem Wildschwein *(Sus scrofa)* sind zunehmend auch in besiedelten Gebieten anzutreffen. Das Nahrungsangebot ist sehr gut und der Feinddruck gering. Auch wenn in den Medien immer wieder davor gewarnt wird, gibt es Menschen, die diese Wildtiere aktiv füttern, sodass sie sich immer stärker an den Menschen gewöhnen und letztlich fast abhängig werden.

Besonders krasse Beispiele sind das Füttern von Tauben mit Getreidekörnern oder von Wildschweinen mit nicht zuvor gekochten Spaghetti, was dem Wohlbefinden dieser Tiere sicherlich nicht förderlich ist. Nach § 6 des Jagdgesetzes für die Bundesrepublik Deutschland gehören besiedelte Flächen keinem Jagdbezirk an und gelten somit als befriedete Bezirke, in denen das Jagdrecht ruht, in Ausnahmefällen jedoch zeitlich begrenzt (meist für ein Jahr) für eine genau eingegrenzte Fläche gestattet werden darf. Zu den befriedeten Bezirken gehören ebenso Parkanlagen, Kleingartengebiete und vergleichbare Flächen. Die Ausübung der Jagd obliegt einem (meist ehrenamtlich berufenen) Stadtjäger, der einen Jagdschein besitzen muss und die Erlaubnis hat Schusswaffen zu führen. Des Weiteren können auch Fallen zur Jagd verwendet werden. Da es sich meist um Tiere handelt, für die nach Bundesjagdgesetz die Länder zuständig sind (sogenanntes kleines Jagdrecht), weichen die Regelungen zum Teil erheblich voneinander ab.

SAEMANN (1970) machte sehr umfangreiche Erhebungen in Karl-Marx-Stadt (heute wieder Chemnitz) und konnte unterschiedlich intensive Bevorzugungen der verschiedenen Vogelarten an die in Städten vorzufindenden Lebensräume (von ihm als Urbanisierungsgrad bezeichnet) feststellen (siehe Tabelle 6.5).

**Tab. 6.5:** Gruppeneinteilung der Brutvögel nach dem Grad der Urbanisierung (SAEMANN 1970)

| 1. | Verstädterte Arten: fast ausschließlich innerhalb von Siedlungen, Wohnkomplexen und Industrieanlagen brütend. Bruten in anderen Habitaten sind sehr selten, haben einen Stadthabitatbezug oder die Siedlungsdichte ist sehr gering. |
|---|---|
| 1.1 | Hauptsächlich in der „City" und der Wohnblockzone brütend: Dohle *(Coloeus monedula)*, Haussperling *(Passer domesticus)*, Haustaube *(domestizierte Form von Columba livia)*, Mauersegler *(Apus apus)*, Türkentaube *(Streptopelia decaocto)*, Turmfalke *(Falco tinnunculus)*. |
| 1.2 | Die größte Dichte wird in der Gartenstadt, der Stadtrandlandschaft und den Vororten erreicht: Amsel *(Turdus merula)*, Feldsperling *(Passer montanus)*, Gelbspötter *(Hippolais icterina)*, Girlitz *(Serinus serinus)*, Grauschnäpper *(Muscicapa striata)*, Grünfink *(Carduelis chloris)*, Hausrotschwanz *(Phoenicurus ochruros)*, Mehlschwalbe *(Delichon urbicum)*. |
| 1.3 | Ausschließlich auf städtischem Öd- und Brachland brütend: Haubenlerche *(Galerida cristata)*. |
| 2 | Verstädternde Arten: Diese brüten auch außerhalb der Stadt in großer Dichte. Der Prozess der Urbanisierung ist unterschiedlich weit fortgeschritten. |

| 2.1 | Bis in vegetationsärmste Habitate vordringend: Blaumeise *(Parus caeruleus)*, Kohlmeise *(Parus major)*, Gartenrotschwanz *(Phoenicurus phoenicurus)*, Ringeltaube *(Columba palumbus)*, Star *(Sturnus vulgaris)*, Klappergrasmücke *(Sylvia curruca)*. |
|------|------|
| 2.2 | In stärker begrünten Habitaten vorkommend: z. B. Singdrossel *(Turdus philomelos)*, Buchfink *(Fringilla coelebs)*, Elster *(Pica pica)*, Kleiber *(Sitta europaea)*. |
| 2.3 | In vegetationsreichen Stadthabitaten brütend: 20 bis 25 Arten, u. a. Buntspecht *(Dendrocopos major)*, Rotkehlchen *(Erithacus rubecula)*, Stieglitz *(Carduelis carduelis)*. |
| 2.4 | Auf städtischem Brach- und Ödland brüten 8 Arten, u. a. Sumpfrohrsänger *(Acrocephalus palustris)*, Dorngrasmücke *(Sylvia communis)*, Goldammer *(Emberiza citrinella)*. |
| 2.5 | Gewässer im Stadtgebiet: Stockente (Anas platyrhynchos), Höckerschwan *(Cygnus olor)*, Teichhuhn *(Gallinula chloropus)*, Flussregenpfeifer *(Charadrius dubius)*. |
| 3. | Neutrale Arten: 27 Arten, z. B. Baumpieper *(Anthus trivialis)*, Grauammer *(Emberiza calandra)*. |

Bereits 1970 wurden von SAEMANN städtische Avizönosen mit starker Bindung an urbane Habitate unterschieden:

1. Vogelgemeinschaften der Siedlungsstrukturen
   - Dohle-Turmfalke-Gesellschaft: bewohnt die höchsten Siedlungsstrukturen, wie Türme, Kirchen, hohe Industriebauten und Brücken.
   - Mauersegler-Gesellschaft: besiedelt vorzugsweise Siedlungsstrukturen mittlerer Höhe (drei- oder viergeschossige Wohnhäuser).
   - Bachstelze-Hausrotschwanz-Rauchschwalbe-Gesellschaft: besiedelt vorzugsweise Siedlungsstrukturen geringer Höhe (meist zweigeschossige Wohnhäuser, Einzelhäuser, Flachbauten, u. ä.).
2. Vogelgemeinschaften naturbetonter Großstadtstrukturen
   - Grünfink-Türkentaube-Gesellschaft: bevorzugt Habitate, in denen bis 50 % der Gesamtfläche von naturbetonten Strukturen (Bäume, Sträucher) bedeckt sind oder kleine flächennaturnahe Strukturen bis zu 2 ha Größe innerhalb des Siedlungsgebietes.
   - Girlitz-Gartenrotschwanz-Gelbspötter-Klappergrasmücke-Gesellschaft: bevorzugt Gartenstadthabitate, in denen der Flächenanteil naturbetonter Strukturen etwa 50 % beträgt.
   - Dorngrasmücke-Sumpfrohrsänger-Gesellschaft: besiedelt Flächen naturbetonter Strukturen mit reicher Krautschicht, geringer Strauchschicht und fehlender Baumschicht, vor allem Ruderalstellen und andere durch den Menschen stark beanspruchte Standorte.
   - Haubenlerche-Gesellschaft: ähnlich wie Dorngrasmücke-Sumpfrohrsänger-Gesellschaft, jedoch mit geringerem Deckungsgrad der Bodenvegetation.

FLADE hat 1994 die Brutvogelgemeinschaften Mittel- und Norddeutschlands untersucht und dabei verschiedene Lebensräume (auch der Siedlungen) anhand von Leitartengruppen klassifiziert. Als Leitarten charakterisiert er Spezies, die in einem oder wenigen Strukturtypen statistisch nachweisbar (signifikant) höhere Stetigkeiten und im Allgemeinen auch viel höhere Siedlungsdichten aufweisen als in anderen Typen. In Parkanlagen sind durchaus auch typische Arten von Laubwäldern und Auen anzutreffen [Kleiber *(Sitta europaea)*, Grünspecht *(Picus viridis)* und Gelbspötter *(Hippolais icterina)*]. In städtischen Freiräumen mit hohem Anteil an grünlandähnlichen Rasenflächen haben vor allem Offenlandarten, die früher in der freien Landschaft stark verfolgt wurden, neue Lebensräume gefunden [Elster *(Pica pica)* und Saatkrähe *(Corvus frugilegus)*]. In stark durchgrünten Strukturtypen, wie Friedhöfen, Parkanlagen, Gartenstädten oder Kleingartenanlagen, sind typische als Busch- und Baumfreibrüter bekannte Arten wie Girlitz *(Pyrrhula pyrrhula)* oder Türkentaube *(Streptopelia decaocto)* (beide während des letzten Jahrhunderts aus Südosteuropa eingewandert) sowie Höhlen- und Nischenbrüter, wie Feldsperling *(Passermontanus)*, Gartenrotschwanz *(Phoenicurus phoenicurus)* oder Grauschnäpper *(Muscicapa striata)*, anzutreffen. Sie können in Nistkästen, Baumhöhlen und Gebäuden brüten. Als ausgesprochene Siedlungsspezialisten sieht er Haussperling *(Passer domestica)* und Mauersegler *(Apus apus)* an, die in Städten hervorragende Ersatzhabitate für Felswände und Geröllfelder (wo sie natürlicherweise vorgekommen sind) gefunden haben. Weitere sehr verstädterte Arten sind Amsel *(Turdus merula)*, Rotkehlchen *(Erithacus rubecula)*, Grünfink *(Carduelis chloris)*, Elster *(Pica pica)*, Ringeltaube *(Columba palumbus)* und Stieglitz *(Carduelis carduelis)*. Sie können in ihren neuen Lebensräumen teilweise in viel höheren Beständen überleben als in ihren ehemaligen naturnahen Habitaten. Die Dichte vieler Arten ist vor allem in den letzten Jahren deutlich gestiegen, wobei die Allerweltsarten (Ubiquisten) am deutlichsten zunehmen, während der Anteil der Spezialisten eher rückläufig ist. Insgesamt konnte er feststellen, dass in städtischen Habitaten der Anteil der Spezialisten (bezüglich der Nistplatzwahl oder des Nahrungserwerbs) wesentlich höher war als in halboffenen Lebensräumen und vielen Waldtypen.

Der Vergleich der Aussagen von SAEMANN (1970) und FLADE (1994) zeigt, dass die Biodiversität der Avizönosen der Städte in Mitteleuropa in den letzten Jahrzehnten kontinuierlich zugenommen hat, was mit Sicherheit auch dadurch zu erklären ist, dass die landwirtschaftlich genutzten Flächen für immer mehr Tier- und Pflanzenarten immer lebensfeindlicher geworden sind (REICHHOLF 2007). In einem sehr aktuellen Vogelbestimmungsbuch (BERGMANN et al. 2008) werden etwa 150 verschiedene Vogelarten (von insgesamt über 470 in Europa vorkommenden Arten) aufgeführt, die ihre Lebensräume auch und vor allem in Siedlungen, Gärten und Parkanlagen haben. Eine weitere gut untersuchte Gruppe stellen die Schmetterlinge dar. REICHHOLF (2007) hat in München viele Jahre lang die Nachtfalter untersucht und dabei festgestellt, dass über 50 verschiedene Arten in zum Teil hohen Individuendichten auch in einer Großstadt existieren können, wobei im Vergleich zu einer Untersuchungsfläche in einem Dorf, sowohl bezüglich der Artenanzahl als auch der Individuenhäufigkeit, die Stadt deutlich besser abgeschnitten hat. Der Autor vermutet, dass dieser Befund mit der Klimagunst der Stadt erklärt werden kann.

Die folgende Abbildung 6.5 zeigt den Zusammenhang von Artenzahlen tag- und nachtaktiver Schmetterlinge in verschiedenen städtisch geprägten Lebensräumen der Großstadt München im Vergleich zu einem Untersuchungsgebiet in Niederbayern, das durch intensiven Ackerbau genutzt wird. Der Gradient von Innenstadtbereichen über Garten- und Parkanlagen hin zum Stadtrand ist geprägt durch zunehmende Vielfalt an Strukturen und geringen Nährstoffeintrag. Selbst das dicht bebaute Stadtgebiet weist deutlich höheren Artenreichtum auf als die Ackerflur (REICHHOLF 2004).

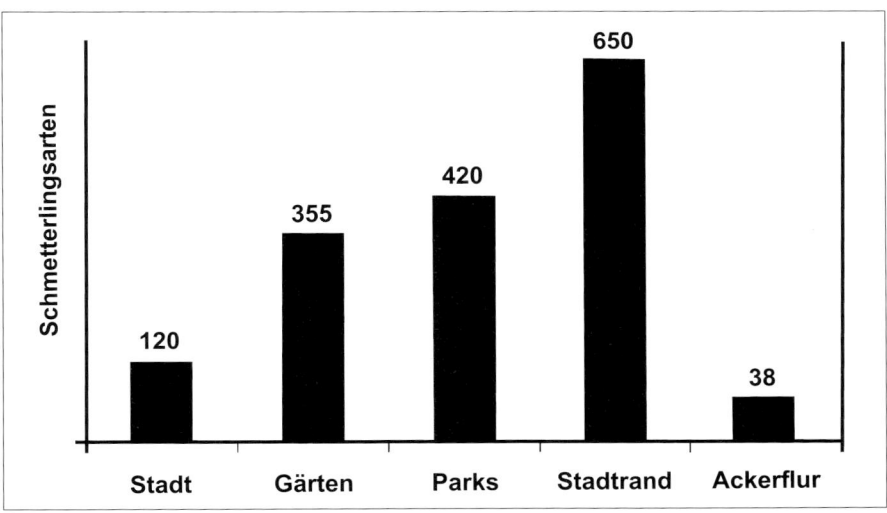

**Abb. 6.5**: Artenvielfalt von Schmetterlingen in verschiedenen urbanen Raumeinheiten (REICHHOLF 2004)

Auch wenn in Städten insgesamt eine erfreuliche Vielfalt sehr unterschiedlicher Brutvogelgemeinschaften zu verzeichnen sind, sind bezüglich einzelner Arten auch gegenteilige Entwicklungen zu beobachten. Hierfür ist der Haussperling *(Passer domestica)* ein sehr gutes Beispiel. Sein ursprünglicher Lebensraum wird in trocken-warmen Baumsavannen und halbwüstenähnlichen Gebieten Westasiens vermutet. Seit der Mensch vor etwa 10.000 Jahren damit begann Getreide zu säen und Städte zu gründen (was unter anderem ebenfalls in Westasien geschah), wurde diese Art aufgrund ihrer flexiblen Lebensweise und einem breiten Nahrungsspektrum zum steten Begleiter des *Homo sapiens.* In den letzten Jahren sind seine vormals riesigen Bestände zum Teil erheblich zurückgegangen, z. B. in London um 70 % (im gesamten Königreich ist eine Halbierung der Population seit den 70er Jahren des letzten Jahrhunderts beobachtet worden) oder in Hamburg sogar um 85 % in den letzten 25 Jahren (BÖRNECKE 2010). Dies ist deutlich mehr als die für die gesamte Bundesrepublik festgestellte Verminderung um etwa ein Fünftel in den letzten 30 Jahren auf einen Bestand von nunmehr 10 bis 20 Millionen Individuen. Hauptgründe sind der Wegfall von Lebens- und Bruträumen infolge moderner Fassadendämmung ohne Nischen und Höhlen als Nistmöglichkeiten, sterile Neubauten und ein verringertes Angebot an eiweißreicher Insektennahrung zur Brutzeit infolge der Bebauung ehemaliger Brachflächen. In London soll durch die Aussaat von artenreichen Wildblumen- und Grassaaten in über 20 Parkanlagen zukünftig die Nahrungsgrundlage des Haussperlings deutlich verbessert werden, um die derzeitige Population mindestens zu erhalten oder den Bestand in Zukunft wieder zu vergrößern.

Eine ganz andere (positive) Entwicklung nahm die Population des Wanderfalken *(Falco peregrinus)*, der mittlerweile auch in vielen Stadtgebieten als Brutvogel nachgewiesen ist (MÖLLER 2010). Nach der neuesten Roten Liste, wird sein Bestand im Jahr 2005 mit über 800 Brutpaaren als nicht mehr gefährdet eingestuft (BfN 2010). Bis in die Mitte der 1970er Jahre war diese Art in der damaligen DDR ausgestorben und in der Bundesrepublik bis auf unter 50 Brutpaare reduziert worden (MÖLLER 2010). Hauptursache dafür war das vor allem nach dem Zweiten Weltkrieg in immer größeren Mengen ausgebrachte Insektizid DDT und seine Umwandlungsprodukte (DDE und DDD), die dazu führten, dass die Eierschalendicke des Wanderfalken deutlich abnahm, sodass es beim Brutvorgang zum Zerquetschen der Eier kam oder aus anderen Gründen der Bruterfolg ausblieb. Erst mit dem weltweiten Verbot der Ausbringung von DDT konnte sich der Bestand erfolgreich regenerieren, sodass heute auch zunehmend urbane Räume als Jagd- und Brutrefugium gewählt werden. So findet man ihn ähnlich dem Turmfalken auf Kirchtürmen ebenso wie auf Hochhäusern der Frankfurter City. Aus nahrungstechnischen Gesichtspunkten handelt es sich um ideale Lebensräume, denn die Hauptnahrung sind Vögel bis zu einem Gewicht von etwa 500 Gramm, die sich in großen Mengen in Städten finden. Wanderfalkenweibchen erlegen gern Tauben und tragen so auch deutlich zur Verminderung dieser aufgrund ihrer Vermehrungsfreudigkeit auch als „Ratte der Luft" bezeichneten Vogelart bei. Als weitere Greifvogelart, deren Bestand sich seit Mitte der 1970er Jahre auch in Stadtgebieten sehr positiv entwickelt hat, gehört der Sperber *(Accipiter nisus)*, der vor allem Parkanlagen als Lebensraum nutzt (REICHHOLF 2007).

Insgesamt muss die Entwicklung der Brutvogelbestände in Siedlungen (also Städten und Dörfern) als uneinheitlich beschrieben werden. Den oben genannten teils recht positiv zu beurteilenden Entwicklungen stehen Bestandsrückgänge gegenüber, die das langjährige Vogelmonitoring des DDA et al. (2010)

dokumentiert. Da in dieser Unterlage nicht explizit zwischen Städten und Dörfern unterschieden wird, soll im Folgenden ausnahmsweise eine Betrachtung der Situation aller Siedlungen (also nicht nur der Städte) vorgenommen werden. Danach sind in den beiden zurückliegenden Jahrzehnten zum Teil ganz erhebliche Bestandsreduktionen zu beobachten. Rund ein Fünftel der in Siedlungen vorkommenden Arten sind in den Roten Listen verzeichnet. Überdurchschnittlich stark abgenommen haben die Arten, die an und in Gebäuden brüten: Dohle *(Coloeus monedula)*, Hausrotschwanz *(Phoenicurus ochruros)*, Haussperling *(Passer domesticus)* und Mauersegler *(Apus apus)*. Der Girlitz *(Serinus serinus)* als Samenfresser leidet am Rückgang und der Strukturveränderung von Kleingartenanlagen und die in strukturreichen Gärten und Streuobstwiesen brütenden Arten Wendehals *(Jynx torquilla)* und Gartenrotschwanz *(Phoenicurus phoenicurus)* weisen ebenfalls erhebliche Bestandsrückgänge auf. Als Langstreckenzieher sind sie zusätzlichen Gefährdungen ausgesetzt. Dies gilt auch für Rauch- *(Hirundo rustica)* und Mehlschwalben *(Delichon urbicum)*, deren Bestände in den letzten 15 Jahren auch infolge der Veränderungen bäuerlicher Betriebe (Versiegelung von Hofflächen, geschlossene Stallgebäude) deutlich abgenommen haben.

Im Vergleich zu natürlichen Lebensräumen weisen Städte auch Gefahren auf, die zu Verletzungen und Tötungen von Tieren führen können (siehe Tabelle 6.6), allen voran der Straßenverkehr, von dem vor allem Insektenarten (Anlockung durch Erwärmung, Belichtung und Trockenheit der Fahrbahndecke), Vogelarten mit geringer Flughöhe (Haussperling und Amsel), Mäuse (gering entwickelter Sehsinn, Blendung durch Scheinwerfer), Fledermäuse (Jagdgebiete im Straßenrandbereich) und Igel (Schreckreaktionen, Nahrungssuche am Straßenrand) betroffen sind (KLAUSNITZER 1987).

In einem Übersichtsartikel beschreiben WILLIGALLA et al. (2010) die Libellendiversität in mitteleuropäischen Städten. Von allen in Deutschland bekannten Libellenarten kommen 62 Spezies (das sind 77 %) auch in urbanen Räumen vor, sodass Städte insgesamt eine hohe Artdiversität für diese Tiergruppe aufweisen. Begründet wird dies mit der dort vorzufindenden Strukturdiversität. Allerdings wurde auch festgestellt, dass städtische Lebensräume zu einer Homogenisierung beitragen, was zu höheren Ähnlichkeiten im Vergleich zum nicht bebauten Umland führt. In den verschiedenen Stadtzonen konnte ein deutlicher Urbanitätsgradient nachgewiesen werden. So nimmt der Anteil der Spezialisten zu den Generalisten vom Umland zur Innenstadt deutlich ab. Die höchste Artenvielfalt wurde vor 1975 ermittelt. Danach nahm sie ab und erhöhte sich erst wieder mit Beginn der 1990er Jahre, was vor allem auf die Verbesserung der Fließgewässerqualität zurückgeführt wird.

**Tab. 6.6:** Technogene und strukturbedingte Mortalitätsfaktoren (GEPP 1977, KLAUSNITZER 1987)

| Faktor | Wirkungsarten | Beispiele |
|---|---|---|
| Mähen, Abbrennen | Direkte Verluste der Fauna von Krautschicht und Bodenoberfläche, Habitatzerstörung, Verminderung der Nahrung | Rückgang von Blindschleichen |
| Bau-, Transportarbeiten | Baugruben als Fallen, Erdbewegungen und Planierungen, Flutung von Teichen | Nach Einlassen des Teiches wurden in einem Teich im Frühjahr 400.000 tote Käfer gefunden. |
| Gebäude-, Materialstrukturen | Fensterfallen, Folien, Dachböden, Anflug an Glasfassaden, Drähte, Zäune, Vertrocknung beim Überqueren versiegelter Flächen | Florfliegen, Tagfalter, Fledermäuse, Schleiereulen, Vögel allgemein, Schnecken, Regenwürmer, Asseln |
| Materialeigenschaften | Klebeeffekte von Teer- und Anstrichen, Ölfilme auf Gewässern, Lockwirkung von Kalkstaub | Bienen, Käfer, Zweiflügler |
| Saugende und druckerzeugende Geräte | Luftfilter | Ein Luftfilter tötete pro Jahr 5 Mio. Insekten, ein engmaschiges Netz verringerte die Anzahl auf 20.000 Individuen. |
| Anlockungseffekte | Lichtquellen, optische Täuschungen (Blechdächer), Flaschen und Dosen | Eine große Lampe kann pro Nacht 100.000 Insekten töten. |

## 6.7   Neozoen

Wie bei den Pflanzen gibt es auch im Tierreich Arten, die sich nach 1500 in Mitteleuropa ausgebreitet haben und vorher nicht heimisch waren (so genannte Neozoen). Einige können aufgrund ihrer besonderen Lebensraumansprüche nur in Städten überleben, weil sie unter anderem keine kalten Winterperioden überstehen würden. Oftmals sind sie aus Haltungen (also zum Beispiel Zoologischen Gärten) entflohen und haben sich bereits seit Jahrzehnten in urbanen Lebensräumen etabliert (KOWARIK 2003). Zu ihnen gehören unter anderem die Mandarinente *(Aix galericulata)*, der Halsbandsittich *(Psittacula krameri)* oder der Große Alexandersittich *(Psittacula eupatria)*.

# 7. Neue Herausforderungen für die Stadtentwicklung – dargestellt am Beispiel des Klimawandels

## 7.1 Stadtentwicklung unter veränderten Rahmenbedingungen

„Das 21. Jahrhundert wird das Jahrhundert der Städte" (BMBF 2011). Seit diesem Jahrzehnt leben erstmals weltweit mehr Menschen in Städten als auf dem Land. Die Bedeutung der Städte als wichtigste Lebens-, Wirtschafts- und Kulturräume wird global weiter zunehmen. Grund genug einen Fokus auf die Lebensbedingungen in den Städten zu richten. Die Stadt- und Metropolregionen in Europa unterscheiden sich dabei wesentlich von städtischen Systemen anderer Kontinente, etwa in Nordamerika oder Asien. Die Strategien für eine zukunftsfähige Stadtentwicklung müssen sich deshalb an den jeweiligen historischen und kulturellen, sozioökonomischen und ökologischen Rahmenbedingungen ausrichten. Hinzu kommen Wandlungsprozesse, die maßgeblich die Zukunft der Städte beeinflussen werden. Die Globalisierung führt zu einer weiteren Zunahme der weltweiten wirtschaftlichen Verflechtungen, einer Internationalisierung urbaner Milieus und einer steigenden globalen Konkurrenz der Städte und Regionen um Ressourcen und Menschen. Das Konzept der Metropolregionen in Deutschland wird als eine Möglichkeit gesehen Kräfte zu bündeln und eine, im europäischen aber auch globalen Vergleich, kritische Masse zu erzielen, damit Regionen als Motoren für Wachstum und Innovation wirksam werden können (BBR & BMVBS 2006). Diese großräumigen Regionalisierungsprozesse sollen die metropolitanen Verflechtungsräume als Handlungsräume zusammenfassen, nicht zuletzt, um auf die europäische bzw. globale Karte zu kommen. In diesen Regionen konzentrieren sich die wachsenden Städte und Gemeinden. Zwar sind die Zeiten des groß angelegten Siedlungsausbaus in Deutschland vorbei und die Städte im Wesentlichen bereits gebaut – ganz im Gegensatz beispielsweise zum dramatischen Wachstum der Agglomerationen in vielen asiatischen Ländern. Dennoch bleibt das Siedlungswachstum bislang ungebrochen. Die Nationale Nachhaltigkeitsstrategie hat deshalb 2002 das 30-ha-Ziel aufgegriffen, das eine Reduktion des jährlichen Flächenverbrauchs von 129 ha im Jahr 2000 auf 30 ha im Jahr 2020 vorsieht, und 2008 bekräftigt: „Das 30-ha-Ziel braucht mehr Engagement" (RAT FÜR NACHHALTIGE ENTWICKLUNG 2011). Allerdings hat im Zuge des demographischen Wandels in vielen Städten und Gemeinden eine Trendwende und damit Schrumpfungsprozesse eingesetzt. „Die Einwohnerzahl der Bundesrepublik Deutschland sinkt, das Durchschnittsalter der Deutschen steigt, und immer mehr Menschen mit Migrationshintergrund prägen das Straßenbild" (BERLIN-INSTITUT FÜR BEVÖLKERUNG UND ENTWICKLUNG 2011). Weniger, älter, bunter – mit dieser Kurzformel wird der demographische Wandel gerne be-schrieben. Die räumlichen Konsequenzen insbesondere für schrumpfende Städte sind vielfältig. Sie reichen von Leerständen und Brachentwicklungen, einem überproportionalen Anstieg der älteren Bevölkerungsgruppen, oftmals in be-stimmten Quartieren, bis hin zu einem Verlust der Versorgungsfunktionen im Stadtzentrum und den Stadtteilen.

Grundsätzlich lässt sich ein Paradigmenwechsel feststellen: Stadtentwicklung bezieht sich in Deutschland in erster Linie auf den Umbau und die Qualifizierung des Bestandes; Siedlungserweiterungen spielen eine untergeordnete Rolle. Die Anpassung der (gebauten) Städte an veränderte Rahmenbedingungen wird zur Zukunftsaufgabe. Neben Globalisierung und demographischem Wandel stellt auch der Klimawandel die Städte vor neue Herausforderungen.

## 7.2   Neue Herausforderungen durch den Klimawandel

### 7.2.1   Änderung von Klimaparametern infolge des globalen Klimawandels

Zwischen 1906 und 2005 hat sich die Atmosphäre der Erde im Jahresdurch-schnitt um 0,74°C erwärmt, in Deutschland sogar um 0,27°C pro Jahrzehnt. Ins-besondere der Südwesten Deutschlands ist von der Erwärmung betroffen. Für das Saarland wurde ein Temperaturanstieg von 1,2°C berechnet (BMVBS & BBR 2007). Extremereignisse wie die Hitzewelle 2003 verstärkten die mediale Präsenz des Klimawandels und seiner Auswirkungen. So vermeldete der SPIEGEL (2007): „Der Rekordsommer 2003 hat bei weitem mehr Todesopfer gefordert als bislang angenommen. Einer neuen Studie zufolge sind der sengenden Hitze rund 70.000 Menschen zum Opfer gefallen." Nach Sturmereignissen wie Vivian und Wiebke im Jahr 1990, Lothar 1999 oder Kyrill 2007 standen vor allem die ökonomischen Folgen des Klimawandels, insbesondere für die Rückversicherer, in den Schlag-zeilen. Der Bericht des *Intergovernmental Panel on Climate Change* (IPCC) von 2007 bekräftigt die maßgebliche Rolle des Menschen am Klimawandel. Die globale Treibhausgaskonzentration nimmt seit 1750 deutlich zu und liegt ein Vielfaches über den Werten aus vorindustriellen Zeiten. Die Treibhausgasemissi-on stieg zwischen 1970 und 2004 um 70 %. Gleichzeitig geht der IPCC in sei-nem Bericht von einem Anstieg der globalen Jahresmitteltemperatur zwischen 1,1 und 6,4°C aus (DEUTSCHE IPCC KOORDINIERUNGSSTELLE 2008). Grundlage dieser Einschätzung sind globale Klimaprojektionen. Diese beruhen auf unter-schiedlichen Emissionsszenarien. Die Szenarienfamilien beschreiben verschie-dene globale Entwicklungspfade in Abhängigkeit der wirtschaftlichen und de-mographischen Entwicklung sowie der Verwendung fossiler Energiequellen (IPCC 2001; s. Abb. 7.1). Das A1B-Szenario wird unter den derzeitigen Rah-menbedingungen und globalen Entwicklungen als das realistischste Szenario an-

| Szenariofamilie | A1 | | | A2 | B1 | B2 |
|---|---|---|---|---|---|---|
| **Ökonomie + Demographie** | | | | | | |
| Wirtschaftswachstum | Stark | | | Stark | stark | mittel |
| Technologieeffizienz | Hoch | | | Gering | hoch | mittel |
| Ökologische Nachhaltigkeit | Mittel | | | Gering | hoch | hoch |
| Wirtschaftliche Globalisierung | Hoch | | | Gering | hoch | gering |
| Kulturelle + soziale Globalisierung | Hoch | | | Gering | hoch | gering |
| Bevölkerungsentwicklung | ansteigend, ab Mitte 21. Jh. abfallend | | | Ansteigend | ansteigend, ab Mitte 21. Jh. abfallend | ansteigend |

| **Energie + Emissionen** | | | | | | |
|---|---|---|---|---|---|---|
| Szenario | A1FI | A1B | A1T | A2 | B1 | B2 |
| Hauptenergieträger | fossil | Mix (fossil + reg.) | Regenerativ | Fossil | regenerativ | Mix (fossil + reg.) |
| Treibhausgasemissionen | Stark ansteigend | Mäßig ansteigend, ab Mitte 21. Jh. abfallend | Mäßig ansteigend, ab Mitte 21. Jh. stark abfallend | stark ansteigend | gering ansteigend, ab Mitte 21. Jh. abfallend | gering ansteigend |
| **Klimaänderung in der Dekade 2090-2099 im Vergleich zum Zeitraum 1980-1999** | | | | | | |
| Globale Erwärmung / K | 2,4 – 6,4 | 1,7 – 4,4 | 1,4 – 3,8 | 2,0 – 5,4 | 1,1 – 2,9 | 1,4 – 3,8 |
| Beste Schätzung / K | 4,0 | 2,8 | 2,4 | 3,4 | 1,8 | 2,4 |
| Meeresspiegelanstieg /m | 0,26 – 0,59 | 0,21 – 0,48 | 0,20 – 0,45 | 0,23 – 0,51 | 0,18 – 0,38 | 0,20 – 0,43 |

**Abb. 7.1:** Ökonomische, geographische, energetische und klimatische Merkmale der IPCC-Emissionsszenarien zur globalen Klimaänderung (REGIONALVERBAND RUHR 2010)

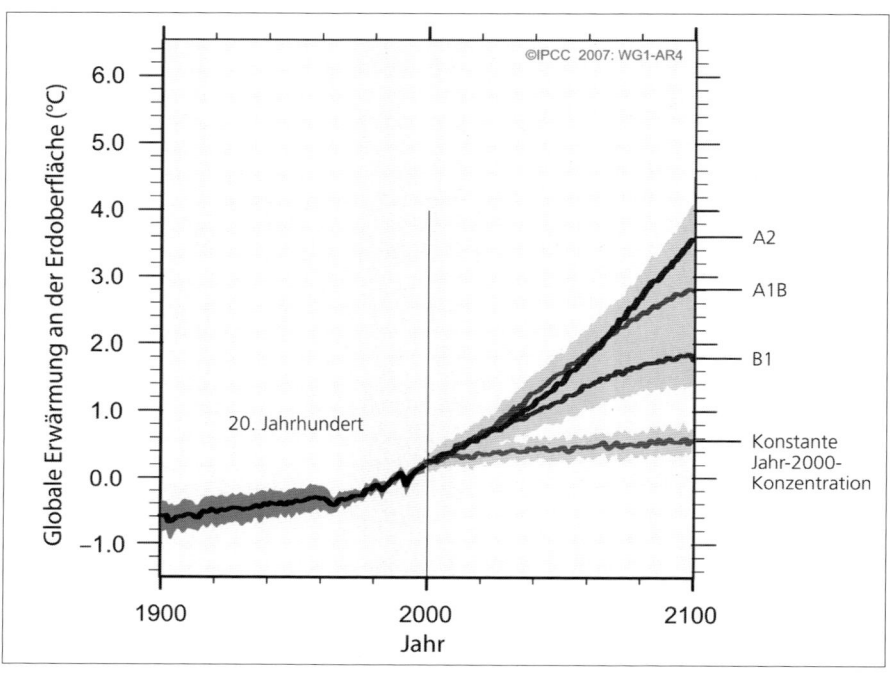

**Abb. 7.2:** Globale Erwärmung an der Erdoberfläche (relativ zu 1980–1999) für die Szenarien A2, A1B und B1. Die Schattierung kennzeichnet die Bandbreite der einzelnen Modellergebnisse (IPCC 2007 [WGI-AR4, Summary for Policymakers], verändert)

gesehen und in Deutschland am häufigsten eingesetzt (BUNDESREGIERUNG 2008). Abbildung 7.2 bildet neben dem Fall einer konstanten Jahr-2000-Konzentration die Bandbreite der globalen Erwärmung auf der Basis von drei Emissionsszenarien ab.

Um diese Auswirkungen besser fassen zu können, wurden die globalen Klimamodelle in den letzten Jahren über Regionalisierungsverfahren zu regionalen Klimaprojektionen konkretisiert. Dies funktioniert in drei Schritten (WALKENHORST & STOCK 2009): Zu Beginn steht die Auswahl eines Emissionsszenarios, dann folgt die Simulation der globalen Klimaentwicklung im Rahmen eines globalen Klimamodells und schließlich die Erhöhung der räumlichen Auflösung der simulierten Klimaentwicklung mithilfe eines regionalen Klimamodells. Hier kommen verschiedene Regionalisierungsverfahren zum Einsatz, wobei sich statistische und dynamische Modelle differenzieren lassen. Die dynamischen Verfahren nutzen globale Klimamodelle sowie regionale Parameter und rechnen diese auf eine geringere Auflösung (derzeit etwa 10 x10 km) herunter; dieser Prozess wird auch „Downscaling" genannt (z. B. REMO oder CLM[1]). Die statistischen Modelle legen ihren Projektionen regionale Messreihen zur Ermittlung „skalenübergreifender Beziehungen zwischen Klimaparametern, d. h. Beziehungen zwischen großskaligen Klimavariablen (z. B. globale Mitteltemperatur) und lokalen/regionalen Klimavariablen (z. B. mittlere Januartemperatur an einem bestimmten Ort)" zugrunde (z. B. STAR oder WETTREG[2]) (WALKENHORST & STOCK 2009). Um zu möglichst sicheren Aussagen im Hinblick auf die künftige Klimaentwicklung zu kommen, werden die unterschiedlichen Modelle parallel eingesetzt. So basiert das ZWEK-Projekt (Zusammenstellung von Wirkmodell-Eingangsdatensätzen für die Klimafolgenforschung) des Deutschen Wetterdienstes (DWD) auf der Auswertung von Klimaszenariendaten aus den Modellen REMO, CLM, WETTREG und STAR (nur für 2021 bis 2050), die wiederum auf einem Lauf des Globalmodells ECHAM 5/MPI-OM für das IPCC Emissionsszenario A1B beruhen (DEUTSCHLÄNDER et al. 2008). Der DWD stellt darüber hinaus zur mikroskaligen Simulation des städtischen Klimas die Modelle MUKLIMO_3 als thermodynamisches Simulationsmodell und UBIKLIM als Stadtbioklimamodell zur Verfügung (ebd.).

Abbildung 7.3 gibt die Ergebnisse der Klimaprojektionen für zentrale Klimaparameter in Deutschland wieder. Sie bezieht sich auf die projizierten Veränderungen der Temperatur und des Niederschlags auf der Basis der Ergebnisse des ZWEK-Projektes sowie auf Veränderungen von klimatologischen Kennwerten. Letztere sind dem regionalen Klimaatlas der Regionalen Klimabüros der Helmholtzgemeinschaft entnommen. Neben den Temperatur- und Niederschlagsdaten gibt es auch Hinweise auf die Veränderungen der Windgeschwindigkeiten und damit der Sturmintensitäten. Obwohl ein statistischer Nachweis von erhöhten Sturmrisiken noch nicht erbracht werden kann, legen die Klimamodelle ein deutlich erhöhtes Sturmschadensrisiko (größer 10 %) infolge höherer Windgeschwindigkeiten nahe (VAN DER LINDEN et al. 2009).

---

[1]   REMO des Max-Planck-Instituts für Meteorologie in Hamburg; CLM (Climate Local Model) eines Konsortiums verschiedener Hochschulinstitute, u.a. der GKSS (Helmholtz-Zentrum Geesthacht) und des Deutschen Wetterdienstes (DWD)

[2]   WETTREG der Climate & Environment Consulting Potsdam GmbH (CEC Potsdam); STAR des Potsdam-Instituts für Klimafolgenforschung (PIK)

| | Änderungen für 2021–50 im Vergleich zu 1961–90 (Schwankungsbreite) | Änderungen für 2071–2100 im Vergleich zu 1961–90 (Schwankungsbreite) |
|---|---|---|
| **Projizierte Veränderungen der Temperatur und des Niederschlags** (auf der Basis des ZWEK-Projektes des Deutschen Wetterdienstes) | | |
| Temperatur (Jahresmittel) | +1,0 bis +2,2 °C | +2,0 bis +4,0 °C |
| Temperatur (Sommer) | +1,0 bis +2,0 °C | +2,5 bis +5,0 °C |
| Niederschlag (Jahressummen) | +/- 5% | 0 |
| Niederschlag (Sommer) | -15 bis -25% | -15 bis -40% |
| Niederschlag (Winter) | 0 bis +25% | 0 bis +70% |
| **Veränderungen von klimatologischen Kenntagen** (auf der Basis des regionalen Klimaatlas) | | |
| Frosttage (Minimum Lufttemperatur ≤ 0 °C/Tag) | -20,1 (-8,4 bis -25,3) | - 36,4 (-20,7 bis - 50,3) |
| Eistage (Maximum Lufttemperatur ≤ 0 °C/Tag) | -8,3 (-2,6 bis -14,2) | -15,8 (-8,2 bis - 23,4) |
| Sommertage (Maximum Lufttemperatur ≥ 25 °C/Tag) | 8,3 (1,9 bis 9,8) | 31 (17 bis 61,8) |
| Heiße Tage (Maximum Lufttemperatur ≥ 30 °C/Tag) | 2,8 (1 bis 4,7) | 15,9 (6,8 bis 36) |
| Tropennächte (Minimum-Lufttemperatur > 20 °C/Nacht) | 0,9 (0,6 bis 1,5) | 13,8 (2,3 bis 36,3) |

**Abb. 7.3:** Projizierte Veränderungen der Temperatur und des Niederschlags (auf der Basis des ZWEK-Projektes des DWD) sowie Veränderungen von klimatologischen Kenntagen (auf der Basis des regionalen Klimaatlas; eigene Darstellung)

## 7.2.2 Auswirkungen des Klimawandels

Der Klimawandel zeigt bereits heute räumliche Auswirkungen, welche sich in Zukunft in Abhängigkeit des Erreichens der Klimaschutzziele wesentlich verschärfen werden. Der IPCC-Bericht schätzt die vorliegenden Daten und Projektionen als besorgniserregend ein und benennt hierzu fünf wesentliche Gründe (BMU et al. 2007):

- die entstehenden Risiken für einzigartige und bedrohte Ökosysteme wie beispielsweise Polarregionen, Hochgebirge oder Korallenriffe; zudem seien 20 bis 30 % der Pflanzen- und Tierarten von einem wachsenden Risiko des Aussterbens bedroht,
- das zunehmende Risiko extremer Wetterereignisse wie Dürren, Hitzewellen und Hochwasser,
- die global sehr unterschiedliche Verteilung von Auswirkungen und Gefährdungen des Klimawandels, wobei insbesondere ärmere Regionen in den Entwicklungsländern betroffen sind,
- der Anstieg der Schäden mit fortschreitender Klimaerwärmung und
- die Risiken von großskaligen, irreversiblen Klimafolgen wie z. B. der Anstieg des Meeresspiegels und dessen Folgen für die Küstenregionen.

In einigen Sektoren wie beispielsweise dem Weinbau oder dem Tourismus in nördlichen Lagen werden auch positive Wirkungen des Klimawandels erwartet. Allerdings legen bisherige Ergebnisse zu den räumlichen Auswirkungen nahe, dass „kaum klare Gewinner des Klimawandels bestimmt werden" können: „Durch die stark differenzierten Wirkungen des Klimawandels auf die einzelnen Wirtschaftssektoren werden positive Effekte für den einen Sektor meist durch empfindliche Verluste für andere Sektoren begleitet" (BBSR 2011).

Die Wirkfolgen des Klimawandels in Deutschland betreffen neben der Gesundheit des Menschen die Raumnutzungen und Raumstrukturen auf vielfältige Weise. Abb. 7.4 gibt einen Überblick über raumrelevante Auswirkungen des Klimawandels.

| Handlungsfeld/ Sektor | Beispiele für mögliche Wirkfolgen des Klimawandels |
| --- | --- |
| Gesundheit | v.a. durch Hitzestress in Städten verursachte Herz-Kreislauf-Probleme bis hin zu Todesfällen; veränderte Verbreitungsgebiete vektorübertragener Krankheiten; verändertes Auftreten von Luftallergenen |
| Landwirtschaft | Beeinträchtigung der Erträge, besonders in zukünftig trockeneren Gebieten; abnehmende Ertragssicherheit wegen erhöhter Klimavariabilität; zunehmender Verlust des Oberbodens durch erosive Prozesse; steigende Gefahr von meteorologischen Dürren; Verschiebung von Anbau- und Vegetationszonen; veränderte Anfälligkeit gegenüber Schadorganismen |

| Forstwirtschaft | erhöhte Anfälligkeit nicht standortgerechter Wälder; erhöhte Waldbrandgefahr und zunehmender Druck durch Schädlinge und Wetterextreme; veränderte Anfälligkeit gegenüber Schadorganismen |
|---|---|
| Wasserwirtschaft | häufigere Starkregenereignisse und Sturzfluten; steigende Hochwassergefahr im Winter und Frühjahr sowie häufigeres Niedrigwasser im Sommer und veränderte Grundwasserspiegel (zunehmende Schwankung des Grundwasserspiegels) mit möglichen Folgen für die Trinkwasserversorgung; Verminderung des Selbstreinigungsvermögens von Gewässern |
| Naturschutz und Biodiversität | Steigende Gefährdung der Artenvielfalt, besonders in Feuchtgebieten und Gebirgsregionen, mit Konsequenzen für die Naturschutzziele; Veränderung der Artenzusammensetzung; Veränderung des biotischen Ertragspotenzials |
| Tourismus | Abnahme der Schneesicherheit in den Gebirgsregionen; verbesserte wirtschaftliche Erfolgsaussichten für Touristenziele im Zuge der Erwärmung; zunehmender Hitzestress in südlichen Destinationen; mögliche Verbesserung |
| Verkehrsinfrastruktur | Beeinträchtigung der Binnenschifffahrt durch häufigere Hoch- und Niedrigwässer; Gefährdung der Infrastruktur durch Extremereignisse; Hitzeeinwirkungen auf Verkehrsinfrastrukturen (z. B. Beschädigung der Schwarzdecken) |
| Energiewirtschaft | Beeinträchtigung der Kühlleistung von Kraftwerken durch Hoch- und Niedrigwasser sowie der Stromnetze durch Eislasten, Starkwind und -regen |
| Hochwasser- und Küstenschutz | Meeresspiegelanstieg; erhöhtes Risiko von Sturmfluten, auch in Kombination mit gleichzeitigem Binnenhochwasser |
| Raum- und Siedlungsentwicklung/ Städtebau und Stadtplanung | Verstärkung des Wärmeinseleffekts in den Innenstädten; Überlastung der kommunalen Kanalnetze durch Starkregen; Gefährdung der Baugebiete und baulichen Anlagen durch zunehmende Hochwasserereignisse; Raumnutzungseinschränkungen und -optionen unter sich ändernden Rahmenbedingungen |

**Abb. 7.4:** Mögliche Wirkfolgen des Klimawandels für wichtige Sektoren (eigene Darstellung nach UBA 2008b, BMVBS & BBR 2007, BMVBS 2010)

Für größere naturräumliche Einheiten in Deutschland lassen die regionalen Klimaprojektionen folgende regionale Unterschiede erwarten (UBA 2008b):
- In den Küstenregionen von Nord- und Ostsee wird bis zum Ende des 21. Jahrhunderts die Temperatur aufgrund der Nähe zum Meer und dem relativ ausgeglichenen und gemäßigten Küstenklima vergleichsweise gering ansteigen. Al-

lerdings wird eine teilweise deutliche Veränderung der Häufigkeit der Kenntage (Eistage, Frosttage, Sommertage, Tropennächte) erwartet.

- Hinsichtlich der Niederschläge wird davon ausgegangen, dass diese an der Nordseeküste und im nordwestdeutschen Tiefland im Winter überdurchschnittlich zunehmen, an der Ostseeküste und im bereits heute von Trockenheit betroffenen nordostdeutschen Tiefland im Sommer besonders stark abnehmen.
- Auch wenn sich die zentralen Mittelgebirge und der Harz im Vergleich zu anderen Teilen Deutschlands weiterhin durch kühleres Klima auszeichnen, wird für einige Gebiete eine Verdopplung der Sommertage angenommen. Die Sommerniederschläge werden überdurchschnittlich ab-, die Winterniederschläge überdurchschnittlich zunehmen.
- Für die links- und rechtsrheinischen Mittelgebirge werden die höchsten Zunahmen für die Winterniederschläge in ganz Deutschland und eine vergleichsweise geringe Abnahme der sommerlichen Niederschläge projiziert. Daraus lässt sich ein insgesamt niederschlagsreicheres Klima für diese Gebiete ableiten.
- Im Oberrheingraben werden heiße Tage und Nächte sowie die Zahl und Dauer der Hitzeperioden deutlich zunehmen.
- Im Alpenvorland, im Naturraum Alp und im Nordbayerischen Hügelland werden deutlich stärkere Temperaturanstiege als im Bayerischen Wald und in den Küstenregionen erwartet.
- In Süd- und Südwestdeutschland berechnen die Klimamodelle sowohl höhere sommerliche Temperaturen als auch eine besonders starke Verringerung der Niederschläge.

Die Städte und Regionen in Europa und Deutschland werden in unterschiedlichem Maße vom Klimawandel betroffen sein, wobei – aus Sicht der Raumplanung – steigende Sommertemperaturen und sinkende Sommerniederschläge die stärksten Betroffenheiten verursachen (BMVBS & BBR 2008). Aus der Überlagerung raumplanungsrelevanter Klimavariablen und Empfindlichkeiten der Regionen gegenüber den klimatischen Veränderungen lassen sich bereits heute Anhaltspunkte für räumliche Schwerpunkte der Betroffenheit in Deutschland ableiten, so entlang des Rheintals, im Alpenvorland, entlang des Mains und in Sachsen, wobei die Folgen zunehmender Extremereignisse oder des Meeresspiegelanstiegs aufgrund der Informationslage bislang nicht ausreichend berücksichtigt werden konnten (BMVBS & BBR 2008). Die geringsten Betroffenheiten zeigen die deutschen Mittelgebirge und Nordwestdeutschland (UBA 2008a).

Agglomerationen mit ihrer dichten Besiedlung und Bebauung, dem hohen Anteil empfindlicher Bevölkerungsgruppen sowie der Konzentration an wirtschaftlichen Werten und kritischen Infrastrukturen[3] zählen zu den hochsensiblen Räu-

---

3 „Kritische Infrastrukturen sind Organisationen und Einrichtungen mit wichtiger Bedeutung für das staatliche Gemeinwesen, bei deren Ausfall oder Beeinträchtigung nachhaltig wirkende Versorgungsengpässe, erhebliche Störungen der öffentlichen Sicherheit oder andere dramatische Folgen eintreten würden" (BMI o.J.: 4).

men. Gerade die Bebauungsdichte verstärkt raumrelevante Wirkfolgen wie zunehmende Hitzebelastung, Sturzfluten oder lokale Überschwemmungen (BMVBS 2010).

### 7.2.3 Zwei Handlungsstränge: Klimaschutz und Klimaanpassung

Grundsätzlich lassen sich zwei Handlungsstränge unterscheiden: der Klimaschutz, auch Mitigation genannt, und die Klimaanpassung oder Adaption. Klimaschutz fasst die Anstrengungen zur Reduktion der Treibhausgasemissionen zusammen. Diese finden auf globaler, europäischer, nationaler, regionaler und lokaler Ebene statt und sind in ihren Wirkungszusammenhängen vielfach verflochten. Die städtische Ebene besitzt hier Handlungsspielräume, ist aber in vielen Bereichen, z. B. in der Energiepolitik, an die Rahmenbedingungen, die auf anderen Ebenen gesetzt werden, gebunden.

Klimaanpassung oder Adaption zielt darauf ab, „die Verwundbarkeit gegenüber den Folgen des Klimawandels zu mindern bzw. die Anpassungsfähigkeit natürlicher, gesellschaftlicher und ökonomischer Systeme zu erhalten oder zu steigern und mögliche Chancen zu nutzen" (BUNDESREGIERUNG 2008). Die deutsche Anpassungsstrategie beschreibt die Aktionsfelder für den Bereich Anpassung und gibt konkrete Hinweise für Maßnahmen im Bereich der Stadtentwicklung und Stadtplanung (ebd.). Allerdings lässt sich feststellen, dass „während Klimaschutzkonzepte längst weit verbreitet und erprobt sind, (..) die Anpassung ein neues Aufgabenfeld der Stadtentwicklung" darstellt (BMVBS & BBSR 2009). „Der Klimawandel erfordert in den Städten und Stadtregionen demnach eine dreigleisige Strategie. Zum einen müssen Maßnahmen zum Schutz des globalen Klimas (Mitigation) umgesetzt werden. Gleichzeitig müssen Strategien zur Anpassung an die nicht mehr vermeidbaren Folgen des Klimawandels (Adaptation) entwickelt werden. Nicht zuletzt besteht die Aufgabe, die so entstandenen Maßnahmen mit anderen drängenden Aufgaben der nachhaltigen Stadtentwicklung abzustimmen" (BMVBS & BBSR 2009d).

## 7.3 Klimaschutz (Mitigation)

### 7.3.1 Das 2-Grad-Ziel

Beim Klimaschutz geht es darum, den Ausstoß von Treibhausgasen zu verringern und damit den Klimawandel soweit zu bremsen, dass das selbst gesetzte 2-Grad-Ziel erreicht werden kann. „Das Zwei-Grad-Ziel besagt, dass die globale Erwärmung langfristig auf höchstens zwei Grad Celsius über der globalen Mitteltemperatur vor der Industrialisierung beschränkt werden soll" (JAEGER & JAEGER 2010).

Das Rahmenübereinkommen der Vereinten Nationen über Klimaänderungen, das 1992 auf dem Weltgipfel für Umwelt und Entwicklung in Rio de Janeiro verabschiedet wurde, machte den Klimawandel erstmals auf globaler Ebene zum

Thema und legte den Grundstein zur Selbstverpflichtung für ein gemeinsames Handeln der internationalen Staatengemeinschaft. Gemäß Artikel 2 formuliert das Übereinkommen das Ziel, „die Stabilisierung der Treibhausgaskonzentrationen in der Atmosphäre auf einem Niveau zu erreichen, auf dem eine gefährliche anthropogene Störung des Klimasystems verhindert wird. Ein solches Niveau sollte innerhalb eines Zeitraums erreicht werden, der ausreicht, damit sich die Ökosysteme auf natürliche Weise den Klimaänderungen anpassen können, die Nahrungsmittelerzeugung nicht bedroht wird und die wirtschaftliche Entwicklung auf nachhaltige Weise fortgeführt werden kann" (VEREINTE NATIONEN 1992). Mit dem Kyoto-Protokoll von 1997 trafen die beteiligten Industriestaaten erstmals völkerrechtlich verbindliche Regelungen, die Emissionen der wichtigsten Treibhausgase im Zeitraum 2008–2012 verglichen mit 1990 um mindestens 5 % zu senken (SEKRETARIAT DER KLIMARAHMENKONVENTION 1997). Das Kyoto-Protokoll trat 2005 in Kraft und läuft 2012 aus. Auf der UNO-Klimakonferenz in Cancún 2010 haben sich nun alle Unterzeichnerstaaten der UN-Klimarahmenkonvention zum 2-Grad-Ziel bekannt (UNFCCC SECRETARIAT o.J.). Rechtlich verbindliche Vereinbarungen zur Umsetzung verbindlicher Emissionsreduktionsziele sollen jedoch erst in Nachfolgekonferenzen erzielt werden. Die Mitgliedsstaaten der Europäischen Union beschlossen bereits 1996, das 2-Grad-Ziel zu einer Leitlinie ihrer Klimapolitik zu machen (EU COUNCIL 1996). Warum aber gerade 2°C? Das Ziel wurde vielfach von Ökonomen, Politikern und Wissenschaftlern begründet (vgl. JAEGER & JAEGER 2010). Eine zentrale Argumentationslinie baut auf den natürlichen Klimaschwankungen der letzten 800.000 Jahre auf. Bei einer Bandbreite von 9,9°C bis 16,6°C zwischen der Würm-Eiszeit und der Eem-Warmzeit sowie einer globalen Mitteltemperatur 1995 von 15,3°C beträgt der tolerierbare Abstand noch 1,3°C. Addiert man 0,7°C Temperaturzunahme seit der Industrialisierung, so ergibt sich das 2-Grad-Ziel. Andere Begründungen beziehen sich auf die Annahme von Kipppunkten und Schwellenwerten, bei deren Überschreitung schwere ökosystemare Schäden entstehen könnten. Selbst wenn das 2-Grad-Ziel erreicht wird, muss mit ernsten Schäden gerechnet werden. „Bei einer Erwärmung über 2°C nehmen die Auswirkungen auf natürliche, biologische und gesellschaftliche Systeme jedoch dramatisch zu und führen auch in der Gesellschaft und Wirtschaft zu hohen Kosten" (UBA 2009). Bei einer Erderwärmung um über 4°C wird ein „Kippen" des Weltklimas diskutiert, beispielsweise ausgelöst durch das Abschmelzen und Zerfallen der polaren Eisschilde, was u. a. einen drastischen Anstieg des Meeresspiegels zur Folge hätte: „Im Eozän vor 40 Mio. Jahren war es schon einmal um 4°C wärmer und der Meeresspiegel lag 70 m höher" (ENDLICHER 2007). Die Konsequenzen für die dicht besiedelten Küstenregionen dieser Erde sind kaum vorstellbar.

2007 bekräftigte die Europäische Kommission den Vorschlag, „dass die EU bis zum Jahr 2020 eine Senkung der Treibhausgasemissionen der Industrieländer um 30 % (gegenüber dem Stand von 1990) im Rahmen von internationalen Verhandlungen anstrebt. […] Bis 2050 müssen die weltweiten Emissionen gegenüber 1990 um bis zu 50 % reduziert werden, was bedeutet, dass die entwickelten Länder bis zu diesem Jahr ihre Emissionen um 60 bis 80 % senken müssen" (KOMMISSION DER EUROPÄISCHEN GEMEINSCHAFTEN 2007). Das sind sehr ambitionierte Klimaschutzziele, deren Umsetzung auf allen Ebenen – global, regional und lokal – vorangetrieben werden muss.

### 7.3.2   Klimaschutz als Querschnittsaufgabe in der Stadtentwicklung

Klimaschutz betrifft vielfältige Sektoren und ist in seiner Umsetzung oftmals von globalen, europäischen und nationalen Rahmenbedingungen abhängig. Dennoch können Städte und Gemeinden viel für den Klimaschutz erreichen, wenn sie ihre Handlungsoptionen genau ausloten und aufeinander abstimmen. Gerade in der Stadtentwicklung muss Klimaschutz als Querschnittsaufgabe der Zukunft gesehen werden, da dort die größten Emittenten verortet sind und das größte Potenzial zur Reduktion der Schadstoffgase liegt.

Quantitative Klimaschutzziele in der Stadtentwicklung beziehen sich direkt auf die Reduktion der Treibhausgasemissionen. So haben beispielsweise die Städte Hannover, Münster und München ehrgeizige Ziele formuliert. Mit ihrem Klimaschutzprogramm „Klima-Allianz 2020" will die Stadt Hannover „den durch Strom- und Wärmeverbrauch verursachten $CO_2$-Ausstoß bis 2020 um 40 Prozent oder jährlich 1.840.000 Tonnen gegenüber 1990 (4.640.000 Tonnen) senken". Hierzu wurden Fachprogramme für unterschiedliche Akteure erarbeitet und untereinander abgestimmt. Die Maßnahmen betreffen Einsparungsmöglichkeiten in Industrie und Gewerbe, privaten Haushalten und innerhalb der Stadtverwaltung, die hiermit auch eine Vorbildfunktion wahrnimmt, sowie Beiträge der Stadtwerke und den Ausbau regenerativer Energien (LANDESHAUPTSTADT HANNOVER 2008). Auch Münster sieht die „Stadt als Motor", um das kommunale Klimaschutzziel, eine Reduktion des $CO_2$-Ausstoßes von 40 % bis 2020, zu erzielen, stellt jedoch gleichzeitig fest, dass dies nur zu 22 % über städtische Maßnahmen geleistet werden kann und deshalb weitere Partner auf allen politischen Ebenen und in der Bevölkerung notwendig sind (AMT FÜR GRÜNFLÄCHEN UND UMWELTSCHUTZ – STADT MÜNSTER 2011). Das Klimaschutzkonzept der Stadt München basiert auf einem Grundsatzbeschluss des Stadtrats von 2008, der die Reduktion der $CO_2$-Emissionen um 10 % alle 5 Jahre und die Halbierung der $CO_2$-Emissionen pro Kopf auf Basis des Jahres 1990 bis spätestens 2030 als Klimaschutzziele bestätigt (STADT MÜNCHEN 2011). Das Handlungsprogramm der Stadt München integriert insgesamt 200 Maßnahmen in zentralen Aktionsfeldern zum Klimaschutz, z. B. energieeffizientes Bauen im Bestand und bei Neubauten, Mobilität und Verkehr, Energieeffizienz im Gewerbe und Energiemanagement bei städtischen Liegenschaften bzw. Infrastruktur. Diese drei Beispiele verdeutlichen die Bedeutung prüfbarer, quantitativer Klimaschutzziele, gleichzeitig aber auch das Erfordernis, wirksame Maßnahmen in unterschiedlichen Handlungsfeldern zu bündeln und dazu verantwortliche Akteure als Partner zu gewinnen.

### 7.3.3 Maßnahmenfelder zum Klimaschutz

Eine klimagerechte Entwicklung der Städte muss sich somit an den globalpolitischen Zielen zur Reduktion der Treibhausgase orientieren. In der konkreten Umsetzung auf lokaler Ebene bedeutet dies eine Vielzahl an Programmen und Maßnahmen in verschiedenen Sektoren. Zu den wichtigsten Bereichen im Rahmen der Stadtentwicklung zählen die nachhaltige und klimagerechte Energieversorgung, die klimafreundliche Mobilität sowie kompakte Siedlungsstrukturen. Eine wirkungsvolle Reduktion der Treibhausgase (vgl. UBA 2009) wird in erster Linie erreicht durch Minderungen

- im Stromsektor (Energieeinsparung, Steigerung der Energieeffizienz, Reduktion des Verbrauchs fossiler Energie sowie der Förderung erneuerbarer Energien).
- im Wärmesektor (Senkung des Wärmebedarfs von Gebäuden, effizienterer (dezentraler) Energieeinsatz zur Wärmebereitstellung, verstärkter Einsatz erneuerbarer Energien zur Wärmeerzeugung).
- im Verkehrssektor (u. a. durch verkehrssparende Siedlungsstrukturen, effizienten Öffentlichen Personennahverkehr, Stärkung des Fuß- und Radverkehrs, Veränderung des Mobilitätsverhaltens).

Von entscheidender Bedeutung für die Stadtentwicklung sind dabei Konzepte für eine nachhaltige Energieversorgung, die darauf abzielen, den Anteil der erneuerbaren Energien beim Energieverbrauch deutlich zu erhöhen, die Kraft-Wärme-Kopplung auszubauen und vorhandene Effizienzpotenziale auszuschöpfen (UBA 2009). Neben der Nutzung von Frei- und Brachflächen für Windkraft- oder Photovoltaikanlagen und dem Anbau von Biomasse eignen sich im Siedlungsbereich insbesondere Dachflächen für eine Ausweitung der Solarnutzung. Bei Neubaugebieten lässt das Baugesetzbuch (BauGB) in Ergänzung zur Energieeinsparverordnung (EnEV) und zum Erneuerbare-Energien-Wärmegesetz (EEWärmeG) weitgehende Regelungen zu, beispielsweise zur passiven Nutzung der Solarenergie durch die Gebäudeexposition, zur dezentralen Energieversorgung über Blockheizkraftwerke oder Festsetzungen zum Einsatz erneuerbarer Energien zur Versorgung der Gebäude (BMVBS & BBSR 2009c). Eine besondere Herausforderung stellt die energieeffiziente Sanierung des Bestandes dar. Hier müssen Anreizsysteme geschaffen werden, um private Eigentümer für eine Dämmung der Gebäude oder eine Modernisierung der Heizsysteme zu gewinnen. Städte können mit der Sanierung des kommunalen Gebäudebestands gute Beispiele mit hoher Signalwirkung setzen.

Grundsätzlich gehören Bewusstseinsbildung und Verhaltensänderung zu den Schlüsselelementen, wenn es darum geht Energie einzusparen. In der Aktivierung der Bevölkerung liegen die größten Potenziale zur Energieeinsparung. Dazu können konkrete Handlungsanleitungen beitragen, was jeder Einzelne hinsichtlich Strom- und Energiesparen, Mobilität und Freizeitverhalten, Ernährung und Konsum im Alltag tun kann.

| | Handlungsfeld: Gebäudesanierung im Altbau |
|---|---|
| Potenzial | Das Handlungsfeld birgt bis 2030 mit ca. 818.000 t $CO_2$/a ein sehr großes Einsparpotenzial in München. Dies hängt insbesondere davon ab, welche Vollzugsrate bei den Anforderungen der EnEV im Falle der Ohnehin-Renovierung im Gebäudebestand bzw. welche Sanierungsqualität im Bereich der Wärmeschutzmaßnahmen erreicht werden. |
| Maßnahmen zur Erschließung des $CO_2$-Reduktionspotenzials | • Austausch Fenster (Wärmeschutz-Isolierverglasung)<br>• Dämmung Dach/ Dachboden und Kellerdecke/ Bodenplatte<br>• Dämmung Außenwand (u.a. Einsatz transparenter Wärmedämmung)<br>• Dämmung Heizkörpernischen<br>• Erhöhung der Umsetzungszyklen (Renovierungszyklen)<br>• Erhöhung der Sanierungseffizienz (Vollzugsrate) |
| Hemmnisse | • Ausführung meist nur in Zusammenhang mit Ohnehin-Sanierung (à lange Renovierungszyklen)<br>• Mangelnde Sanierungseffizienz (niedrige Vollzugsrate energetischer Sanierungsbestimmungen wie EnEV)<br>• Fehlende Vollzugskontrolle, mangelnde Sanktionsmechanismen<br>• Hohe Investitionskosten (Kreditaufnahme, teilweise fehlende Wirtschaftlichkeit)<br>• Mieter-Eigentümer-Dilemma (Problemfall Wohnbaugesellschaften); bestehende Möglichkeiten der Umlagefähigkeit werden nicht genutzt<br>• Die Wohnungsnachfrage ist größer als das Wohnungsangebot: Wohnungen können auch ohne zusätzliche Qualitätskriterien und trotz hoher Nebenkosten gut verkauft und vermietet werden<br>• Informationsdefizite (Eigentümer, Architekten, Handwerk); Beratungsdefizite; Kenntnismängel bzgl. Einschätzung der ökonomischen Einsparung<br>• Motivationsdefizite (Eigentümer, Architekten, Handwerk)<br>• Kommunikationsprobleme in der Akteurskette<br>• Mangelnde Investitionsbereitschaft bei älteren Wohnungseigentümern<br>• Vorurteile gegen Dämmmaßnahmen („atmende" Wände)<br>• Einschränkungen durch Denkmalschutz (Beschränkung auf Innendämmung → Verkleinerung Nutzfläche; Vorbehalte wegen Feuchtebildung bei unsachgemäßer Ausführung)<br>• Fokussierung auf Heizungserneuerung<br>• Öffentliche Hand: kameralistische Haushaltsführung, leere Kassen |
| Wirtschaftlichkeitsbetrachtung | Im Zusammenhang mit Ohnehin-Sanierung des Gebäudes (d.h. es werden nur die Zusatzkosten, die über die reinen Bausanierungskosten gehen, angerechnet) sind die meisten Maßnahmen wirtschaftlich bzw. mit geringen Mehrkosten verbunden |

| Kommunale Instrumente | • Zielgruppenorientierte finanzielle Förderprogramme (Investitions-kostenzuschüsse)<br>• Selbstverpflichtungen zu (z. B. Wohnungsbaugesellschaften, kommunale Träger von Liegenschaften) energetischem Mindest-standard bei Gebäudesanierung (besser als EnEV)<br>• Verpflichtender Einsatz eines Energiepasses bzw. Gebäudesie-gels<br>• Bereitstellung einfacher Bilanzierungsinstrumente (Energiepass, Heizspiegel)<br>• Qualitätssicherung bei Sanierungsprojekten<br>• Initiierung von Demonstrations-Sanierungsprojekten (öffentliche Liegenschaften, Objekte der verschiedenen Gebäudeklassen (auch Denkmalschutz))<br>• Zielgruppenorientierte Informationskampagnen (z. B. Mieter, Hauseigentümer, Handwerk)<br>• Energieberatung<br>• Ausbildungs- und Weiterbildungsangebote für Architekten, Hand-werker, Investoren, Hauseigentümer, Hausverwaltungsgesell-schaften (z. B. Impulsprogramme)<br>• Initiierung und Unterstützung von Kooperationen und Akteurs-netzwerken |
|---|---|
| Relevante Akteure | Wohnungsbaugesellschaften, Baureferat, Architektenkammer, Handwerkskammer, Bauherren, sonstige Akteure im Baubereich, Sparkassen und Banken |

**Abb 7.5:** Handlungsfeld der Gebäudesanierung im Altbau zur $CO_2$-Reduktion am Bei-spiel der Stadt München (ÖKO-INSTITUT e.V. 2004; eigene Darstellung)

Ein weiteres zentrales Aufgabenfeld für den Klimaschutz in Städten betrifft die Förderung klimafreundlicher Mobilität. In erster Linie geht es hierbei um Ver-kehrsverlagerung und Verkehrsvermeidung. Verkehrsverlagerungen zielen darauf ab, Anreize für einen Umstieg vom Motorisierten Individualverkehr (MIV) auf umweltfreundliche Verkehrsmittel wie den Fuß- und Radverkehr sowie den Öf-fentlichen Personennahverkehr (ÖPNV) zu setzen. Dazu gehören attraktivere Angebote und Infrastrukturen, aber auch eine bessere Erschließung für den Fuß-, Rad- und ÖPNV-gebundenen Verkehr sowie Restriktionen für den MIV, etwa eine Verknappung oder Verteuerung von Parkraum, der Rückbau bzw. die Be-schränkung von Fahrspuren des MIV zugunsten des Umweltverbundes oder die Einführung einer City-Maut. Neben vielen anderen positiven Wirkungen kann so die Treibhausgasemission reduziert werden. Verkehrsvermeidung kann jedoch nur erreicht werden, wenn im Rahmen struktureller Stadtentwicklungen Ver-kehrswege zu Ausbildungs- und Arbeitsstätten, zum Einkaufen sowie zu Freizei-teinrichtungen und -zielen minimiert werden können. Eine Integration von Ver-kehrs- und Stadtentwicklung in Form koordinierter Konzepte zu Nahversorgung und Nahmobilität, Quartiersentwicklung und Verkehrserschließung sind dabei Voraussetzung für eine effektive Förderung klimafreundlicher Mobilität.

| Handlungsfeld | Maßnahmen zur Erschließung des $CO_2$-Reduktionspotenzials |
|---|---|
| Fußverkehr | • Infrastrukturausbau (z.b. Querungshilfen, fußgängergerechte Planung von Straßenräumen)<br>• Wegweisung (z.b. Wegeleitsystem mit Entfernungsangaben für nicht ortskundige Fußgänger, Wegweisung zu ÖPNV-Haltestellen und -Bahnhöfen) |
| Radverkehr | • Infrastrukturausbau, Komplettierung von Wegelücken<br>• Ausbau durchgängiger Fahrradrouten<br>• durchgängige Öffnung der Einbahnstraßen für Radfahrer, evtl. mit Schutzstreifen<br>• Ausbau von Bike+Ride-Angeboten, Fahrradstation an zentralen Umsteigehaltestellen des ÖPNV<br>• Fahrrad-PDA (Personal Digital Assistant) als Orientierungshilfe<br>• Fahrrad-Kampagnen zur Verhaltensänderung (z.b. „Mit dem Rad zur Arbeit", „Mit dem Rad zur Schule") |
| ÖPNV | • Infrastrukturausbau (z. B. Verlängerung von U- und S-Bahnstrecken, barrierefreier Ausbau von Bahnhöfen, Express-S-Bahn zum Flughafen)<br>• Stärkung von Tangentialverbindungen, z.b. durch Stadt-Umland-Verbindungen<br>• Tram- und Busbeschleunigung<br>• Verdichtung des ÖPNV-Angebots in Außenbezirken |

**Abb. 7.6:** Handlungsfelder zur $CO_2$-Reduktion im Bereich Verkehr am Beispiel der Stadt München (ÖKO-INSTITUT e.V. 2004; eigene Darstellung)

Auch wenn die Städte im Zuge von Siedlungswachstum und Suburbanisierung nicht mehr dem idealtypischen Bild der kompakten europäischen Stadt entsprechen, bleibt das Ziel kompakte Siedlungsstrukturen zu schaffen eine wesentliche Voraussetzung für eine energiesparende und Verkehr vermeidende Stadtentwicklung. Dazu zählen vergleichsweise hohe Baudichten und Nachverdichtungen im Innenbereich (unter Freihaltung wichtiger klimaaktiver Flächen), eine Funktionsmischung und Sicherung der Nahversorgung in den Stadtquartieren, eine gute Ausstattung mit Grünflächen und Erholungseinrichtungen sowie ein gut ausgebauter Öffentlicher Personennahverkehr und ein dichtes Netz an Rad- und Fußwegen. Auf übergeordneter Ebene leistet das raumordnerische Prinzip der „dezentralen Konzentration der Siedlungsentwicklung mit einer darauf abgestimmten Bündelung der linienförmigen Infrastruktur" (MKRO 2009) einen wesentlichen Beitrag zur Verkehrsvermeidung und damit zur Umsetzung der Klimaschutzziele. Primär sollen sich dabei Siedlungsentwicklung und Versorgungseinrichtungen auf die Hauptachsen des Öffentlichen Personennahverkehrs konzentrieren. Wie die Stadt Malmö in Schweden zeigt, kann der Klimawandel durchaus weit reichende Impulse in der Neuausrichtung der Stadtentwicklung setzen. Malmö hat sich zum Ziel gesetzt weltweit Maßstäbe bei der Umsetzung von Klimaschutzmaßnahmen zu setzen und gibt sich dabei selbstbewusst: *„Malmö aims to be a world-leading climate city, and we're far on the way already"*. Dabei greifen stadtentwicklungspolitische Zielsetzungen wie die kompakte Stadt, klimafreundliche Mobilität und Konzepte für eine nachhaltige Energieversorgung ineinander (THE CITY OF MALMÖ 2009). Besondere Stadtentwicklungsprojekte wie Western Harbour zeigen, wie eine Umsetzung konkret aussehen kann, im Sinne einer nachhaltigen Stadtstruktur und mit einem hohen Anspruch an das Wohn- und Lebensumfeld (ebd.).

## 7.4 Klimaanpassung (Adaption)

### 7.4.1 Ziele, Grundlagen und Ansätze

**Anpassung in der räumlichen Entwicklung**
Wenn die Folgen des Klimawandels noch nicht konkret absehbar sind, wozu dann jetzt bereits Anpassungsstrategien umsetzen? Hierzu gibt es aus Sicht der räumlichen Entwicklung gute Gründe. Der Klimawandel ist unter den gegebenen Rahmenbedingungen nicht zu verhindern, zumal derzeit nicht absehbar ist, ob die erforderliche Reduktion der Treibhausgasemissionen weltweit erfolgreich sein wird. Die Wirkfolgen treffen gesellschaftliche und räumliche Strukturen, die nicht gut vorbereitet und teilweise hochsensibel sind. Räumliche Anpassung braucht Zeit, besonders wenn ein Umbau des Bestandes erforderlich wird. Räumliche Planung muss ihre Instrumente und Handlungsoptionen an die Unsicherheiten der regionalen Klimamodelle und die komplexen Wirkfolgen anpassen (s. Abb. 7.7; ARL 2007, RITTER 2007, OVERBECK et al. 2008).

| Handlungsfeld/ Sektor | Beispiele für mögliche Anpassungsstrategien an den Klimawandel |
|---|---|
| Gesundheit | Vermehrte Aufklärung der Bevölkerung sowie des medizinischen Fach- und Pflegepersonals, Einführung von Frühwarnsystemen, Ausbau der medizinischen Forschung und intensives Monitoring klimabedingter Krankheiten |
| Landwirtschaft | Veränderung der Aussaattermine, Anbau widerstandsfähiger und standortgerechter Sorten mit einer hohen Klimatoleranz sowie einer geringen Anfälligkeit gegenüber Schädlingsbefall, Wahl geeigneter Fruchtfolgen, bodenschonende und wassersparende Bewirtschaftungsformen; räumliche und zeitliche Anpassung der Bewirtschaftung an veränderte Klimavariabilität |

| | |
|---|---|
| Forstwirtschaft | Standort- und klimawandelgerechte Baumartenwahl und forstliche Bewirtschaftung, verbesserte Vorsorge gegen Waldbrände und Sturmschäden, Vermeidung von Störungen bzw. Erhöhung der Widerstandfähigkeit empfindlicher Waldökosysteme |
| Wasserwirtschaft | Effizientere Nutzung und angepasstes Management der Wasserressourcen, Berücksichtigung der Änderung der Intensität und Häufigkeit von Extremereignissen in der Planung der wasserwirtschaftlichen Infrastruktur, Implementierung eines nachhaltigen Landnutzungsmanagements zur Verbesserung des Landschaftswasserhaushaltes, Förderung von Wassersparmaßnahmen in Industrie, Land- und Forstwirtschaft sowie in privaten Haushalten; Verbesserung der Wasserqualität und des ökologischen Zustands der Oberflächengewässer zur Reduzierung der Anfälligkeit der aquatischen Ökosysteme |
| Naturschutz und Biodiversität | Schutz des natürlichen Anpassungspotenzials, Verbesserung der Wanderungsmöglichkeiten, z.B. durch Vernetzen der Biotope; Einrichten von Schutzgebieten, die den Erhalt natürlich ablaufender Prozesse im Ökosystem als oberstes Schutzziel haben; Flexibilisierung von Schutzgebietszielen und -grenzen |
| Verkehr | Technische Maßnahmen gegen Extremereignisse wie Murenschutz oder Trassenverlegung in potenziellen Hochwassergebieten; technische Anpassungen der Verkehrsinfrastruktur mit neuen hitzeresistenten Materialien; verbessertes Management der Wasserstände der Schifffahrtswege |
| Tourismus | Flexibilisierung und Diversifizierung der Angebote in Gebieten mit negativen Auswirkungen des Klimawandels |
| Hochwasser- und Küstenschutz | Schaffung zusätzlicher Retentionsflächen, Verstärkung der bestehenden Schutzanlagen, hochwasserangepasste Bauweisen, Erhöhung des Bewusstseins in der Bevölkerung über Hochwassergefahren, verbesserte Frühwarnsysteme |
| Raum- und Siedlungsentwicklung | Freihalten hochwassergefährdeter Bereiche bzw. anderer Risikogebieten; ggf. Rückbau von Bebauung in Risikogebieten; flächensparende Siedlungs- u. Infrastrukturen; hochwasserangepasste Bauweisen; Sicherung klimaaktiver Flächen im Umland der Städte und in den Innenstädten; Durchgrünung und Bodenentsiegelung zur Reduktion des Wärmeinseleffektes |

**Abb. 7.7:** Beispiele für mögliche Anpassungsfelder hinsichtlich wesentlicher raumrelevanter Auswirkungen des Klimawandels (UBA 2008b; eigene Darstellung)

Ein wesentliches Ziel aller Anpassungsstrategien aus räumlicher Perspektive ist die Erhöhung der Anpassungsfähigkeit und damit der Resilienz von Raumstrukturen und Raumnutzungen. Im Zusammenhang mit Katastrophen im urbanen

Raum wird Resilienz verstanden als *„capacity to adapt to stress from hazards and the ability to recover quickly from their impacts"* (HENSTRA et al. 2004). Resiliente Raumstrukturen zeigen sich gegenüber den Auswirkungen des Klimawandels, insbesondere gegenüber Extremereignissen, elastisch und flexibel. Entstandene Schäden sind rasch überwunden bzw. lassen sich vergleichsweise einfach beheben (OVERBECK et al. 2008). Gerade im besiedelten Bereich konzentrieren sich zentrale und kritische Infrastrukturen u. a. der Energieversorgung, des Gesundheitswesens und des Verkehrs. Bauflächen liegen teilweise in Überflutungsbereichen, Krankenhäuser und andere sensible Einrichtungen in Räumen mit hoher thermischer Belastung. Das Konzept der Resilienz zielt darauf ab bereits vorhandene oder geplante Strukturen und Nutzungen robuster und fehlertoleranter auszugestalten.

Anpassungsstrategien stellen die räumliche Planung und Entwicklung vor neue Herausforderungen:
– Bislang fehlen oftmals noch grundlegende Informationen auf der regionalen bzw. städtischen Ebene, um die raumrelevanten Auswirkungen des Klimawandels besser fassen zu können. Die globalen und regionalen Klimaprojektionen variieren in ihren Ergebnisspannen erheblich. Damit ist „der Grad der Unsicherheit durch den nur vagen Kausalzusammenhang zwischen Klimawandel und Gefährdung um ein Vielfaches höher [..] als bei anderen großen raumbedeutsamen Entwicklungstrends (z. B. demographischer Wandel, Globalisierung)" (OVERBECK et al. 2008).
– Klimawandel ist ein sehr komplexes Phänomen und betrifft nahezu alle Politikbereiche. Die Auseinandersetzung mit den Folgen des Klimawandels ist somit eine verantwortungsvolle Querschnittsaufgabe. Gleichzeitig gibt es keine eigene Fachplanung, die gezielt Rauminformationen bzw. Raumentwicklungsstrategien zur Verfügung stellt.
– Viele der in Wissenschaft und Praxis diskutierten Strategien beziehen sich auf eine Anpassung, Umstrukturierung oder Neuausrichtung bereits bestehender Raumnutzungen, Siedlungsflächen oder Infrastrukturen. Bestandsschutz und Eigentumsfragen verhindern oder erschweren oftmals die Umsetzung von konkreten Maßnahmen. Das formale Planungsinstrumentarium stößt hier schnell an seine Grenzen.

Anpassungsstrategien müssen den jeweiligen räumlichen und sozioökonomischen Kontexten entsprechen. Die Fähigkeit einer Region, Stadt oder Gemeinde, diese auch umzusetzen, hängt von den Ressourcen und dem Know-how, aber auch maßgeblich vom politischen Willen ab (BMVBS & BBSR 2009b).

**Vulnerabilität von Raumstrukturen**
Eine wichtige Grundlage, um erforderliche Anpassungsmaßnahmen identifizieren zu können, ist die Bestimmung der „Verwundbarkeit" oder auch Vulnerabilität von Raumstrukturen. Vulnerabilität gegenüber globalen Wandlungsprozessen kann defi-

niert werden als „die Wahrscheinlichkeit, mit der ein spezifisches Mensch-Umwelt-System Schaden nimmt durch Veränderungen in der Gesellschaft oder der Umwelt und unter Berücksichtigung seiner Anpassungskapazität" (UBA 2008a). Die Vulnerabilität lässt sich auf der Basis von Exposition und Empfindlichkeit gegenüber den Folgen des Klimawandels sowie der Anpassungsfähigkeit von Raumstrukturen eingrenzen (s. Abb. 7.8). Eine hohe Vulnerabilität bedeutet, dass die räumlichen Strukturen nicht an die möglichen Auswirkungen angepasst sind. Hier zielen Adaptionsstrategien darauf ab, die Empfindlichkeit zu reduzieren bzw. die Anpassungsfähigkeit zu erhöhen. Aus gesellschaftlicher Perspektive ist dabei zu beachten: „Die Anpassungskapazität ist gering, wenn die notwendigen Ressourcen (finanziell, organisatorisch, legislativ, wissensbezogen etc.) zur Realisierung eines ausreichenden Anpassungsgrads nicht zur Verfügung stehen" (UBA 2008a).

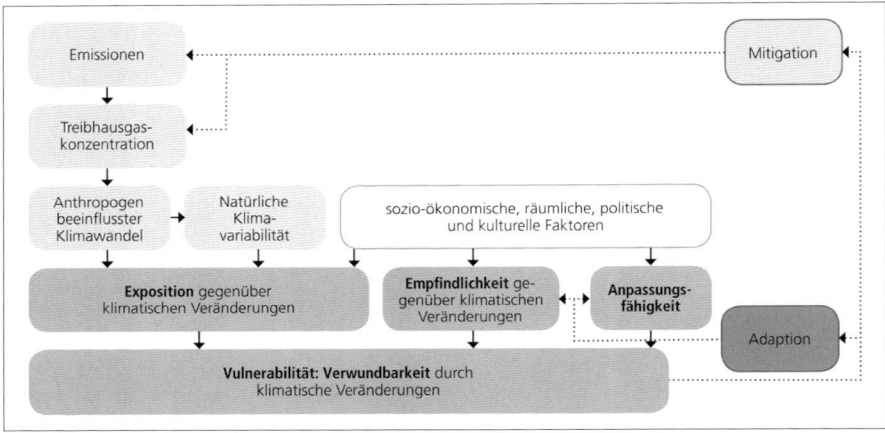

**Abb. 7.8:** Das Konzept der Vulnerabilität als Grundlage für die Einschätzung des Anpassungsbedarfs (BBSR 2009b, FROMMER 2009; eigene Darstellung)

Die Verortung der Vulnerabilität kann zur Identifikation von Risikogebieten weiterentwickelt werden. Trifft eine hohe Gefährdung auf eine hohe Verwundbarkeit, besteht ein hohes Klimafolgenrisiko, wobei gerade diese Gebiete für eine klimaangepasste Stadtentwicklung von besonderer Bedeutung sind, nicht zuletzt um knappe Ressourcen effizient einzusetzen (OVERBECK et al. 2008). Gerade für die multiplen Risikosituationen in Ballungsräumen gewinnen diese Grundlagen an Bedeutung – sowohl für die räumliche Planung als auch für die Risikokommunikation.

**Umgang mit Unsicherheiten**
Projizierte Wirkfolgen sind mit großen Unsicherheiten behaftet. Die Strategien der Raumentwicklung und die Umsetzung konkreter Maßnahmen fordern ein

Umdenken in der Praxis der räumlichen Planung. Ansätze hierfür fasst HALLE-GATTE (2008) in fünf Strategien zusammen:

- No-regret-Strategie: Maßnahmen zur Steigerung der Resilienz und Erhöhung der Anpassungsfähigkeit werden so gewählt und ausgestaltet, dass sie unabhängig vom Eintreffen der projizierten Klimawandelfolgen als sinnvoll anerkannt werden und einen Mehrwert erbringen. So trägt die Neuerschließung von Retentionsräumen entlang der Fließgewässer schon heute dazu bei, Hochwasserrisiken zu reduzieren, und stellt gleichzeitig eine sinnvolle Anpassungsstrategie an die potenziellen Folgen des Klimawandels dar.
- Reversible Strategie: Maßnahmen *„that are reversible and flexible over irreversible choices. The aim is to keep as low as possible the cost of being wrong about future climate change"* (HALLEGATTE 2008). Ein Beispiel ist die Nutzung von Überflutungsbereichen. Diese sollten einen flexiblen Umgang mit steigenden Hochwasserrisiken erlauben. Eine (weitere) Bebauung käme somit nicht infrage.
- Safety margin Strategie: Maßnahmen mit „Sicherheitszuschlägen", die ohne weitere oder geringe Kosten zu realisieren sind. Sicherheitszuschläge kommen beispielsweise bei der Berechnung von Überflutungsbereichen an der Küste bzw. entlang der Flüsse oder auch für städtische Kanalsysteme zum Tragen.
- „Sanfte" Strategie: Nicht immer sind (meist aufwändige und teure) technische Lösungen angebracht oder notwendig. Bei steigenden Unsicherheiten und Risiken können speziell angepasste Nutzungen, Förderprogramme, Versicherungs- und Monitoringsysteme sinnvolle Alternativen darstellen.
- Strategien, die Entscheidungshorizonte verringern: Langfristige Investitionen können sich bei sehr unsicheren Wandelprozessen als (teure) Fehlentscheidungen herausstellen. Deshalb können in einigen Sektoren „kleinere" und mittelfristige Lösungen durchaus eine weitere Handlungsoption darstellen.

Diese Strategien sind Erfolg versprechend, auch „unabhängig von den (unsicheren) regionalen Auswirkungen des Klimawandels und den ohnedies nur schwer in ihren Wirkungen abschätzbaren Extremereignissen. Der Vorsorgeaspekt, der Umgang mit Unsicherheiten und Lernprozesse rücken so in den Vordergrund – zentrale Voraussetzung für Raumentwicklungsstrategien zum Klimawandel" (OVERBECK et al. 2008). Wie wichtig und oftmals unterschätzt Lernprozesse in der Stadt- und Regionalentwicklung sind, betont STEIN (2006) mit dem Begriff der „Lernenden Stadtregion", der in Zeiten des Klimawandels und den damit verbundenen unwägbaren Risiken eine zusätzliche Dimension erhält.

### 7.4.2 Urbane Anpassungsstrategien an veränderte stadtklimatische Bedingungen

**Veränderung des Stadtklimas als Folge des Klimawandels**

Wie bereits in Kapitel 3 (*Das Klima der Stadt*) dargelegt wurde, unterscheidet sich das Stadtklima in wesentlichen Klimaparametern vom unbebauten Umland. Maßgebliche Faktoren sind die Baudichten und Baumassen, die Versiegelung der Oberflächen, der geringe Anteil an Vegetation, die Emission von Wärme sowie der erhöhte Aerosol- und Schadstoffgehalt in der Luft. Im Zuge des Klimawandels ist davon auszugehen, dass sich wesentliche Parameter des Stadtklimas verstärken, wobei die Erhöhung der Temperatur, die Veränderung der Niederschläge und die Zunahme von Extremereignissen (v. a. Hitzewellen und Trockenperioden, Starkregenereignisse und Stürme) eine entscheidende Rolle spielen. Die potenziellen Folgen des Klimawandels für Städte in Deutschland wirken sich auf nahezu alle Lebens-, Nutzungs- und Politikbereiche aus. Im Folgenden wird ein Schwerpunkt auf die Wirkfolgen in besiedelten Räumen gelegt. Eine Übersicht gibt Abbildung 7.9.

| Handlungsfeld/ Sektor | Potenzielle Wirkfolgen des Klimawandels auf den urbanen Raum in Deutschland |
|---|---|
| Menschliche Gesundheit | • sinkender thermischer Komfort <br> • Hitze und Kälte bedingte Todesfälle <br> • steigende Gefahr von vektorbasierten (d.h. durch tierische Wirte übertragene) Krankheiten <br> • steigende Gefährdung durch Extremereignisse |
| Energie | • steigender Energiebedarf für Kühlung <br> • steigender Energiebedarf für die Aufbereitung von Wasser <br> • sinkender Heizbedarf <br> • sinkende Versorgungssicherheit (insb. bei kühlwasserabhängiger Energiegewinnung) |
| Wasserhaushalt und Wasserwirtschaft | • Veränderte Häufigkeit und Höhe von Hochwässern <br> • steigender Wasserbedarf im Sommer <br> • sinkendes Brauchwasserdargebot im Sommer <br> • Veränderung des Grundwasserspiegels <br> • Veränderte Qualität der Oberflächengewässer <br> • Veränderte Qualität des Grundwassers |
| Technische und soziale Infrastruktur | • veränderte Ansprüche an die technische Infrastruktur (z.B. Entwässerung) <br> • veränderte Ansprüche an die soziale Infrastruktur (z.B. Klimatisierung von Kindergärten und Schulen) <br> • vermehrte Schäden und Ausfälle bei Extremereignissen <br> • steigender Bedarf an Einsatzkräften für die Bewältigung von Extremereignissen |

| Transport und Verkehr | • vermehrte Behinderungen und Verspätungen durch Extremereignisse<br>• steigende Kosten für die Instandhaltung<br>• veränderter Bedarf an Transportdienstleistungen<br>• veränderte Ansprüche an Transportdienstleistungen (z.B. Klimatisierung) |
|---|---|
| Freiräume und Grünflächen | • steigender Bedarf an Kaltluftentstehungsgebieten<br>• steigender Bedarf an Erholungsflächen<br>• veränderte Ansprüche an die Ausgestaltung von Freiflächen (z.B. Schattenplätze, Wasserflächen)<br>• Veränderung des Pflegebedarfes (insb. Bewässerung)<br>• Veränderung der Eignung von Pflanzen (z.B. Straßenbäume)<br>• Veränderung der Biodiversität |
| Lufthygiene | • steigende Konzentration toxischer Stoffe (z.B. Ozon, Stäube)<br>• steigende olfaktorische Belastungen<br>• steigender Bedarf an Frischluftentstehungsgebieten |
| Tourismus und Kulturerbe | • Häufigere Schäden an Gebäuden, Denkmälern und Kultureinrichtungen<br>• Veränderungen der touristischen Saison<br>• Auswirkungen auf das Stadtimage<br>• Veränderung der Badegewässerqualität (z.B. durch Algenblüten) |

**Abb. 7.9:** Potenzielle Folgen des Klimawandels für Städte in Deutschland (BMVBS & BBSR 2009b; eigene Darstellung)

Im Folgenden werden die wichtigsten Veränderungen noch einmal kurz erläutert und ihre Wirkfolgen näher betrachtet. Eine ausführliche Beschreibung des Sachverhaltes erfolgte bereits in Kapitel 3. Im Gegensatz zur Projektion der Klimaveränderungen hinsichtlich der Durchschnittswerte von Temperatur und Niederschlag bleibt die Projektion des Auftretens von Extremereignissen mit hohen Unsicherheiten behaftet (vgl. UBA 2005). „Plausible theoretische Annahmen (z. B. aufgrund der Zunahme der Dynamik in der Atmosphäre) sprechen allerdings gerade hier für ein deutlich häufigeres Auftreten und extremere Ereignisse" (BMVBS & BBSR 2009b).

Die Erhöhung der Temperatur wird sich im Zuge des Klimawandels verstärkt auf die thermische Belastung in Städten auswirken im Vergleich zum unbebauten Umland und damit der Ausbildung städtischer Wärmeinseln. Die mikroskalige Ausprägung der thermischen Belastung hängt dabei entscheidend von der Oberflächenstruktur, der Exposition in Bezug auf Sonne und Wind sowie dem vorhandenen Grünvolumen bzw. Grünflächen ab (vgl. LÜLF 2008). Der Deutsche Wetterdienst legte 2011 eine Untersuchung zur Entwicklung der städtischen

Wärmebelastung für das Stadtgebiet von Frankfurt vor, aus der hervorgeht, dass – auf der Grundlage des moderaten IPCC-Emissionsszenarios A1B – bis 2050 eine Zunahme der jährlichen Sommertage von aktuell ca. 44 Tagen um 5 bis 31 Tage angenommen werden kann. Das bedeutet, dass Mitte des Jahrhunderts im Sommerhalbjahr an jedem zweiten bis vierten Tag die Temperaturen über 25°C steigen werden. Auch die Sommerabende, mit Temperaturen von 20°C oder mehr um 22.00 Uhr, werden häufiger auftreten (DEUTSCHER WETTERDIENST 2011).

Ein anschauliches Bild, wie sich die klimatischen Bedingungen für einzelne Städte in Europa im Zuge des Klimawandels ändern könnten, zeigen Klimaanalogien (HALLEGATTE et al. 2005). Die Klimamodelle von Meteo France und dem Hadley Center (Europäischer Wetterdienst) veranschaulichen, auf welche geographische Breite ausgewählte Städte infolge des Klimawandels bis 2100 nach Süden verschoben wären, würde man heutige Klimaverhältnisse ansetzen. Dabei wurden die jährlichen und monatlichen Durchschnittstemperaturen sowie die jährlichen und monatlichen Niederschlagsmengen als Kriterien für die Verschiebung berücksichtigt. So würde – je nach Modell – Berlin in Mittelitalien bzw. im Nordosten von Portugal, Barcelona an der westlichen nordafrikanischen Mittelmeerküste und Dublin in Westfrankreich liegen. Der Anstieg der Durchschnittstemperatur wirkt sich auf nahezu alle Bereiche der Stadtentwicklung aus. Hier gibt es mit der Einsparung von Energie zur Beheizung von Gebäuden im Winter oder verlängerten Vegetationsperioden wichtige positive Effekte. Allerdings spielt die thermische Belastung eine erhebliche Rolle für das Wohlbefinden und die Gesundheit der städtischen Bevölkerung. Ein gravierendes Problem werden zukünftig Hitzewellen darstellen. Bei einem heißen Tag (früher auch Tropentag genannt) erreicht die Lufttemperatur 30°C oder mehr; bei einer Tropennacht fällt die Temperatur nicht unter 20°C. Wenngleich Tropennächte in Deutschland nur vereinzelt und damit sehr selten auftreten, stieg die Zahl im sehr heißen Sommer 2003 an begünstigten Stationen auf über zehn Tropennächte und in Kehl bei Straßburg sogar auf 21. Damit wächst das Risiko der gesundheitlichen Belastung,

• wenn mehrere heiße Tage in Folge auftreten und sich länger andauernde Hitzeperioden einstellen,
• wenn Hitzewellen sehr früh im Jahr vorkommen und eine Anpassung des menschlichen Organismus noch nicht erfolgt ist oder
• wenn deutlich erhöhte Nachttemperaturen die nächtliche Regenerationsphase für den menschlichen Körper einschränken (REGIONALVERBAND RUHR 2010).

Untersuchungen aus Baden-Württemberg zeigen, dass bei einer starken Wärmebelastung mit gefühlten Temperaturen zwischen 32 und 38°C die Mortalitätsraten im Mittel um 13 % steigen (KOPPE 2009). Der heiße Sommer 2003 mit stark erhöhten Sterberaten in ganz Europa verdeutlicht mögliche Konsequenzen. Insbesondere für empfindliche Bevölkerungsgruppen verstärken sich gesundheitliche Risiken. So steigt das Mortalitätsrisiko für Ältere und gerade für über 75-Jährige bei Hitzestress stark an (BLÄTTNER et al. 2009). Im Zuge des demographischen Wandels ist mit einer deutlichen Erhöhung der Zahl älterer Menschen und deshalb mit einer Verschärfung der Situation zu rechnen.

Die Veränderungen der Niederschlagsmengen und jahreszeitlichen Verteilung im Zuge des Klimawandels werden ebenfalls erhebliche Konsequenzen für urbane Räume mit sich bringen, wenn Einzugsgebiete der Flüsse betroffen sind und damit die Hochwassergefährdung in den Städten zunimmt. Die Ergebnisse regionalisierter Klimamodelle zur Entwicklung von Temperatur und Niederschlag im Zuge des Klimawandels lassen sich mit Wasserhaushaltsmodellen koppeln, sodass Abflussmengen und daraus resultierende Hochwasserstände sowie die Höhe der Wasserstände bei unterschiedlichen Jährlichkeiten berechnet werden können. Im Rahmen des transnationalen Kooperationsprojektes ESPACE wurden diese Berechnungen für das Einzugsgebiet der Fränkischen Saale durchgeführt. Die Ergebnisse zeigen, dass unter den zugrunde gelegten Parametern für den Zeitraum 2021 bis 2050 die Abflüsse beim 2-jährlichen Hochwasser am Pegel Bad Kissingen gegenüber den Abflüssen von 1971 bis 2000 um 40 % erhöht sind, beim 10-jährlichen Hochwasser noch um 30 %, beim 50-jährlichen um 20 % und beim 100-jährlichen um 15 % (BMVBS & BBR 2007). Darüber hinaus wurde kartographisch dargestellt, welche (Siedlungs)Flächen bei unterschiedlichen Hochwasserereignissen überflutet werden. Deutlich wurde, dass die Hochwasserereignisse „künftig häufiger auftreten und damit zu mehr ökonomischen Schäden als bislang führen" (BMVBS & BBR 2007). Extremereignisse wie Starkregen sind oftmals sehr lokal und kaum vorhersagbar. Sie können zu rasch ansteigendem Hochwasser, Bodenerosion und Hangrutschungen führen. In Verbindung mit einer Überlastung der städtischen Kanalsysteme kann Starkregen kurzfristige Überflutungen des besiedelten Bereichs bewirken und hohe Schäden anrichten (s. Abb. 7.10). Gerade die Regenwasser- und Mischwasserkanalisation der Städte ist oftmals bereits heute überlastet; zudem handelt es sich „bei städtischen Kanalnetzen um eine starre technische Infrastruktur mit einer Lebensdauer von über 80 Jahren" (LÜLF 2008). Eine ausführlichere Betrachtung erfolgte bereits in Kapitel 5 (*Urbaner Wasserhaushalt*).

„Die heißen und trockenen Jahre in den 1990'er Jahren und vor allem das Jahr 2003 haben gezeigt, dass Deutschland, obwohl es in einer gemäßigten Klimazone liegt, von Niedrigwasser und Dürren betroffen sein kann. In Deutschland hat diese ungewöhnlich lang anhaltende trockene warme Phase unter anderem zu erhöhter Waldbrandgefahr und Einbußen in der Landwirtschaft geführt. Einschränkungen gab es für die Binnenschifffahrt sowie für Wärme-, Wasserkraft- und Atomkraftwerke" (UBA 2008a). Aufgrund der generellen Zunahme der Temperatur und der Abnahme der sommerlichen Niederschläge werden längere Trockenperioden wahrscheinlicher. Diese haben weit reichende Auswirkungen, nicht nur für die Land- und Forstwirtschaft, sondern auch für die Städte (s. Abb. 7.11).

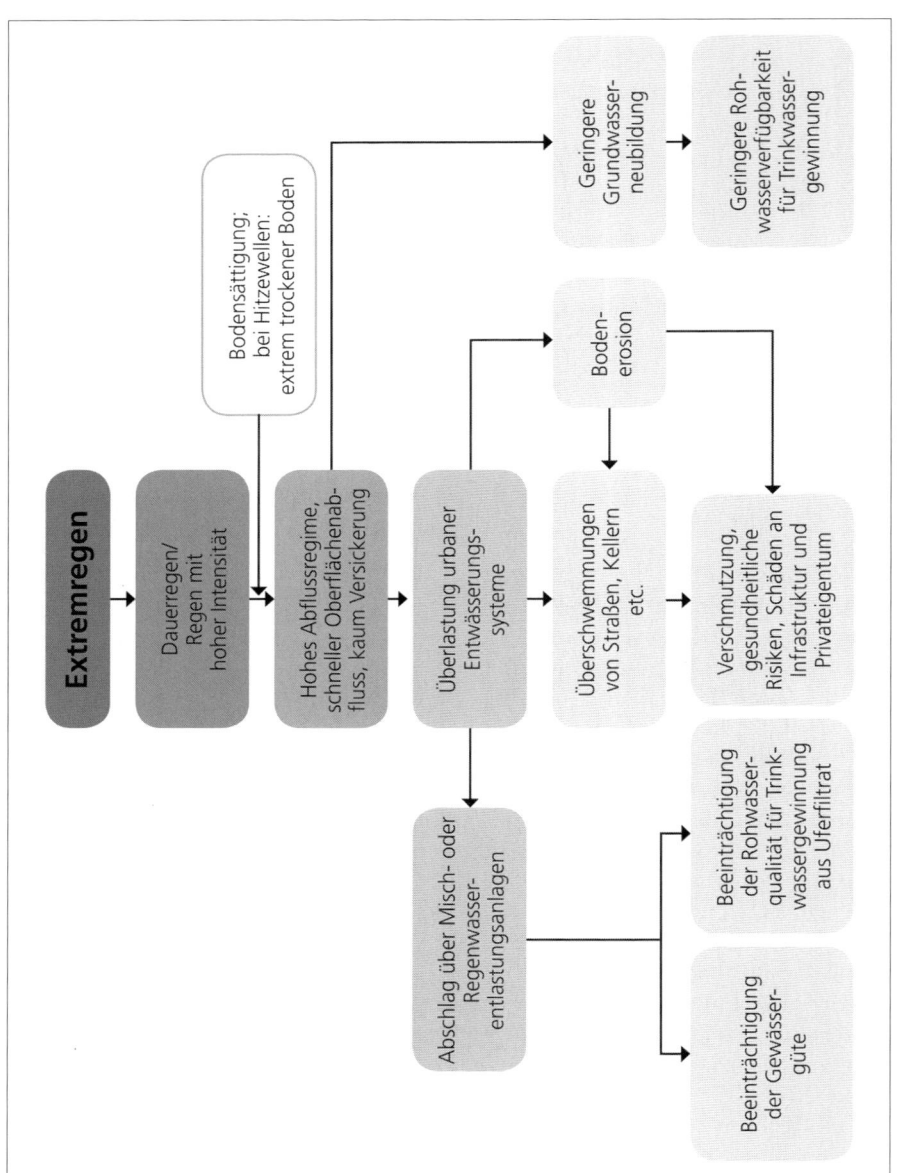

**Abb. 7.10:** Direkte und indirekte Auswirkungen von extremen Regenfällen auf die Teilgebiete der Siedlungswasserwirtschaft besonders in Nordrhein-Westfalen (REGIONALVERBAND RUHR 2010; eigene Darstellung)

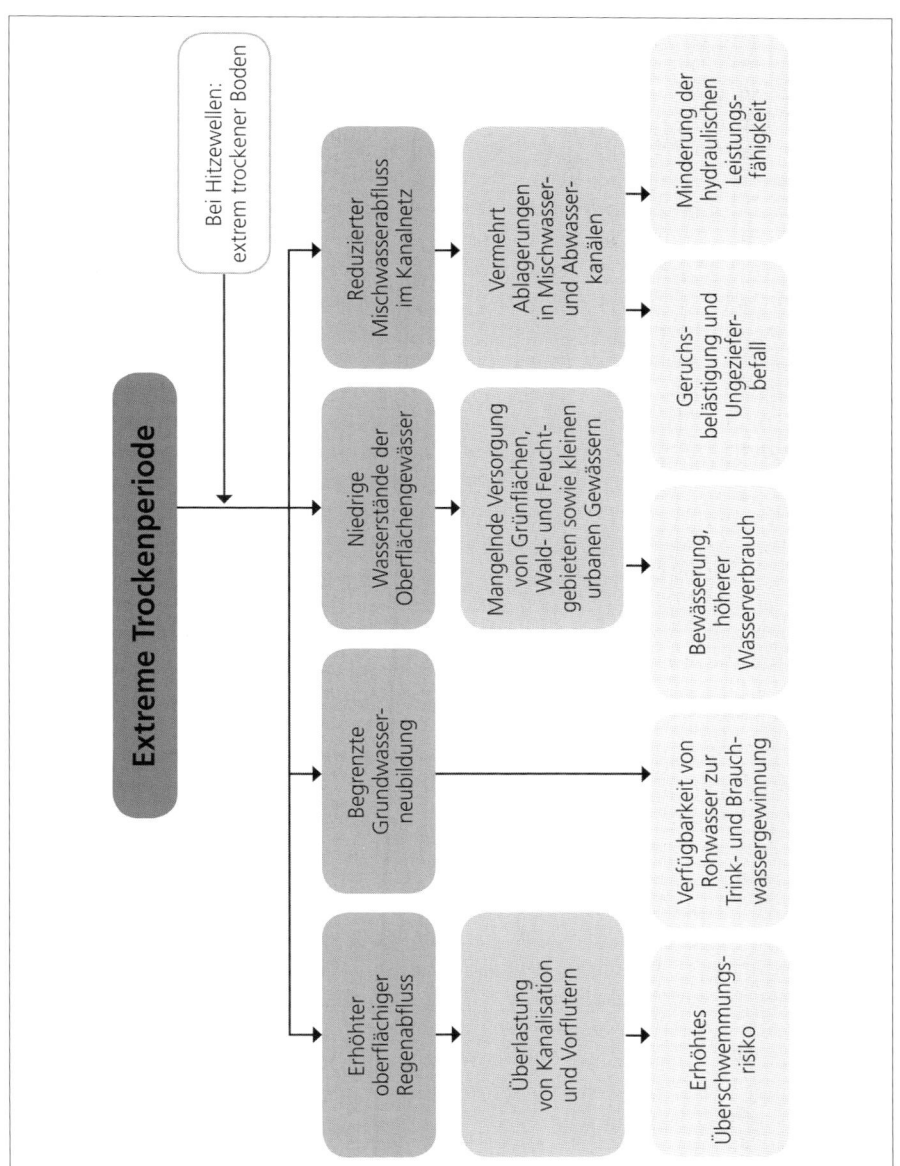

**Abb. 7.11:** Direkte und indirekte Auswirkungen von extremen Trockenzeiten auf die Teilgebiete der Siedlungswasserwirtschaft besonders in Nordrhein-Westfalen (REGIONALVERBAND RUHR 2010; eigene Darstellung)

### 7.4.2.2 Maßnahmenfelder für Anpassungsstrategien im urbanen Raum

Viele Handbücher, Leitfäden und Best-practice-Beispiele geben Aufschluss über Handlungsfelder und konkrete Anpassungsmaßnahmen im städtischen Bereich[4]. Wichtige Maßnahmen beziehen sich hierbei auf den Umgang mit

– thermischer Belastung/Hitzestress: u. a. Sicherung klimaaktiver Flächen, insbesondere von Ventilationsbahnen und Kaltluftentstehungsgebieten, aber auch von Parkanlagen, Grün- und Brachflächen; die Erhöhung des Grünvolumens in den Wärmeinseln, u. a. durch Schaffung neuer Grünflächen bzw. Grünstrukturen, Dachbegrünung, Fassadenbegrünung/vertikale Gärten; Erhalt oder Schaffung offener Wasserflächen mit ausgleichender Wirkung; verstärkte Bewässerung der Grünflächen; Verringerung der Versiegelung und Erhöhung des Anteils heller Oberflächen (zur Reduktion der Wärmespeicherung); Förderung der Verschattung.

- Extremereignissen, v. a. Starkregen: u. a. Schaffung von Retentionsräumen, Erhöhung der Rückhaltekapazitäten in Überflutungsbereichen, Beseitigung von Abflusshemmnissen; Reduktion versiegelter Flächen und Maßnahmen zur dezentralen Versickerung von Niederschlags- und Oberflächenwasser; erosionsmindernde Maßnahmen zur Vermeidung stärkerer Hangabflüsse; Schutzmaßnahmen an Bauwerken.

Maßnahmen zur Verringerung der thermischen Belastung dienen primär der menschlichen Gesundheit und dem Wohlbefinden in den Städten. Daher ist es Ziel der Anpassungsmaßnahmen, die Aufheizung des Stadtkörpers zu reduzieren und den thermischen Komfort im Siedlungsbereich zu verbessern. Abgesehen von gebäudebezogenen Maßnahmen bieten Freiräume ein wichtiges Handlungsfeld zur Minderung der thermischen Belastung.

Am Tag hängt die Wärmebelastung oder auch der Hitzestress unmittelbar von der Umgebungstemperatur ab und wird durch aufgeheizte Flächen und Räume im Freien wie im Innern von Gebäuden beeinflusst. Nicht zu unterschätzen ist die Wirkung heller Oberflächen, um die Aufheizung versiegelter Freiflächen und Baukörper zu reduzieren. SYNNEFA et al. (2005) untersuchten hierzu den Einfluss unterschiedlicher reflektierender Anstriche und Materialien und konnten nachweisen, dass mit einem weißen Anstrich versehene Steinplatten an heißen Sommertagen eine um 4 °C niedrigere Oberflächentemperatur als beispielsweise heller Marmor aufweisen. Mit Blick auf häufig verwendete dunkle Asphalt- und Steinflächen ergibt sich hier ein deutliches Potenzial, Oberflächentemperaturen gerade in Wärmeinseln zu verringern.

Wasserflächen tragen infolge der Verdunstung zur Kühlung der Lufttemperatur im Sommer bei. Insbesondere fließendes Wasser oder Wasserzerstäuber wie man-

---

[4] vgl. u.a. www.anpassung.net des Kompetenzzentrums Klimafolgen und Anpassung (KomPass) des Umweltbundesamtes; www.stadtklimalotse.net, REGIONALVERBAND RUHR 2010, der KyotoPlus-Navigator von GROTHMANN et al. 2009

che Springbrunnen erhöhen den Effekt (HORBERT 2000). Zudem besitzen Wasserflächen über den Tagesgang hinweg eine ausgleichende Wirkung. Am Tage sind die Bereiche mit Wasserflächen länger kühl, da sich das Wasser nur langsam erwärmt. In der Nacht dagegen sind sie wärmer als die Umgebung. Mithilfe technischer Maßnahmen können Wasserflächen auch effizient zur Kühlung von Gebäuden eingesetzt werden (RIZWAN et al. 2008).

Die positive Wirkung von Grünflächen und Vegetation auf die Minderung thermischer Belastung wurde vielfach belegt (BOWLER et al. 2010). Diese Wirkung hängt maßgeblich von Oberflächenbeschaffenheit, Feuchtigkeit und Beschattung der Flächen ab. Den Einfluss unterschiedlicher Oberflächentemperaturen (Oberflächenstrahlung) auf die bodennahe Lufttemperatur in zwei Metern Höhe zeigen Simulationen mit dem atmosphärischen Grenzschichtmodell HIRVAC (GOLDBERG & BERNHOFER 2007). Die Simulationsergebnisse verdeutlichen die besondere Rolle des Feuchtegrades. So weisen Asphaltflächen und ausgetrocknete Böden einen ähnlichen Tagesgang der Lufttemperatur auf, während feuchtes Gras oder Baumbestand erheblich ausgleichender auf die Lufttemperatur wirken. Diese Ergebnisse stützen Überlegungen, wassergesättigte bzw. wasserhaltige evaporierende Pflasterbeläge zur Abkühlung der oberflächennahen Lufttemperaturen innerhalb von wärmebelasteten Stadtstrukturen einzusetzen (NAKAYAMAA & FUJITA 2010). Ein weiterer wichtiger Zusammenhang lässt sich in Simulationen zwischen der Flächengröße, der Grünvolumendichte und verminderter Aufheizung der bodennahen Lufttemperatur (im Vergleich zur unbewachsenen Bodenfläche) aufzeigen (KURBJUHN et al. 2010). Bereits eine kleine Grünfläche von einem Hektar vermindert ein hohes Grünvolumen bzw. ein dichter Baumbestand die Erwärmung der bodennahen Luftschichten am Tage und schafft damit eine im Verhältnis zur umgebenden Wärmeinsel „kühle" thermische Komfortzone. Demgegenüber erhöht sich die bodennahe Lufttemperatur auch bei großen Grünflächen im Tagesgang wesentlich stärker, wenn nur ein geringes Grünvolumen, z. B. Rasenfläche, vorhanden ist. Dies bedeutet, dass eine Reduzierung der thermischen Belastung und des Hitzestresses sehr gut mithilfe von Durchgrünungsmaßnahmen, vorzugsweise mit Hochgrün, gelingen kann. Damit lässt sich auch die Belastung des menschlichen Organismus durch direkte Sonneneinstrahlung vermindern. Neben der Bepflanzung mit Hochgrün lässt sich eine Verschattung auch durch bauliche Maßnahmen erzielen. Hier müssen jedoch weitere Einflüsse bedacht werden: „Hochhäuser, wie im Frankfurter Bankenviertel, können den Effekt dichter Bebauung zwar durch ihre abschattende Wirkung zumindest tagsüber etwas mildern. Da allerdings der Effekt der nächtlichen Wärmeinsel durch die Hochhäuser verstärkt wird, ist keineswegs als Anpassungsmaßnahme auf den Hochhausbau zu setzen" (DEUTSCHER WETTERDIENST 2011).

Freiraumstrategien in der Stadtentwicklung sollten neben der Erhöhung des Grünvolumenanteils und der Durchfeuchtung auch entsprechend ihrer funktionalen Bedeutung im Stadtkontext differenziert geschützt bzw. entwickelt werden, um deren klimaaktive Wirkung zu optimieren. Eine Umwandlung von bebauten

Flächen in Grünflächen kann die projizierte Zunahme an Sommertagen deutlich reduzieren: „Parks und Grünanlagen nehmen unter zukünftigen Klimabedingungen somit in ihrer Bedeutung stark zu" (DEUTSCHER WETTERDIENST 2011). Weitere Handlungsempfehlungen aus Sicht der angewandten Stadtklimatologie werden exemplarisch in Kapitel 3 (Das Klima der Stadt) dargelegt.

## 7.5   Instrumente und Governance

### 7.5.1   Rolle und Instrumente der Kommunen

In der Stadtentwicklung können die Kommunen auf verschiedene gesetzliche Regelungen und Instrumente zurückgreifen, um Klimaschutz- und Anpassungsmaßnahmen zu planen, aufeinander abzustimmen und zu implementieren. Die Handlungsoptionen der Kommunen lassen sich nach BMVBS & BBSR (2009a) einteilen in:

- das Setzen von Regeln: Dies kann auf der Grundlage von Gesetzen oder Verordnungen (z. B. Bauleitplanung) oder von Besitzrechten geschehen, beispielsweise als Eigentümer von Infrastrukturen der Ver- und Entsorgung oder der Energiewirtschaft.
- Beratung: In vielen Bereichen, die auf eine Anpassung des Bestandes oder eine Sanierung im Sinne des Klimaschutzes abzielen, können die Kommunen nur beratend tätig werden, da meist Bestandschutz oder private Eigentumsrechte wirken.
- das Wahrnehmen der Vorbildfunktion: Dort, wo die Kommune Eigentumsrechte besitzt oder privatwirtschaftlich tätig ist, kann sie Maßnahmen Beispiel gebend umsetzen und zur Nachahmung anregen.

Viele Sektoren, wie die Forst- und Wasserwirtschaft, die Verkehrsplanung oder der Naturschutz, sind von den Wirkfolgen des Klimawandels betroffen und müssen innerhalb ihrer Zuständigkeiten und Fachplanungen darauf reagieren. Sie liefern maßgebliche Beiträge für eine zukunftsfähige Stadtentwicklung. Gleichzeitig unterstreichen Dringlichkeit und Komplexität von Mitigations- und Adaptionsmaßnahmen die Notwendigkeit einer integrierten Steuerung und Koordination, um Synergien ausschöpfen und Zielkonflikte vermeiden zu können. Die Kommunen können hierbei auf das Instrumentarium der Stadtplanung zurückgreifen, das unterschiedliche formale und informelle Elemente umfasst. Vergleichbar der Raumordnung auf übergeordneter Ebene kommt ihr neben der „klassischen Ordnungsfunktion [...] eine wichtige Rolle bei der Entwicklung klimawandelangepasster Raumnutzungen" (DOSCH & PORSCHE 2009) sowie bei der Implementierung raumrelevanter Klimaschutzmaßnahmen zu. Dabei stehen in Bezug auf Anpassungsstrategien folgende Aufgaben der räumlichen Planung im Vordergrund (STOCK et al. 2009):

- die Risikovorsorge durch eine Anpassung der Raumstrukturen und Nutzungen an die erwarteten Klimaveränderungen,
- die Anpassung an den Landschaftswandel und an eine möglicherweise geringere Verfügbarkeit von Ressourcen und
- der Schutz der Bevölkerung im Kontext der anzunehmenden Risiken durch den Klimawandel.
- Die räumliche Planung kann dabei auf zentrale strategische Potenziale zurückgreifen (in Anlehnung an RANNOW & FINKE 2008):
- Frühwarnung: Aufzeigen und wenn möglich (kartographische) Visualisierung der negativen Wirkfolgen des Klimawandels; damit frühzeitiger Einfluss auf Problemwahrnehmung und -definition
- Orientierung: Erarbeitung von räumlichen Leitbildern und Raumentwicklungsstrategien zum Klimawandel, Aufzeigen von Handlungsalternativen
- Koordination: Abstimmen von Adaptions- und Mitigationsstrategien untereinander sowie mit (optional konkurrierenden) Raumnutzungsinteressen, um Synergien auszuschöpfen und Zielkonflikte frühzeitig zu vermeiden
- Konfliktlösung: Bewältigung von existierenden Konflikten im Sinne des Gemeinwohls
- Passfähigkeit: Integration der Herausforderungen des Klimawandels in bestehende Pläne und Programme.

Das Baugesetzbuch (BauGB) stellt für die Stadtentwicklung ein umfangreiches Instrumentarium zur Verfügung. Mit der Bauleitplanung, die den Flächennutzungsplan als vorbereitenden und den Bebauungsplan als verbindlichen Bauleitplan umfasst, aber auch im Rahmen von städtebaulichen Sanierungs- und Stadtumbaumaßnahmen oder städtebaulichen Verträgen bieten sich Möglichkeiten, Klimaschutz- und Anpassungsmaßnahmen rechtlich zu verankern (vgl. u. a. LÜLF 2008, BMVBS & BBSR 2009a). Allerdings beziehen sich diese Regelungen vorwiegend auf zukünftige Nutzungen. Bei Nutzungsänderungen im Bestand stoßen insbesondere die formalen Instrumente der räumlichen Planung schnell an ihre Grenzen.

Unter dem Stichwort *Climate-Proofing* oder *Climate-Proof Planning* werden aktuell Ansätze in der räumlichen Planung diskutiert, die die Auswirklungen des Klimawandels in Verbindung mit dem Konzept der Vulnerabilität in den Fokus nehmen: „Unter ‚*Climate Proofing*‘ sind Methoden, Instrumente und Verfahren zu verstehen, die absichern, dass Pläne, Programme und Strategien sowie damit verbundene Investitionen gegenüber den aktuellen und zukünftigen Auswirkungen des Klimawandels resilient und anpassungsfähig gemacht werden, und die zudem auch darauf abzielen, dass die entsprechenden Pläne, Programme und Strategien dem Ziel des Klimaschutzes Rechnung tragen" (BIRKMANN & FLEISCHHAUER 2009). Der Ausgangspunkt wird dabei in den veränderten Klimaparametern und deren raumrelevanten Wirkfolgen gesehen, woraus sich auch ein Unterschied zur Umweltverträglichkeitsprüfung (vgl. Gesetz über die Um-

weltverträglichkeitsprüfung, UVPG) ergibt: „Nicht die Wirkungen des Projektes oder Plans auf die Umwelt, sondern die möglichen, durch den Klimawandel veränderten Umweltbedingungen und Umweltauswirkungen auf das Projekt bzw. den Plan sind zu untersuchen" (ebd.). Als Beispiele für wesentliche Ziele und daraus abgeleitete Prüfkriterien eines *Climate Proofings* identifizieren BIRKMANN & FLEISCHHAUER (2009) für kritische Infrastrukturen folgende Aspekte:
- die Reduktion der Exposition gegenüber den Auswirkungen des Klimawandels,
- die Verminderung der Abhängigkeiten von kritischen Infrastrukturen,
- die Erhöhung der Robustheit kritischer Infrastrukturen und ihrer Netze,
- die Erhöhung der Redundanz durch parallele oder funktionsäquivalente Systeme und
- die Erhöhung des Schutzniveaus, v. a. bei sehr kritischen Infrastrukturen wie Krankenhäusern.

Im Kontext des Klimawandels werden die Beiträge strategischer Planungsansätze (wieder) intensiver diskutiert. Strategische Planung versucht vor dem Hintergrund externer Rahmenbedingungen wie dem Klimawandel zu integrierten Betrachtungsweisen und Lösungen zu kommen. Sie formuliert klare Schwerpunkte, verknüpft Strategie und Projekt und setzt dabei auf eine Beteiligung von Akteuren, auch aus Zivilgesellschaft und Wirtschaft (vgl. FROMMER 2009). Die Vorteile für eine Anpassung an den Klimawandel sieht FROMMER (2009) darin, dass strategische Planung
- die Möglichkeit bietet, „den externen und internen Kontext so weit aufzuspannen, wie es die Problemlage erfordert". Schwerpunktsetzung und Gewichtung in den unterschiedlichen Handlungsfeldern erfolgen nach Bedarf.
- die Inhalte problem- bzw. zielorientiert formuliert und dabei auch weitere Akteure einbezieht, um eine stärkere Umsetzungsorientierung zu erreichen sowie
- aufgrund ihrer Prozessorientierung und ihres kooperativen Ansatzes Lernprozesse auf verschiedenen Ebenen und in unterschiedlichen Akteurskonstellationen ermöglicht.

Diese Diskussion entspricht einem veränderten Planungsverständnis, das nicht mehr den Plan, sondern eher den Prozess im Vordergrund sieht: „Ging es früher darum, mithilfe von Planung zu möglichst rationalen Entscheidungen zu gelangen, so betonten die planungstheoretischen Arbeiten der 1980er und 1990er Jahre den reflektiven und kommunikativen Charakter von Planung. Der Fokus von Planung lag nicht mehr auf der technischen Rationalität, sondern auf der Funktion von Planung als kommunikativer Handlung und Lerninstrument" (FÜRST & SCHOLLES 2008). Damit kann strategische Planung einen Rahmen setzen für die gemeinsame Suche nach sinnvollen Lösungen, gerade wenn diese – wie im Falle der Wirkfolgen des Klimawandels – nicht unmittelbar an tradierte Planungspraxis anknüpfen (können), sondern durchaus neue Wege erfordern.

## 7.5.2 Governance/Akteursbeteiligung

Städte haben ein großes Handlungspotenzial urbane Strategien zum Klimawandel in eigener (kommunaler) Regie auf den Weg zu bringen. Es zeigt sich aber auch, dass die Komplexität der Aufgaben in der Stadtentwicklung zunimmt – bei meist knapper werdenden öffentlichen Ressourcen. Vor dem Hintergrund aktueller Herausforderungen wie dem demographischen Wandel und dem Klimawandel wird sich diese Situation zukünftig verschärfen. Die Vielschichtigkeit und Unwägbarkeit sowohl der Problemlagen als auch der Lösungsansätze im Rahmen von Mitigation und Adaption erfordern die Abstimmung mit zahlreichen raumrelevanten Sektoren und Fachplanungen sowie die Mobilisierung weiterer Akteure. Die Reichweite kommunaler Einflussmöglichkeiten bei der Umsetzung von Mitigations- und Adaptionsmaßnahmen ist begrenzt. Hier ist die Kommune oftmals auf eine Zusammenarbeit mit Partnern aus der Wirtschaft, dem sozialen Bereich und der Zivilgesellschaft angewiesen. Hinzu kommt, dass vielen Problemen und Risiken nur auf der Basis einer interkommunalen bzw. regionalen Kooperation begegnet werden kann, beispielsweise beim Flussgebietsmanagement oder beim Freihalten großräumiger Ventilationsbahnen. Damit kommen kooperative und partizipative Ansätze ins Spiel, die das Akteursspektrum deutlich erweitern und auch auf eine Aktivierung breiterer Bevölkerungskreise setzen. Die verstärkte Bedeutung von Kooperation und Partizipation in der Stadtentwicklung weist auf die Veränderung des Verhältnisses zwischen Staat, Wirtschaft und Zivilgesellschaft bei der Steuerung von Gesellschaft und räumlicher Entwicklung hin. Diese Neujustierung – in Abkehr von der Dominanz „klassischen" Regierungshandelns (*government*) – wird oftmals in den Begriff der *governance* gefasst. Der Begriff, aus der Politikwissenschaft kommend, bleibt allerdings vieldeutig und wird in diversen (disziplinären) Zusammenhängen verwendet. Den unterschiedlichen Ansätzen im Kontext von Stadtentwicklung und räumlicher Planung scheint gemeinsam, dass sich das Zusammenwirken öffentlicher Akteure mit Wirtschaftsakteuren und Zivilgesellschaft weg vom einseitig hierarchischen Handeln des politisch-administrativen Systems hin zu einem stärker auf Interaktion, Kooperation und Konsens ausgerichteten Steuerungsmodus verschiebt. Ursachen hierfür liegen nicht nur in der zunehmenden Komplexität gesellschaftlicher (Wandlungs)Prozesse und der Ausdifferenzierung der Akteursarenen, sondern auch in der Verknappung von Ressourcen, insbesondere bei den öffentlichen Akteuren (vgl. u. a. ALTROCK et al. 2004, SELLE 2005). Im Falle der *regional governance* liefert FÜRST (2011) eine sehr weit reichende Definition. Er versteht darunter „netzwerkartige intermediäre Formen der regionalen Selbststeuerung in Reaktion auf Defizite sowie als Ergänzung der marktlichen und der staatlichen Steuerung. ‚Intermediär' bedeutet, sie tritt dort auf, wo das Zusammenspiel staatlicher, kommunaler und privatwirtschaftlicher Akteure gefordert ist, um Probleme zu bearbeiten. ‚Netzwerkartig' bezieht sich auf den Interaktionsmodus, Verhandlung und Diskurs (*bargaining and arguing*) unter gleichrangigen Partnern." Damit wird umrissen, dass sich die Rahmenbedingungen für gesellschaftliche Steuerung grundsätzlich verändern. SELLE (2005) zieht den Schluss, dass es „keine Steuerung der, sondern bestenfalls eine in der Gesellschaft gibt" und versteht *governance* „als das Bemühen, die zahlreichen Einzelaktivitäten einer Vielzahl von Akteuren in Hinblick auf eine gesellschaftliche und räumliche Ordnung zu koordinieren".

## Kooperationen in der kommunalen Praxis

Die Kommunen haben bereits früh begonnen über Kooperationen eigene Handlungsspielräume zu erweitern und sich Handlungsoptionen in Bereichen zu eröffnen, die mit eigenen Ressourcen bzw. Instrumenten nicht erreichbar sind, um die Kräfte zu bündeln und handlungsfähiger zu werden (HOLLBACH-GRÖMIG et al. 2005). Mit Blick auf die Erarbeitung und Implementierung von Mitigations- und Adaptionsstrategien werden gerade diese Überlegungen eine neue Bedeutung gewinnen. Hier kann es nicht mehr um eine Top-down-Planung im Sinne eines „klassischen" *governments* gehen, sondern vielmehr um ein sorgfältiges Ausloten möglicher Allianzen und Partnerschaften mit unterschiedlichen Akteuren in diversen Handlungsfeldern und auf der Grundlage individueller (institutioneller) Arrangements. Den Kommunen steht hier ein breites Portfolio zur Organisation von Kooperationen zur Verfügung (Abb. 7.12). Hier lassen sich formelle und nicht formelle Formen der Kooperation sowie privatrechtliche und öffentlich-rechtliche Organisationsstrukturen unterscheiden, die in vielfältiger Weise im Kontext des Klimawandels Anwendung finden (ebd.). Welche Möglichkeit in Betracht kommt, hängt maßgeblich von der konkreten Aufgaben- und Problemstellung, den Ressourcen und Rechtsformen der beteiligten Partner, der Notwendigkeit verbindlicher Regelungen sowie der perspektivischen Ausgestaltung ab.

## Partizipation

Partizipation lässt sich als „Teilnahme oder Teilhabe an politischen und sozialen Entscheidungsprozessen" fassen (FÜRST & SCHOLLES 2008). Dabei gehen die Formen partizipativer Planung in der Stadtentwicklung heute weit über die gesetzlich geregelte Öffentlichkeitsbeteiligung, z. B. im Rahmen der Bauleitplanung oder der Umweltverträglichkeitsprüfung, hinaus (Abb. 7.13). Vielfältige Verfahren und Methoden stehen zur Verfügung, die Zivilgesellschaft an der Erarbeitung von Leitbildern, Entwicklungsstrategien und Maßnahmen sowie an der Vorbereitung von Entscheidungen und Planverfahren mitwirken zu lassen. Dass es sich trotz vielfältiger Kritik an Aufwand, Legitimation und Reichweite der partizipativen Planung nicht um eine „Modeerscheinung", sondern um ein Kernelement einer zukunftsfähigen Stadtentwicklung handelt, zeigen die Bemühungen vieler Kommunen, auch intensive dialog- und kooperationsorientierte Ansätze in ihre Alltagspraxis zu integrieren (vgl. SELLE 2005, STEIN 2006).

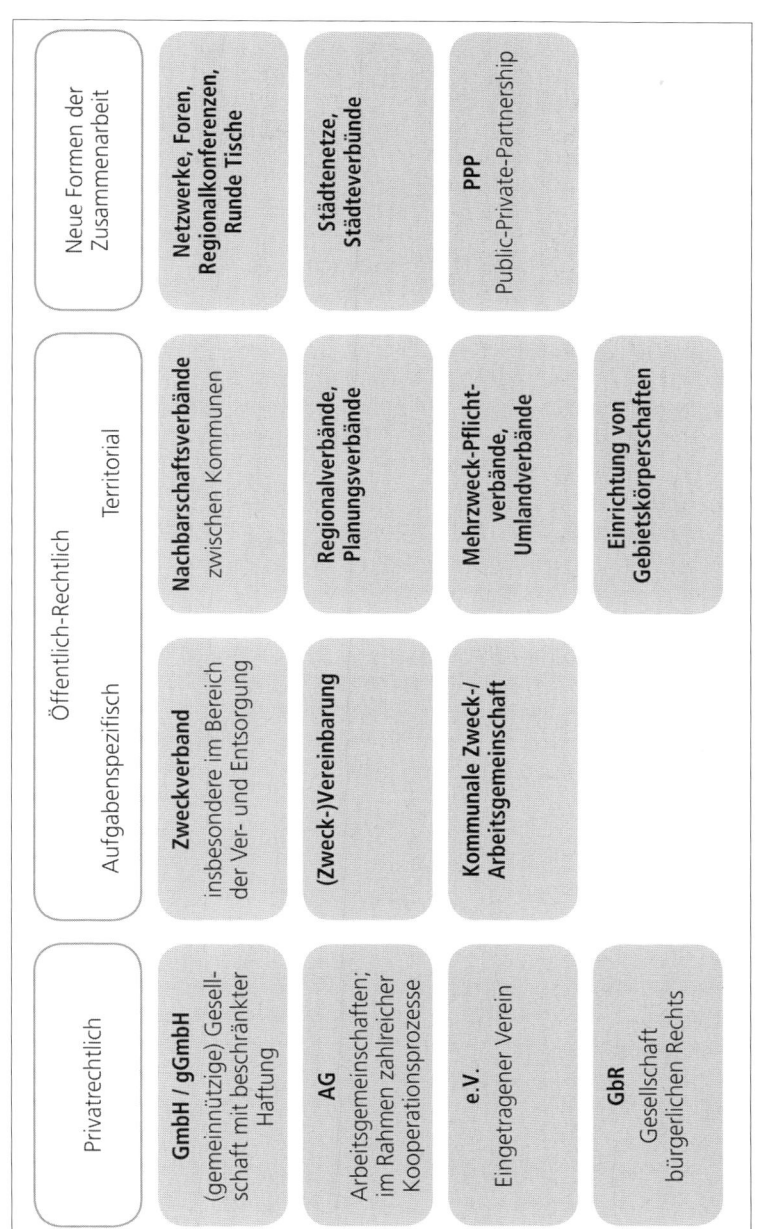

**Abb. 7.12:** Organisationsformen von Kooperationen (HOLLBACH-GRÖMIG et al. 2005; eigene Darstellung)

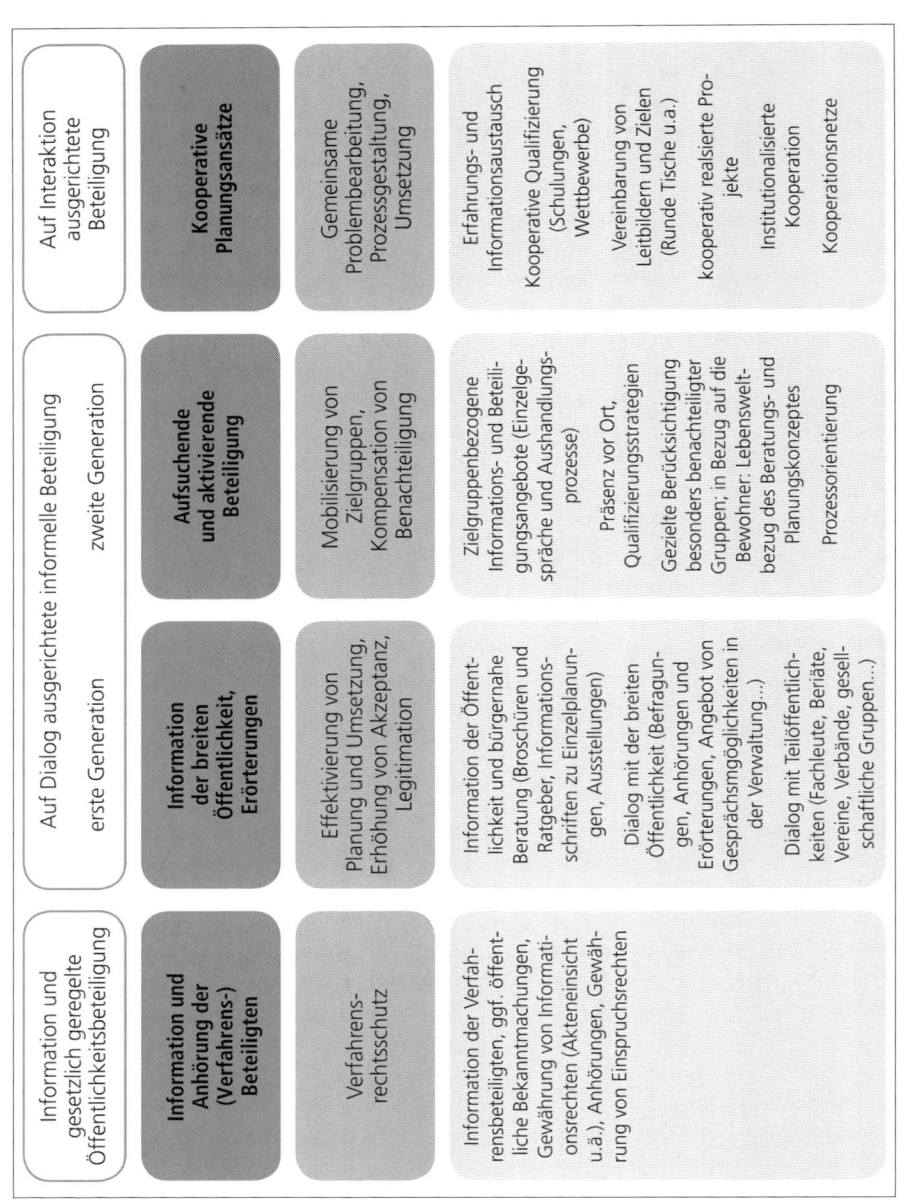

**Abb. 7.13:** Partizipation in der Stadtentwicklung: Von der gesetzlich geregelten Öffentlichkeitsbeteiligung zu kooperativen Ansätzen (SELLE 2005; eigene Darstellung)

## Risk Governance und Klimawandel-Governance

Im Kontext des Klimawandels wird auch der Ansatz der *risk governance* als Steuerungsansatz im Umgang mit zunehmenden Risiken aufgegriffen. Gerade die schwer abschätzbaren Folgen des Klimawandels bergen Risiken, die mit den tradierten Instrumentarien der räumlichen Planung und Stadtentwicklung nicht bewältigt werden können. *Risk Governance* zielt vor diesem Hintergrund darauf ab, „die gesellschaftliche (oder räumliche) Resilienz gegenüber Katastrophen zu vergrößern und umfasst die Gesamtheit von Akteuren, Regeln, Übereinkommen, Prozessen und Mechanismen, die sich damit befassen, wie relevante risikobezogene Information gesammelt, analysiert sowie kommuniziert wird und wie Managemententscheidungen getroffen werden" (BMVBS & BBSR 2009). Der Fokus liegt hierbei insbesondere auf der Bewältigung der mit Extremereignissen wie Starkregen, Stürmen oder Hitzewellen verbundenen Risiken, die auch eine direkte Integration beispielsweise der Systeme erfordert, welche im Schadensfall aktiv werden. Abbildung 7.14 zeigt die Elemente eines *Risk-Governance-Prozesses*, in dessen Zentrum eine gut funktionierende Kommunikation steht. Diese ist ein Schlüsselelement, um funktionierende Schnittstellen zwischen den Prozesselementen, aber auch den beteiligten Akteuren zu schaffen. Die Abbildung zeigt

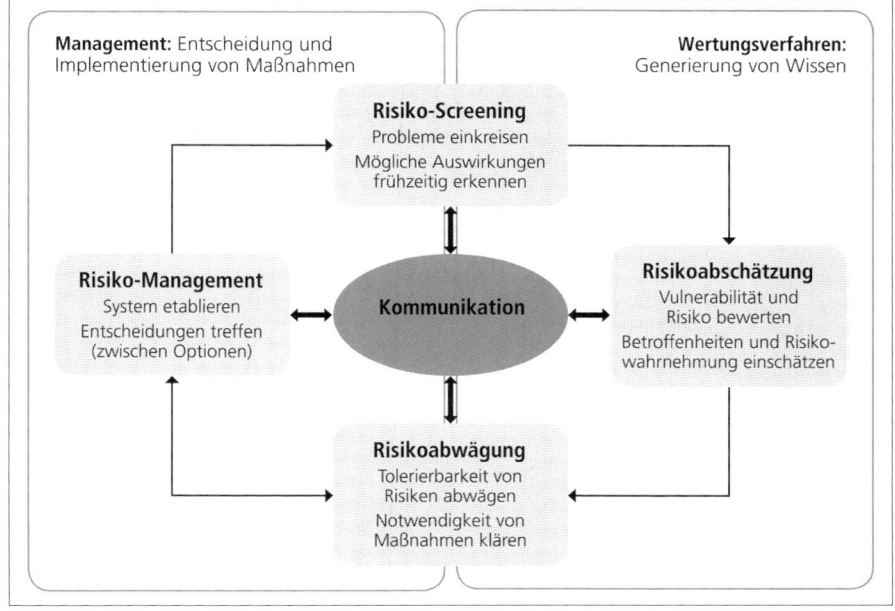

**Abbildung 7.14:** Elemente eines *Risk-Governance-Prozesses* (INTERNATIONAL RISK GOVERNANCE COUNCIL (IRGC) 2005; eigene Darstellung)

deutlich, dass es im Rahmen des *risk governance* auch um die Einschätzung der Risikowahrnehmung bei den beteiligten Akteuren und um gesellschaftspolitische Entscheidungen darüber geht, welche Risiken toleriert werden können oder auch müssen, da beispielsweise die Handlungsoptionen in überbauten Überschwemmungsgebieten sehr gering sind.

Darüber hinausgehend wird der Begriff der Klimawandel-Governance in die Diskussion gebracht, um eine ausschließliche Konzentration auf Extremereignisse zu vermeiden und den gesellschaftlichen Diskurs auf den grundsätzlichen Umgang mit den Folgen des Klimawandels zu lenken (BMVBS & BBSR 2009d). Klimawandel-Governance greift dabei auf bewährte Methoden der partizipativen und kooperativen Planungspraxis zurück. Allerdings ergibt sich durch die komplexen Wirkfolgen des Klimawandels die Schwierigkeit, den beteiligten Akteuren und der Bevölkerung adäquate Informationsgrundlagen zur Verfügung zu stellen. Diese müssen zum einen die Thematik verständlich aufbereiten, zum anderen erscheint es sinnvoll die Bandbreite möglicher Entwicklungen in kohärenten Zukunftsbildern darzulegen, um als niedrigschwelliges Angebot in die Diskussion um eine klimwandelgerechte Stadtentwicklung einzusteigen. Eine Möglichkeit bietet die Szenariotechnik, die auf der Grundlage spezifischer Annahmen Entwicklungskorridore aufzeigt. Dabei geht es nicht darum „die zukünftige Entwicklung möglichst präzise vorauszusagen, sondern das Spektrum der realistischen Möglichkeiten sowie das Wirken von und die Zusammenhänge zwischen Unsicherheiten aufzuzeigen und Planung oder andere Entscheidungen auf ihre Anpassungsfähigkeit in verschiedenen möglichen Zukunftsentwicklungen zu prüfen" (FÜRST & SCHOLLES 2008). Passgenaue Informationsangebote können helfen, den notwendigen gesellschaftlichen Diskurs über den Umgang mit den Folgen des Klimawandels und die Ausgestaltung resilienter Städte und letztlich einer resilienten Gesellschaft erfolgreich zu führen.

# Literaturverzeichnis

## zu Kapitel 1: Ökosystemkomplex Stadt

AYRES, R. & L. AYRES [Hrsg.] (2002): A Handbook of Industrial Ecology. Edward Elgar Publishing, Camberley.

BACCINI, P. & P. BRUNNER (1991): Metabolism of the Anthroposphere. Springer Verlag, Heidelberg, New York, London.

BENDIX, J. (2008): Geländeklimatologie. Gebrüder Borntraeger, Stuttgart.

BONGARDT, B. (2002): Materialflussrechnung London. In: Social Ecology Working Paper, 67, Wien.

BRAUN, B. (2005): Umweltqualität und Umweltschutz. In: KARDA, M. (2003): Städtebau, Teubner Verlag, Stuttgart, pp. 618-626.

BREUSTE, J. (2003): Grundlagen der Modellierung der urbanen Landschaftsstrukturen – Anwendung von Methoden der Landschaftsökologie in der stadtökologischen Analyse. In: SCHMITT, T. [Hrsg.]: Bochumer Geographische Arbeiten, Sonderreihe 14, Geographisches Institut der Ruhr-Universität Bochum, pp. 1-14.

BRINGEZU, S. (2000): Ressourcennutzung in Wirtschaftsräumen. Stoffstromanalysen für eine nachhaltige Raumentwicklung. Springer Verlag, Berlin, Heidelberg.

BRUNNER, P. (2000): Urban metabolism. In: YENKEN, D. & D. WILKINSON [Hrsg.]: Resetting the Compass – Australia`s Journey Towards Sustainability. CSIRO Publishing, Collingwood.

CHARTA VON AALBORG (1994): Charta der Europäischen Städte und Gemeinden auf dem Weg zur Zukunftsbeständigkeit. Kampagne zukunftsbeständiger europäischer Städte und Gemeinden, Brüssel.

DOHLEN, M. & T. SCHMITT (2003): Konzept stoffhaushaltlicher Bilanzen in urbanen Ökosystemen; dargestellt am Beispiel der Wälder in Bochum. In: SCHMITT, T. [Hrsg.]: Bochumer Geographische Arbeiten, Sonderreihe 14, Geographisches Institut der Ruhr-Universität Bochum, pp. 21-27.

DOUGLAS, I. (1981): The city as an ecosystem. In: Progress in Physical Geography, 5, pp. 315-358.

ERZ, W. & B. KLAUSNITZER (1993): Fauna. In: SUKOPP, H. & R. WITTICH [Hrsg.]: Stadtökologie. Gustav Fischer Verlag, Stuttgart, pp. 266-315.

FALLER, A. & M. SCHÜNKE (2008): Der Körper des Menschen. Eine Einführung in Bau und Funktion. 15. Aufl., Thieme Verlag, Stuttgart.

FISCHER-KOWALSKI, M. & H. HABERL (1997): Tons, Joules, and Money: Modes of Production and Their Sustainability Problems. In: Society and Natural Resources, 10, pp. 61-85.

FISCHER-KOWALSKI, M. (1998): Society`s metabolism. The Intellectual History of Materials Flow Analyses, Part I, 1860-1970. In: Journal of Industrial Ecology, 2, pp. 61-78.

FISCHER-KOWALSKI, M. & W. HÜTTLER (1999): Society`s metabolism. The Intellectual History of Materials Flow Analyses, Part II, 1970-1998. In: Journal of Industrial Ecology, 2, pp. 107-136.

FISCHER-KOWALSKI, M., HABERL, H., HÜTTLER, W., PRAYER, H., SCHANDL, H., WINI-WARTER, V. & H. ZANGERL-WEISZ (1997): Gesellschaftlicher Stoffwechsel und Ko-

Ionisierung von Natur. Ein Versuch in sozialer Ökologie. G+B Verlag Fakultas, Amsterdam.

GOUDIE, A. (2008): Physische Geographie. Eine Einführung, Sonderaufl., Spektrum Akademischer Verlag, Heidelberg.

HEINEBERG, H. (2006): Stadtgeographie. 3. Aufl., UTB Verlag, Stuttgart.

HENNINGER, S. (2010a): Modifikationen des lufthygienischen Wirkungskomplexes in der ruandischen Hauptstadt Kigali. In: Berichte des Meteorologischen Instituts der Albert-Ludwigs-Universität Freiburg, Nr. 20, pp. 422-427.

HENNINGER, S. (2010b): Energieeffizienz durch klimagerechtes Bauen. In: Koblenzer Geographisches Kolloquium, 32, pp. 53-65.

HENNINGER, S. & E. RINGHOF (2010): Verbesserung der thermischen Behaglichkeit innerhalb dichter Wohnkomplexe am Beispiel einer südkoreanischen Stadt. In: SCHRENK, V., POPOVICH, D. & P. ZEILE [Hrsg.]: REAL CORP 2010: Liveable, prosper, healthy cities for everyone, pp. 889-897.

HOFMEISTER, S. (1989): Stoff- und Energiebilanzen. Zur Eignung des physischen Bilanz-Prinzips als Konzeption der Umweltplanung. In: Landesentwicklung und Umweltforschung, Nr. 58, Technische Universität Berlin.

KRISCHE, S. (2000): Umweltprobleme im Urbanisierungsprozess der Entwicklungsländer. In: Düsseldorfer Geographische Schriften, Heft 39, Geographisches Institut der Heinrich-Heine-Universität Düsseldorf.

KUTTLER, W. (2006): Stadtklima. In: HUPFER, P. & W. KUTTLER [Hrsg.]: Witterung und Klima. Eine Einführung in die Meteorologie und Klimatologie. 12. Aufl., Teubner Verlag, Wiesbaden, pp. 371-432.

LINDEN, J., THORSSON, S. & I. ELIASSON (2008): Carbon monoxide in Ouagadougou, Burkina Faso – A comparison between urban background, roadside and intraffic-measurements. In: Water, Air and Soil pollution, 188, pp. 345-353.

MAYER, H. (1989): Workshop „Ideales Stadtklima". In: Mitteilungen der Deutschen Meteorologischen Gesellschaft, 3/89, pp. 52-54.

MEURER, M. (1997): Stadtökologie – Eine historische, aktuelle und zukünftige Perspektive. In: Geographische Rundschau, 49, Heft 10, pp. 548-555.

NENTWIG, W. (2010): Invasive Arten. UTB Profile, Haupt Verlag, Göttingen.

ODUM, E. (1980): Grundlagen der Ökologie, Bd. 1. Thieme Verlag, Stuttgart.

PETROVI, B. (2008): Materialflussrechnung 1960 bis 2006 - Projektbericht. Statistik Austria, Direktion Raumwirtschaft, Bundesanstalt Statistik Österreich – Bundesministerium für Land- und Forstwirtschaft [Hrsg.], Wien.

SCHANDL, H. & N. SCHULZ (2000): Using Material Flow Accounting to operationalize the concept of Society's Metabolism. A preliminary MFA for the United Kingdom-for the period of 1937 – 1997. In: ISER Working Papers 2000-3, University of Essex, Colchester.

SCHMIDT-BLEEK, F. (1997): Wie viel Umwelt braucht der Mensch?: Faktor 10 - das Maß für ökologisches Wirtschaften. Deutscher Taschenbuch-Verlag, München, 1997.

SCHMIDT-BLEEK, F. [Hrsg.] (2004): Der ökologische Rucksack: Wirtschaft für eine Zukunft mit Zukunft. Hirzel Verlag, Stuttgart.

SIMON, K. & U. FRITSCHE (1993): Stoff- und Energiebilanzen. In: SUKOPP, H. & R. WITTIG [Hrsg.]: Stadtökologie. Gustav Fischer Verlag, Stuttgart, pp. 373-400.

STUGREN, B. (1986): Grundlagen der Allgemeinen Ökologie. Gustav Fischer Verlag, Stuttgart.

SUKOPP, H. & L. TREPL (1995): Stadtökologie. In: KUTTLER, W. [Hrsg.]: Handbuch zur Ökologie, 2. Aufl., Analytica Verlag, Berlin, pp. 391-395.

SYMADER, W. (2004): Was passiert, wenn der Regen fällt? Eine Einführung in die Hydrologie. Verlag Eugen Ulmer, Stuttgart.

## zu Kapitel 2: Historische Entwicklung der Stadt und ihrer ökologischen Belastung

AGLIETTA, M. (1976): Régulation et crises du capitalisme. L'expériences des Etats-Unis. Paris.

ARING, J. & G. HERFERT (2001): Neue Muster der Wohnsuburbanisierung. In: BRAKE, K., DANGSSCHAT, J. & G. HERFERT [Hrsg.]: Suburbanisierung in Deutschland – aktuelle Tendenzen, Opladen, pp. 43-56.

AUGÉ, M. (1994): Orte und Nicht-Orte. Vorüberlegungen zu einer Ethnologie der Einsamkeit. Frankfurt a. M.

BAHRDT, H. (1998): Die moderne Großstadt. Soziologische Überlegungen zum Städtebau. Opladen.

BECKER, H. (1997): Dörfer heute – Ländliche Lebensverhältnisse im Wandel 1952, 1972 und 1993/95. Bonn.

BELL, D. (1973): The Coming of Post-Industrial Society. A Venture in Social Forecasting. New York.

BENDIKAT, E. (2001): Umweltverschmutzung durch Verkehrsemissionen am Beispiel von Berlin und Paris 1900-1930. In: BERNHARDT, C. [Hrsg.]: Environmental Problems in European Cities in the 19th and 20th Century. Münster, pp. 183-210.

BENEVOLO, L. (1990): Die Geschichte der Stadt. Frankfurt a. M., New York.

BENEVOLO, L. (1999): Die Stadt in der europäischen Geschichte. München.

BERNHARDT, C. (2001): Umweltprobleme in der neueren europäischen Stadtgesichte. In: BERNHARDT, C. [Hrsg.]: Environmental Problems in European Cities in the 19th and 20th Century. Münster, pp. 5-23.

BERTELS, L. (1990): Initiativarbeit im Lebenslauf von Frauen einer Neubausiedlung. Zur Aneignung von Raum im Lebensverlauf. In: BERTELS, L. & U. HERLYN [Hrsg.]: Lebenslauf und Raumerfahrung. Opladen, pp. 201-219.

BERTELS, L. (1997): Die dreiteilige Großstadt als Heimat. Ein Szenarium. Opladen.

BLACKBOURN, D. (2007): Die Eroberung der Natur. Eine Geschichte der deutschen Landschaft. München.

BRAKE, K. (2001): Neue Akzente der Suburbanisierung. Suburbaner Raum und Kernstadt: Eigene Profile und neuer Verbund. In: BRAKE, K., DANGSCHAT, J. & G. HERFERT [Hrsg.]: Suburbanisierung in Deutschland – aktuelle Tendenzen. Opladen, pp. 15-26.

BRAKE, K., EINACKER, I. & H. MÄDING (2005): Kräfte, Prozesse, Akteure – zur Empirie der Zwischenstadt, Wuppertal.

BRÜCHER, W. (1992): Zentralismus und Raum. Das Beispiel Frankreich. Stuttgart.

BUCHER, H., LOSCH, S. & C. RACH (1982): Selektive Wanderungen, Wohnbautätigkeit und Bodenmarktprozesse als Determinanten der Suburbanisierung. In: Informationen zur Raumentwicklung, Heft 11/12, pp. 915-937.

BUCHER, K. (2005): Das Recht auf Shopping. In: Kunsthaus Graz [Hrsg.]: M Stadt – Europäische Stadtlandschaften. M City – European Cityscapes. Köln, pp. 98-107.

DETHLOFF, U. (1995): Naturerlebnis und Landschaftsdarstellung im französischen Roman der Frühromantik – ein Beitrag zur Einführung. In: DETHLOFF, U. [Hrsg.]: Literarische Landschaft. Naturauffassung und Naturbeschreibung zwischen 1750 und 1830. St. Ingbert, pp. 15-32.

ELLIN, N. (1999): Postmodern Urbanism. New York.

ENNEN, E. (1987): Die europäische Stadt des Mittelalters. Göttingen.

FASSMANN, H. (2004): Stadtgeographie I: Allgemeine Stadtgeographie. Braunschweig.

FERCHHOFF, W. & G. NEUBAUER (1997): Patchwork-Jugend. Eine Einführung in postmoderne Sichtweisen. Opladen.

FIROR, J. (1993): Herausforderung Weltklima. Ozonloch, globale Erwärmung und saurer Regen. Heidelberg, Berlin, Oxford.

FRICK, D. (2008): Theorie des Städtebaus. Zur baulich-räumlichen Organisation von Stadt. Tübingen, Berlin.

FRIEDRICHS, J. (2005): Stadtsoziologie. Opladen.

FRYDE, N. (2008): Die Stadt – dynamischer Faktor in der mittelalterlichen Gesellschaft. In: SCHOTT, D. & M. TOYKA-SEID [Hrsg.]: Die europäische Stadt und ihre Umwelt. Darmstadt, pp. 47-62.

GAUZIN-MÜLLER, D. (2002): Nachhaltigkeit in Architektur und Städtebau. Basel, Berlin, Boston.

GREWE, B. (2004): „Man sollte sehen und weinen!" Holznotalarm und Waldzerstörung vor der Industrialisierung. In: UEKÖTTER, F. & J. HOHENSEE [Hrsg.]: Wird Kassandra heiser? Die Geschichte falscher Umweltalarme. Stuttgart, pp. 24-41.

GRUNENBERG, C. (2002): Wunderland. In: HOLLEIN, M. & C. GRUNENBERG [Hrsg.]: Shopping. 100 Jahre Kunst und Konsum. Frankfurt a. M., pp. 17-38.

HABER, W. (1992): Über die Entwicklung der Naturschutzgesetzgebung. In: Bayerische Akademie der Wissenschaften [Hrsg.]: Probleme der Umweltforschung in historischer Sicht. Reihe: Rundgespräche der Kommission für Ökologie, 7, pp. 221-231.

HAMM, B. (2000): Nachbarschaft. In: HÄUSSERMANN, H. [Hrsg.]: Großstadt. Soziologische Stichworte. Opladen, pp. 173-182.

HARTMANN, K. (1993): Die Berliner Gartenstadt Falkenberg, ein Planungsbeispiel der deutschen Gartenstadtbewegung. In: KIRCHGÄSSNER, B. & J. B. SCHULTIS [Hrsg.]: Wald, Garten und Park. Vom Funktionswandel der Natur für die Stadt. Sigmaringen, pp. 83-97.

HATZFELD, U. (2001): Freizeitsuburbanisierung – löst sich die Freizeit aus der Stadt? In: BRAKE, K., DANGSCHAT, J. & G. HERFERT [Hrsg.]: Suburbanisierung in Deutschland – aktuelle Tendenzen. Opladen, pp. 81-95.

HAUPT, H.-G. (1998): Der Bürger. In: FURET, F. [Hrsg.]: Der Mensch der Romantik. Frankfurt a. M., pp. 23-67.

HÄUSSERMANN, H. & A. KAPPHAN (2000): Berlin. Von der geteilten zur gespaltenen Stadt? Sozialräumlicher Wandel seit 1990. Opladen.

HÄUSSERMANN, H. & W. SIEBEL (1997): Soziologie des Wohnens. Eine Einführung in Wandel und Ausdifferenzierung des Wohnens. München.

HÄUSSERMANN, H. & W. SIEBEL (2000): Soziologie des Wohnens. In: HÄUSSERMANN, H., IPSEN, D., KRÄMER-BADONI, T., LÄPPLE, D., RODENSTEIN, M. & W. SIEBEL [Hrsg.]: Stadt und Raum. Soziologische Analysen. Hagen, pp. 69-116.

HÄUSSERMANN, H. & W. SIEBEL (2004): Stadtsoziologie. Eine Einführung. Frankfurt a. M., New York.

HEMMELSKAMP, J. (1997): Umweltpolitik und Innovation – Grundlegende Begriffe und Zusammenhänge. Zeitschrift für Umweltpolitik und Umweltrecht, 20, pp. 481-511.

HENKEL, G. (1996): Der ländliche Raum auf dem Weg ins 3. Jahrtausend – Wandel durch Fremdbestimmung oder endogene Entwicklung? In: SCHMIDT, K. [Hrsg.]: Laßt die Kirche im Dorf! Vergangenheit, Strukturwandel und Zukunft des ländlichen Raumes als Chance lebensraumorientierten Bildungsauftrages. Paderborn, pp. 14-34.

HIRSCH, J. & R. ROTH (1986): Das neue Gesicht des Kapitalismus. Hamburg.

HOPPMANN, H. (2000): pro:Vision. Postmoderne Taktiken in einer strategischen Gegenwartsgesellschaft. Eine soziologische Analyse. Berlin.

ILLING, F. (2006): Kitsch, Kommerz und Kult. Soziologie des schlechten Geschmacks. Konstanz.

IPSEN, D. (2000): Stadt und Land – Metamorphosen einer Beziehung. In: HÄUSSERMANN, H., IPSEN, D., KRÄMER-BADONI, T., LÄPPLE, D., RODENSTEIN, M. & W. SIEBEL [Hrsg.]: Stadt und Raum. Soziologische Analysen. Hagen, pp. 117-156.

JESSEL, B. (2004): Von der Kulturlandschaft zur Landschafts-Kultur in Europa. Für die Zukunft: Handlungsmaximen statt fester Leitbilder. In: Stadt und Grün, 53, pp. 20-27.

KNEER, G. & A. NASSEHI (1997): Niklas Luhmanns Theorie sozialer Systeme. München.

KOLB, F. (2005): Die Stadt im Altertum. München.

KRABBE, W. (1989): Die deutsche Stadt im 19. und 20. Jahrhundert. Eine Einführung. Göttingen.

KRÄTKE, S. (1995): Stadt – Raum – Ökonomie. Einführung in aktuelle Problemfelder der Stadtökonomie und Wirtschaftsgeographie. Basel, Boston, Berlin.

KÜHNE, O. (2004): Wetter, Witterung und Klima im Saarland. Saarbrücken.

KÜHNE, O. (2005): Stadt-Land-Beziehungen zwischen Moderne und Postmoderne. In: Ländlicher Raum, 56, Nr. 6, pp. 45-50.

KÜHNE, O. (2006a): Landschaft in der Postmoderne. Das Beispiel des Saarlandes. Wiesbaden.

KÜHNE, O. (2006b): Das Verhältnis von Alteingesessenen und Zugezogenen als Herausforderung für die Regionalentwicklung. In: Ländlicher Raum, 57, Nr. 4, pp. 25-29.

KÜHNE, O. (2007): Das Ende der europäischen Stadt? Von der Suburbanisierung zur Stadtlandschaft. Studienbrief der FernUniversität Hagen. Hagen.

KÜHNE, O. (2008): Distinktion – Macht – Landschaft. Zur sozialen Definition von Landschaft. Wiesbaden.

KULKE, E. (2001): Entwicklungstendenzen suburbaner Einzelhandelslandschaften. In: BRAKE, K., DANGSCHAT, J. & G. HERFERT [Hrsg.]: Suburbanisierung in Deutschland – aktuelle Tendenzen. Opladen, pp. 57-69.

KÜSTER, H. (1999): Geschichte der Landschaft in Mitteleuropa. München.

LE CORBUSIER (1926): Kommende Baukunst. Stuttgart.

LÖW, M. (2008): Wenn Sex zum Image wird. Über die Leistungsfähigkeit vergeschlechtlichter Großstadtbilder. In: SCHOTT, D. & M. TOYKA-SEID [Hrsg.]: Die europäische Stadt und ihre Umwelt. Darmstadt, pp. 193-206.

LUHMANN, N. (1986): Soziale Systeme. Frankfurt a. M.

MATTHES, J. (1978): Wohnverhalten, Familienzyklus und Lebenslauf. In: KOHLI, M. [Hrsg.]: Soziologie des Lebenslaufes. Darmstadt, Neuwied, pp. 154-172.

MCNEILL, J. R. (2003): Blue Planet. Geschichte der Umwelt im 20. Jahrhundert. Frankfurt a. M.

MENZL, M. (2005): Alltag in Suburbia – Betrachtungen zu einer Schlüsselkategorie in der Konkurrenz um junge Familien. Abstract für die Fachsitzung 1 auf dem 55. Deutschen Geographentag in Trier, 03.10.2005.

MENZL, M. (2006): Alltag in Suburbia – Betrachtungen zu einer Schlüsselkategorie in der Konkurrenz um junge Familien. In: Berichte zur deutschen Landeskunde, Bd. 80, H. 4, pp. 433-451.

MEURER, M. (1997): Stadtökologie. Eine historische, aktuelle und zukünftige Perspektive. – In: Geographische Rundschau, 49, Heft 10, pp. 548-555.

MIECK, I. (1990): Berliner Umweltprobleme im 19. Jahrhundert. In: LAMPRECHT, I. [Hrsg.]: Umweltprobleme in einer Groß-Stadt. Das Beispiel Berlin. Berlin, pp. 1-26.

MITSCHERLICH, A. (1967): Die Unwirtlichkeit unserer Städte. Anstiftung zum Unfrieden. Frankfurt a. M.

PAESLER, R. (2008): Stadtgeographie. Darmstadt.

PARSONS, T. (1980): Zur Theorie der sozialen Interaktionsmedien. Opladen.

QUACK, H. & H. WACHOWIAK (1999): Die Neue Mitte Oberhausen/CentrO. Auswirkungen eines Urban Entertainment Centers auf städtische Versorgungs- und Freizeitstrukturen. Materialien zur Fremdenverkehrsgeographie, Heft 53. Trier.

RADKAU, J. (1994): Was ist Umweltgeschichte? In: ABELSHAUSER, W. [Hrsg.]: Umweltgeschichte. Umweltverträgliches Wirtschaften in historischer Perspektive. Göttingen, pp. 11-28.

RADKAU, J. (2000): Natur und Macht. Eine Weltgeschichte der Umwelt. München.

REICHHOLF, J. (2008): Eine kurze Naturgeschichte des letzten Jahrtausends. Frankfurt a. M.

REULECKE, J. (1985): Geschichte der Urbanisierung in Deutschland. Frankfurt a. M.

RIEHL, W. (1925): Die Naturgeschichte des Volkes als Grundlage einer deutschen Social-Politik. Bd. 1: Land und Leute. Stuttgart.

RODENSTEIN, M. (1988): „Mehr Licht. Mehr Luft". Gesundheitskonzepte im Städtebau seit 1750. Frankfurt a. M., New York.

RODENSTEIN, M. (2000) Städtebaukonzepte – Bilder für den baulich-räumlichen Wandel. In: HÄUSSERMANN, H. et al. [Hrsg.]: Stadt und Raum. Soziologische Analysen. Hagen, pp. 31-68.

ROOST, F. (2000): Die Disneyfizierung der Städte. Großprojekte der Entertainmentindustrie am Beispiel des New Yorker Times Square und der Siedlung Celebration in Florida. Opladen.

SACHS, W. (1989): Die auto-mobile Gesellschaft. Vom Aufstieg und Niedergang einer Utopie. In: BRÜGGEMEIER, F.-J. & T. ROMMELSPACHER [Hrsg.]: Besiegte Natur. Geschichte der Umwelt im 19. und 20. Jahrhundert. München, pp. 106-123.

SCHÄFER, H. (1981): Soziale Determinanten der Wohnungsnutzung. In: BRECH, J. [Hrsg.]: Wohnen zur Miete. Weinheim, Basel, pp. 248-262.

SCHÄFERS, B. (2006): Architektursoziologie. Grundlagen – Epochen – Themen. Wiesbaden.

SCHOTT, D. (2008): Die europäische Stadt und ihre Umwelt: Einleitende Bemerkungen. In: SCHOTT, D. & M. TOYKA-SEID [Hrsg.]: Die europäische Stadt und ihre Umwelt. Darmstadt, pp. 7-26.

SCHRUL, M. (2008): Die Umweltgeschichte der Stadt im Zeitalter der Industriellen Revolution. Entwicklungen, Konflikte und Akteure in Apolda, Jena und Weimar 1850-1905. Jena.

SIEBEL, W. (2004): Einleitung: Die europäische Stadt. In: SIEBEL, W. [Hrsg.]: Die europäische Stadt. Frankfurt a. M., pp. 11-50.

SIEFERLE, R. (1989): Energie. In: BRÜGGEMEIER, F.-J. & T. ROMMELSPACHER [Hrsg.]: Besiegte Natur. Geschichte der Umwelt im 19. und 20. Jahrhundert. München, pp. 20-41.

SIEFERLE, R. (2004): Transport und wirtschaftliche Entwicklung. In: SIEFERLE, R. & H. BREUNINGER [Hrsg.]: Transportgeschichte im internationalen Vergleich. Europa – China – Naher Osten. Stuttgart, pp. 5-44.

SIEFERLE, R. et al. (2006): Das Ende der Fläche. Zum gesellschaftlichen Stoffwechsel in der Industrialisierung. Köln.

SIEVERTS, T. (2001): Zwischenstadt. Zwischen Ort und Welt, Raum und Zeit, Stadt und Land. Braunschweig, Wiesbaden.

SIEVERTS, T. (2004): Die Kultivierung von Suburbia. In: SIEBEL, W. [Hrsg.]: Die europäische Stadt. Frankfurt a. M., pp. 85-91.

SIMMEL, G. (2000): Die Großstädte und das Geistesleben. In: RUNKEL, G. [Hrsg.]: Die Stadt. Lüneburg, pp. 24-34.

SORKIN, M. (1992): Variations on a Theme Park: The New American City and the End of Public Space. New York.

SPELLERBERG, A. (2004): Ländliche Lebensstile. Ein praxisnaher Forschungsüberblick. In: HENKEL, G. [Hrsg.]: Dörfliche Lebensstile – Mythos, Chance oder Hemmschuh der ländlichen Entwicklung? Essener Geographische Arbeiten, Bd. 36, pp. 37-51.

SPELSBERG, G. (1988): Rauch-Plage. Zur Geschichte der Luftverschmutzung. Köln.

SPENGLER, O. (1950): Der Untergang des Abendlandes: Umrisse der Morphologie der Weltgeschichte. 2 Bde. München.

STAHL, M. (2008): Die antike Stadt und ihre Infrastruktur. In: SCHOTT, D. & M. TOYKA-SEID [Hrsg.]: Die europäische Stadt und ihre Umwelt. Darmstadt, pp. 27-46.

UEKÖTTER, F. (2007): Umweltgeschichte im 19. und 20. Jahrhundert. München.

UNGERS, O. (1990): Die Stadtinseln im Meer der Metropole. Das pluralistische Konzept der „Städtearchipel" – Planung auf historischem Boden. Das Neue Berlin (VII). In: Frankfurter Allgemeine Zeitung vom 22.11.1990, p. 37.

UNTERKIRCHER, A. (1996): In ein Meer von Gestank gehüllt. In: DIETRICH, E. [Hrsg.]: Stadt im Gebirge. Leben und Umwelt in Innsbruck im 19. Jahrhundert. Innsbruck, Wien, pp. 161-174.

VEBLEN, T. (1899): The Theory of the Leisure Class. An Economic Study of the Evolution of Institutions. New York.

VESTER, H.-G. (1993): Soziologie der Postmoderne. München.

WALTHER, U.-J. (2004): Die europäische Stadt als Soziale Stadt? Das deutsche Programm „Stadtteile mit besonderem Entwicklungsbedarf – die Soziale Stadt". In: SIEBEL, W. [Hrsg.]: Die europäische Stadt. Frankfurt a. M., pp. 332-344.

WELFENS, M. (1993): Umweltprobleme und Umweltpolitik in Mittel- und Osteuropa. Ökonomie, Ökologie und Systemwandel. Heidelberg.

WELSCH, W. (1993): Städte der Zukunft. Philosophische Überlegungen. In: Kulturkreis der Deutschen Wirtschaft im Bundesverband der Deutschen Industrie [Hrsg.]: Wohnen und Arbeiten. Städtebauliches Modellprojekt Schwerin-Lankow. Heidelberg, pp. 12-18.

WINIWARTER, V. (2001): Where did all waters go? The introduction of sewage systems in urban settlements. In: BERNHARDT, C. [Hrsg.]: Environmental problems in European cities in the 19th and 20th Century. Münster, pp. 105-119.

WINIWARTER, V. (2002): History of Waste. In: BISSON, K. & J. PROOPS [Hrsg.]: Waste in Ecological Economies. Cheltenham, Northampton, pp. 38-54.

WINIWARTER, V. & M. KNOLL (2007): Umweltgeschichte. Köln.

WIRTH, L. (1974): Urbanität als Lebensform. In: HERLYN, U. [Hrsg.]: Stadt- und Sozialstruktur. München, pp. 42-66.

ZSCHIEGNER, C. (1996): Die Stadt als Krankheitsfaktor. In: DIETRICH, E. [Hrsg.]: Stadt im Gebirge. Leben und Umwelt in Innsbruck im 19. Jahrhundert. Innsbruck, Wien, pp. 52-80.

**Verwendete Internetquellen:**

BODENSCHATZ, H. (2003): Perspektiven des Stadtumbaus. In: architektur.aktuell 6.2003. Hier:
Internetauftritt des Europäischen Netzwerkes für Städtebaureform, aufgerufen unter: http://www.ceunet.de/stadtumbau.htm, 31.12.2003.

KÖRNER, St. (2006): Die neue Debatte über Kulturlandschaft in Naturschutz und Stadtplanung.
Internetauftritt des Bundesamt für Naturschutz, aufgerufen unter: www.bfn.de/fileadmin/MDB/documents/service/perspektivekultur_koerner.pdf, 27.12.2007.

## zu Kapitel 3: Das Klima der Stadt

ASEADA, T. & V. CA (1993): The subsurface transport of heat and moisture and its effects on the environment: a numerical model. In: Boundary Layer Meteorology, 65, pp. 159-179.

BALKE, K. (1974): Die Kölner Temperaturanomalie. In: Umschau Wissenschaft und Technik, 74, pp. 315-316.

BAUGB (2010): Baugesetzbuch: mit Verordnung über Grundsätze für die Ermittlung der Verkehrswerte von Grundstücken, Baunutzungsverordnung, Planzeichenverordnung, Raumordnungsgesetz, Raumordnungsverordnung. 42. Aufl., Deutscher Taschenbuchverlag.

BAUMGARTNER, A., MAYER, H. & E.-M. NOACK (1985): Stadtklima Bayern – Abschlussbericht zum Teilprogramm „Thermalkartierung". Bayrisches Staatsministerium für Landesentwicklung und Umweltfragen, Reihe 39, München.

BAUNVO (1993): Baunutzungsverordnung – Verordnung über die bauliche Nutzung der Grundstücke. Fassung vom 22. April 1993.

BIMSCHG (2010): Bundes-Immissionsschutzgesetz BImSchG: mit Durchführungsverordnungen, Emissionshandelsrecht, TA Luft und TA Lärm, 10. Aufl., Deutscher Taschenbuchverlag.

BIMSCHV (2005): 12. Bundesimmissionsschutzverordnung. Fassung vom 1. Juli 2005.

BLANKENSTEIN, S. & W. KUTTLER (2004): Impact of street geometry on downward longwave radiation and air temperature in an urban environment. In: Meteorologische Zeitschrift, 13, pp. 373-379.

BENJAMIN, M. & A. WINERT (1998): Estimating the ozone-formating potential of urban trees and shrubs. In: Atmospheric Environment, 32, pp. 53-68.

BONGARDT, B. (2006): Stadtklimatische Bedeutung kleiner Parkanlagen – dargestellt am Beispiel des Dortmunder Westparks. In: Essener Ökologische Schriften, Westarp-Verlag, Bd. 24, Hohenwarsleben.

BÖHM, R. (1998): Urban bias in temperature time series – a case study for the city of Vienna, Austria. In: Climatic Change, 38, pp. 113-128.

BRUSE, M. (2000): Anwendung von mikroskaligen Simulationsmodellen in der Stadtplanung. In: BERNHARD, L. & T. KRÜGER [Hrsg.]: Simulation raumbezogener Prozesse: Methoden und Anwendung, Münster.

DANZEISEN, H. (1983): Experimentelle Untersuchung bodennaher Lufttemperatur- und Feuchteverhältnisse in Stadtgebieten mit Hilfe eines Meßwagens. In: Beiträge zur Landespflege Rheinland-Pfalz, Heft 9, pp. 7-34.

EnEG (2009): Energieeinsparungsgesetz. Fassung vom 2. April 2009.

EnEV (2007): Energieeinsparverordnung – Verordnung über energiesparenden Wärmeschutz und energiesparende Anlagentechnik bei Gebäuden. Fassung vom 24.07.2007.

FEZER, F. (1995): Das Klima der Städte. Perthes Geographie Kolleg, Justus Perthes Verlag, Gotha.

GARCIA, J., COELHO, L., GOUVEIA, C., CERDEIRA, C., LOURO, C., FERREIRA, T. & M. BAPTISTA (2010): Analyses of human exposure to urban air quality in a children population. In: International Journal of Environment and Pollution, 40 (1,2,3), pp. 94-108.

GROMKE, C. & B. RUCK (2007): Influence of trees on the dispersion of pollutants in an urban street canyon – Experimental investigation of the flow and concentration field. In: Atmospheric Environment, 41, pp. 3287-3302.

GROSS, G. (1999): Numerische Modellierung stadtklimatischer Aspekte. In: Wissenschaftliche Mitteilungen am Institut für Meteorologie der Universität Leipzig und dem Institut für Troposphärenforschung Leipzig, 13, pp. 2-64.

HANG, J., SANDBERG, M. & Y. LI (2009): Effects of urban morphology on wind condition in idealized city models. In: Atmospheric Environment, 43 (4), pp. 869-878.

HARLFINGER, O., KOBINGER, W. & G. FISCHER (2000): Industrieschneefälle – ein anthropogenes Phänomen. In: Meteorologische Zeitschrift, 9, pp. 231-236.

HELBIG, A., BAUMÜLLER, J. & M.J. KERSCHGENS (1999): Stadtklima und Luftreinhaltung, 2. Aufl., Springer Verlag, Berlin.

HENNINGER, S. (2005): Analyse der atmosphärischen $CO_2$-Konzentrationen am Beispiel der Stadt Essen. In: Essener Ökologische Schriften, Bd. 23, Westarp-Verlag, Hohenwarsleben.

HENNINGER, S. (2008a): Analysis of increasing particulate matter ($PM_{10}$) within a street canyon during a road closure. In: Klimat i bioklimat miast, Wydawnictwo Uniwersytetu Lodzkiego, Katedra Meteorologii i Klimatologii UL, Lodz, pp. 525-535.

HENNINGER, S. (2008b): Analysis of near surface $CO_2$ variability within the urban area of Essen, Germany. In: Meteorologische Zeitschrift, 17 (1), pp. 19-27.

HENNINGER, S. (2010a): Energieeffizienz durch klimagerechtes Bauen. In: Koblenzer Geographisches Kolloquium, 32, pp. 53-65.

HENNINGER, S. (2010b): Modifikationen des lufthygienischen Wirkungskomplexes in der ruandischen Hauptstadt Kigali. In: Berichte des Meteorologischen Instituts der Albert-Ludwigs-Universität Freiburg, Nr. 20, pp. 422-427.

HENNINGER, S. (2011): Bestimmung der Luftqualität innerstädtischer Grünflächen am Beispiel des Ozons. In: Räume im Wandel – Beiträge der Arbeitsgruppe des Landesschwerpunktes „Region und Stadt", Kaiserslautern.

HENNINGER, S. & W. KUTTLER (2007): Methodology for mobile measurements of carbon dioxide within the urban canopy layer. In: Climate Research, 34 (2), pp. 161-167.

HIDALGO, J., PIGEON, G. & V. MASSON (2008): Urban breeze circulation during the CAPITOUL experiment: observational data analysis approach. In: Meteorology and Atmospheric Physics, 102, pp. 223-241.

HORBERT, M. (2000): Klimatologische Aspekte der Stadt- und Landschaftsplanung. In: Landschaftsentwicklung und Umweltforschung. Schriftenreihe im Fachbereich Umwelt und Gesellschaft, Bd. 113, Berlin.

JENDRITZKY, G., MENZ, G., SCHIRMER, H. & W. SCHMIDT-KESSEN (1990): Methodik der räumlichen Bewertung der thermischen Komponenten im Bioklima des Menschen (Fortgeschriebenes Klima-Michel-Modell). In: Beiträge der Akademie für Raumforschung und Landesplanung, 114, pp. 7-69.

KUTTLER, W. (1987): Stadtklimatologie. In: Grundlagen und Probleme der Ökologie, Heft 4, Münster.

KUTTLER, W. (2006): Stadtklima. In: HUPFER, P. & W. KUTTLER [Hrsg.]: Witterung und Klima. Eine Einführung in die Meteorologie und Klimatologie. 12. Aufl., Teuber Verlag, Wiesbaden, pp. 371-432.

KUTTLER, W. (2009): Klimalologie. Ferdinand Schöningh Verlag, Paderborn.

KUTTLER, W. (2010): Urbanes Klima, Teil 1. In: Gefahrstoffe – Reinhaltung der Luft, 70, Nr. 9, pp. 378-382.

KUTTLER, W. & S. SCHÄFERS (2000): On the detection of intra-urban global radiation differences by mobile measurements. In: 3rd Symposium on the Urban Environment, Davis, USA, pp. 147-148.

KUTTLER, W., WEBER, S., SCHONNEFELD, J. & A. HESSELSCHWERDT (2007): Urban/rural atmospheric water vapour pressure differences and urban moisture excess in Krefeld, Germany. In: International Journal of Climatology, 14, pp. 2005-2015.

LEE, T. (1987): Urban clear islands in California central Valley fog. In: Monthly Weather Review, 115, pp. 1794-1796.

LINDEN, J. (2006): Urban Project – Urban climate and air pollution in Ouagadougou, Burkina Faso. In: IAUC Newsletter, 20, pp. 10-12.

LINDEN, J., THORSSON, S. & I. ELIASSON (2008): Carbon monoxide in Ouagadougou, Burkina Faso – A comparison between urban background, roadside and intraffic-measurements. In: Water, Air and Soil pollution, 188, pp. 345-353.

LITSCHKE, T. & W. KUTTLER (2008): On the reduction of urban particle concentration by vegetation - a review. In: Meteorologische Zeitschrift, 17 (3), pp. 229-240.

LOWRY, W. (1977): Empirical estimation of urban effects on climate: a problem analysis. In: Journal of Applied Meteorology, 16, pp. 129-135.

MALISSA, H., PUXBAUM, H. & B. WOPENKA (1980): Zur chemischen Zusammensetzung der urbanen Niederschläge. In: Fresenius Zeitschrift für Analytische Chemie, 301, pp. 279-286.

MATZARAKIS, A. & H. MAYER (1997): Regionalisierung der Physiologischen Äquivalenttemperatur. In: Annalen der Meteorologie, 33, pp. 113-117.

MATZARAKIS, A. (2001): Die thermische Komponente des Stadtklimas. In: Berichte des Meteorologischen Instituts der Albert-Ludwigs-Universität Freiburg, Nr. 6.

MAYER, H. (1989): Workshop „Ideales Stadtklima". In: Mitteilungen der Deutschen Meteorologischen Gesellschaft, 3/89, pp. 52-54.

MAYER, H., BECKRÖGE, W. & A. MATZARAKIS (1994): Bestimmung von stadtklimarelevanten Luftleitbahnen. In: UVP-Report, 5, pp. 265-268.

MAYER, H., KALBERLAH, F., AHRENS, D. & U. REUTER (2002): Analyse von Indizes zur Bewertung der Luft. In: Gefahrstoffe – Reinhaltung der Luft, 62, pp. 177-183.

MENG, Z. & B. LU (2010): Dust events as a risk factor for daily hospitalization for respiratory and cardiovascular diseases in Minqin, China. In: Atmospheric Environment, 41, pp. 7048-7058.

MÖLLER, D. (2003): Luft – Chemie, Physik, Biologie, Reinhaltung, Recht.de Gruyter Verlag, Berlin, New York.

NARITA, K., MIKAMI, T., HONJO, T., SUGAWARA, H., KIMURA, K. & N. KUWATA (2002): Oberservations about cool-island phenomena in urban park. In: 4th Symposium on the Urban Environment, Norfolk, pp. 86-87.

NARUMI, D., KONDO, A. & Y. SHIMODA (2009): The effect of increase in urban temperature on the concentration of photochemical oxidants. In: Atmospheric Environment, 43 (14), pp. 2348-2359.

NKEMDIRIM, L. (1980): A test of a laps rate/wind speed model for estimating heat island magnitude in an urban air shed. In: Journal of Applied Meteorology, 19, pp. 748-756.

OKE, T. (1973): City size and the urban heat island. In: Atmospheric Environment, 7, pp. 769-779.

OKE, T. (1997): Urban Environments. In: BAILEY, W., OKE, T. & W. ROUSE [Hrsg.]: The surface climates of Canada. McGill-Queen`s University Press, Montreal.

OKE, T. & C. EAST (1971): The urban boundary layer in Montreal. In: Boundary Layer Meteorology, 1, 411-437.

OSWALT, P. & T. RIENIETS (2006): Atlas of shrinking cities. Ostfildern: Hatje Cantz.

OVERBECK, G., HARTZ, A. & M. FLEISCHHAUER (2008): Ein 10-Punkte-Plan „Klimaanpassung. Raumentwicklungsstrategien zum Klimawandel im Überblick. In: Informationen zur Raumentwicklung, Heft 6, pp. 1-18.

PARK, H.-S. (1987): Variations of the urban heat island intensity affected by geographical environments. In: Environmental Research Center Papers, 11, University of Tsukuba, Japan.

POSPISIL, J. & J. MIROSLAV (2010): Particulate matter dispersion modelling along urban traffic paths. In: International Journal of Environment and Pollution, 40 (1,2,3), pp. 26-35.

REFERAT UMWELTSCHUTZ KAISERLAUTERN (2009): Gesamtstädtische Klimaanalyse und deren planungsrelevanter Inwertsetzung auf Basis einer GIS-gestützten Modellierung von stadtklimatisch und lufthygienisch relevanten Kenngrößen mit dem 3D-Klimamodell FITNAH. Gutachten erstellt durch die Fa. GEO-NET Umweltconsulting GmbH, Hannover & Ökoplana, Mannheim, im Auftrag der Stadtverwaltung Kaiserslautern, Referat Umweltschutz.

ROSENFELD, D. (2000): Suppression of Rain and Snow by Urban and Industrial Air Pollution. In: Science, 287, pp. 1793-1796.

SACHWEH, M. (1997): Änderungen des Nebelklimas in Bayern – Trend, Ursachen und Modellierung. In: Annalen der Meteorologie, 34, pp. 45-46.

SACHWEH, M. & P. KÖPKE (1995): Radiation fog and urban climate. In: Geophysical Research Letters, 22, pp. 1073-1075.

SAILOR, D. & L. LU (2004): A top-down methodology for developing diurnal and seasonal anthropogenic heating profiles for urban areas. In: Atmospheric Environment, 38 (17), pp. 2737-2748.

SHEM, W. & M. SHEPHERD (2009): On the impact of urbanization on summertime thunderstorms in Atlanta: Two numerical model case studies. In: Atmospheric Environment, 92, pp. 172-189.

SHEPHERD, M. (2005): A review of current investigations of urban-induced rainfall and recommendations for the future. In: Earth Interactive, 9 (12), pp. 1-27.

STAIGER, H., SCHUBERT, U. & G. VOGEL (1997): Solarer UV-Index. Definition, Einflussgrößen, Vorhersagen im Deutschen Wetterdienst und strahlenhygienische Ziele. In: Annalen der Meteorologie, 33, pp. 126-132.

STRASSBURGER, A. (2004): Analyse atmosphärischer Spurengase zur Bestimmung des lufthygienischen Erholungswertes eines urbanen Parks. Dissertation im Fachbereich Bio- und Geowissenschaften, Landschaftsarchitektur, Universität Duisburg-Essen.

SUNDBORG, A. (1950): Local climatological studies of the temperature conditions in an urban area. In: Tellus, 2, pp. 222-232.

TA-LUFT (2002): Technische Anleitung zur Reinhaltung der Luft. Bundesministerium für Umwelt, Naturschutz und Reaktorsicherheit.

UVPG (2010): Gesetz über die Umweltverträglichkeitsprüfung. Bundesministerium der Justiz. Fassung vom 24. Februar 2010.

VDI-RICHTLINIE 3787 (1997): Umweltmeteorologie – Klima- und Lufthygienekarten für Städte und Regionen, Blatt 1. Verein Deutscher Ingenieure [Hrsg.], Düsseldorf.

WANNER, H. (1986): Die Grundstrukturen der städtischen Klimamodifikationen und deren Bedeutung für die Raumplanung. In: Jahrbuch der Geographischen Gesellschaft, 55, Bern, pp. 67-84.

WEBER, S. (2004): Energiebilanz und Kaltluftdynamik einer urbanen Luftleitbahn. In: Essener Ökologische Schriften, B. 21, Westarp-Verlag, Hohenwarsleben.

WEBER, S., LITSCHKE, T., WEBER, K., FISCHER, C. & G. HAREN (2008): Meteorologische Einflüsse auf Partikelkonzentrationsunterschiede zwischen einer Straße und einem angrenzendem Hinterhof - Messung und Modellierung. In: VDI Berichte (2040), pp. 237-240.

WESSOLEK, G. & M. RENGER (1998): Bodenwasser- und Grundwasserhaushalt. In: SUKOPP, H. & R. WITTIG [Hrsg.]: Stadtökologie, 2. Aufl., Gustav Fischer Verlag, Stuttgart.

YAMASHITA, S. (1990): The urban climate of Tokyo. In: Geographical Review, B. 63, pp. 98-107.

ZMARSLY, E., KUTTLER, W. & H. PETHE (2007): Meteorologisch-klimatologisches Grundwissen, 3. Aufl., Verlag Eugen Ulmer, Stuttgart, pp. 186-200.

## Verwendete Internetquellen:

UMWELTBUNDESAMT (2010): Publikationen zum Thema Luftimmission, aufgerufen unter: http://www.umweltbundesamt.de/luft/infos/publikationen/index.htm, 31.12.2010.

# zu Kapitel 4: Stadtböden

BBodSchG (Bundes-Bodenschutzgesetz) (1998): Gesetz zum Schutz des Bodens. Beschluss vom 05.02.1998.

Blume, H.-P. (1982): Böden des Verdichtungsraumes Berlin. In: Mitteilung der Deutschen Bodenkundlichen Gesellschaft, 33, pp. 269-280.

Blume, H.-P. [Hrsg.] (1992): Handbuch des Bodenschutzes. Ecomed, 2. Aufl.

Blume, H.-P. (1997): Böden städtisch-industrieller Verdichtungsräume. Handbuch Bodenkunde.

Blume, H.-P. & P. Felix-Henningsen (2009): Reductosols: Natural soils and Technosols under reducing conditions without an aqauatic moisture regime. In: Journal of Plant Nutrition and Soil Science.

Blume, H.-P., Brümmer, G., Horn, R., Kandeler, E., Kögel-Knabner, I., Kretzschmar, R., Stahr, K. & B.-M. Wilke (2010): Lehrbuch der Bodenkunde.

Bock,P., Hötzl, H. & M. Nahold (1989): Untergrundsanierung mittels Bodenluftabsaugung. In: Schriftenreihe angewandte Geologie, Karlsruhe, 9.

Brunotte, E., Immendorf, R. & R. Schlimm (1994): Die Naturlandschaft und ihre Umgestaltung durch den Menschen. Erläuterungen zur Hochschulexkursionskarte Köln und Umgebung. In: Kölner Geographischen Arbeiten.

Burghardt, W. (1994): Soils in urban and industrial environments. In: Zeitschrift für Pflanzenernährung und Bodenkunde, 157, pp. 205-214.

DVWK [Hrsg.] (1988): Filtereigenschaften des Bodens gegenüber Schadstoffen, Teil 1: Beurteilung der Fähigkeit von Böden, zugeführte Schwermetalle zu immobilisieren. In: DVWK-Merkblätter zur Wasserwirtschaft, 212.

Fetzer, K.-D., Enright, E., Grenzius, R., Kubiniok, J., Morel, J.-L. & C. Schwartz (1998): Garden soils in south-western Germany (Saarland) and north-eastern France (Lorraine). In: Proceedings of the 16th World Congress of Soil Science, Montpellier.

Fetzer, K.-D., Helmes, T. & J. Kubiniok (2000): Analysis and evaluation of infiltration properties in the urban environment of Saarbrücken. In: First international Conference on Soils of Urban, Industrial, Traffic and Mining Areas.

Gerber, C., Kubiniok, J., Lohmann, H. & H. Schneider (2001): Dynamik der Stoffhaushalte von Forstökosystemen. Eine Bilanz der Messperiode 1989-1999 des forstlichen Monitorings Saarland, GEOÖKO XXII. Bensheim, pp. 1-22.

Gerber, C., Kubiniok, J. & E. Fritz (2004): Nährstoffhaushalt von Laubwald auf unterschiedlichen Böden - Sicherung der Nachhaltigkeit forstlicher Standortnutzung im Saarland. In: AFZ-DerWald 22/2004, pp. 1230-1233.

Gerlach, R. (1990): Historisch bedingte Bodenverunreinigungs-Stockwerke und aktuelle Kontamination in Stadtböden. VDI Berichte 837, pp. 1363-1379.

Gerlach, R., Sauer, K., Brückner, H. & U. Radtke (1993): Historische Schwermetallbelastung in Duisburger Stadtböden: Vom Mittelalter bis heute. In: Düsseldorfer Geographische Schriften, Heft 31, pp. 155-168.

Glugla, G., Goedecke, M., Wessolek, G. & G. Fürtig (1999): Langjährige Abflussbildung und Wasserhaushalt im urbanen Gebiet Berlin. In: Wasserwirtschaft, 89, pp. 34-42.

Grenzius, R. & H.-P. Blume (1983): Aufbau und ökologische Auswertung der Bodengesellschaftskarte Berlins. In: Mitteilungen der Deutschen Bodenkundlichen Gesellschaft, 36, pp. 57-62.

HELMES, T. (1999): Entwicklung einer Karte der relativen Bindungsstärke für Schwermetalle im Oberboden nach dem DVWK-Modell. Diplomarbeit, Universität Trier, FB VI Geographie/Geowissenschaften.

HELMES, T. (2004): Urbane Böden - Genese, Eigenschaften und räumliche Verteilungsmuster – Eine Untersuchung im Stadtgebiet Saarbrücken. Dissertation, Universität des Saarlandes.

HILLER, D. (1996): Ökologische Standorteigenschaften urban-industriell überformter Böden des Brücktorviertels in Oberhausen (Ruhrgebiet). In: Zeitschrift für Pflanzenernährung und Bodenkunde, 159, pp. 241-249.

HILLER, D. & W. BURGHARDT (1997): Klassifizierung urban-industriell veränderter Böden als Pflanzenstandort. In: Mitteilungen der Deutschen Bodenkundlichen Gesellschaft, 84, pp. 147-150.

HILLER, D. & M. MEUSER (1998): Urbane Böden. Berlin.

HORN, R. & H. TAUBNER (1997): Wasser und Lufthaushalt. In: Schriftenreihe des Instituts für Pflanzenernährung und Bodenkunde, Universität Kiel, 38, pp. 32-65.

JONECK, M. & R. PRINZ (1996): Organische und anorganische Schadstoffe in straßennahen Böden unterschiedlich stark befahrener Verkehrswege in Bayern. In: Wasser & Boden, 48 (9), pp. 49-54.

KÄSTNER, M., MAHRO, B. & R. WIENBERG (1993): Biologischer Schadstoffabbau in kontaminierten Böden. In: Hamburger Berichte, 5.

KAHLE, P. & M. SOKOLL (1997): Sorptionseigenschaften ausgewählter Skelettbestandteile von Stadtböden. In: Mitteilungen der Deutschen Bodenkundlichen Gesellschaft, 84, pp. 151-154.

KALBE, U. & M. RENGER (1997): Verfügbarkeit von Schwermetallen in Abhängigkeit von den technogenen Komponenten in anthropogenen Stadtböden. In: Mitteilungen der Deutschen Bodenkundlichen Gesellschaft, 85, pp. 1183-1186.

KOCH, S., WALKER, A., SAUERWEIN, M. & M. FRÜHAUF (2002): Untersuchungen zur Beeinflussung der Grundwasserqualität durch Kleingartennutzung im Stadtgebiet von Halle. In: Hallesches Jahrbuch Geowissenschaft, 24, pp. 41-52.

KOCH, S., SAUERWEIN, M. & M. FRÜHAUF (2004): Der Einfluss von Stadtstrukturtypen auf die Grundwasserbeschaffenheit der Stadt Halle. In: Wasser und Abfall, 5, pp. 37-41.

KUBINIOK, J. & K.-D. FETZER (1998): Lead contamination and mobility in the soils of an old industrial area in the Saarland. In: Proceedings of the 16th World Congress of Soil Science, 1998, Montpellier.

LEHMANN, A. (2006): Technosols and other proposals on urban soils for the WRB. In: International Agrophysics, 20, pp. 129-134.

LEWANDOWSKI, P., BURGHARDT, W. & P. ILNICKI (1997): Zur Kennzeichnung der Schwermetallgehalte und ihrer Herkünfte. In: Mitteilungen der Deutschen Bodenkundlichen Gesellschaft, 84, pp. 167-170.

MACHULA, G. (1996): Stadtböden als Lebensraum: Bodenmikroorganismen. Urbaner Bodenschutz [Hrsg.]: Arbeitskreis Stadtböden der Deutschen Bodenkundlichen Gesellschaft, pp. 99-112.

MASCHNER, B., MÜLLER, I., STOLZ, R. & I. STEMPELMANN (2010): Immobilisierung von Schwermetallen in Gartenböden. In: Bodenschutz, 15, Heft 2, pp. 34-41.

MEUSER, H. (1996): Ein Bestimmungsschlüssel für natürliche und technogene Substrate in Böden städtischindustrieller Verdichtungsräume. In: Zeitschrift für Pflanzenernährung und Bodenkunde, 159, pp. 305-312.

MEUSER, H., SCHLEUSS, U., TAUBNER, H. & Q. WU (1998): Bodenmerkmale urban-industrieller Standorte in Essen. In: Zeitschrift für Pflanzenernährung und Boden-kunde, 161, pp. 197-203.

NEITE, H. & P. REINIRKENS (1996): Flächenhafte Darstellung der stofflichen Belastung von Böden in digitalen Bodenbelastungskarten. In: Mitteilungen der Deutschen Bo-denkundlichen Gesellschaft, 80, pp. 53-56.

RABER, B. & I. KÖGEL-KNABNER (1996): Abschätzung des Verhaltens von PAK in Bö-den unter dem Einfluß von DOM (gelöster organischer Substanz) unterschiedlicher Herkunft. In: Mitteilungen der Deutschen Bodenkundlichen Gesellschaft, 80, pp. 93-96.

RADTKE, U., THÖNNESSEN, M. & R. GERLACH (1997): Die Schwermetallverteilung in Stadtböden. In: Geographische Rundschau, 49, pp. 556-560.

RENGER, M., FAYEZ, A. & G.WESSOLEK (1998): Mobilität und Wirkung von Schad-stoffen in urbanen Böden. Berlin.

RESULOVIC, H. & H. CUSTOVIC (2007): Technosols – Development, Classification and Use. In: Agriculturae Conspectus Scientificus, 72, pp. 13-16.

ROSSITER, D. & W. BURGHARDT (2003): Classification of urban and industrial soils in the WRB, J.-L. Morel SUTMA, Nancy.

ROSSITER, D. (2007): Classification of Urban and Industrial Soils in the WRB. In: Journal of Soils and Sediments, 7, pp. 96-100.

SAID-PULLICINO, D., MASSACESI, L., DIXON, L., BOL, R. & G. GIGLIOTTI (2010): Or-ganic matter dynamics in a compost-amended anthropogenic landfill capping-soil. In: European Journal of Soil Science, 61, pp. 35-47.

SCHEMSCHAT, B. (1996): Stadtbodenkartierung Hamburg. Urbaner Bodenschutz [Hrsg.]: Arbeitskreis Stadtböden der Deutschen Bodenkundlichen Gesellschaft, pp. 121-128.

SCHOLTUS, N., LECLERC, E., DE DONATO, P., MOREL, J. & M. SIMONNOT (2009): Elu-to-frontal chromatography to simulate chemical weathering of Cox by low-mole-cular-weight organic compounds and early pedogenesis processes. In: European Journal of Soil Science, 60, pp. 71-83.

SCHULTE, W., FRÜND, H.-C., SÖNTGEN, M., GRAEFE, U., RUSZKOWSKI, B., VOGGEN-REITER, V. & N. WERITZ (1989): Zur Biologie städtischer Böden. Kilda Verlag.

SCHWARTZ, C., SIRGUEY, C., PERONNY, S., REEVES, R., BOURGAUD, F. & J. MOREL (2006): Testing of outstanding individuals of Thlaspi caerulescens for cadmium phy-toextraction. In: International Journal of Phytoremediation, 8 (4), pp. 339-357.

SMETTAN, U. & B. MEKIFFER (1996): Kontamination von Trümmerschuttböden mit PAK. In: Zeitschrift für Pflanzenernährung und Bodenkunde, 159, pp. 169-175.

STEINWEG, K. (2010): Schadstoffgehalte in Stadtböden ländlich geprägter Klein- und Mittelstädte im Kreis Lippe. In: Bodenschutz, 15, pp. 64-67.

SOBOCKA, J. (2010): Specifics of urban soils (Technosols) survey and mapping. World Congress of Soil Science.

UMWELTBUNDESAMT (2002): Leitfaden – biologische Verfahren zur Bodensanierung.

VIEHAUSEN, E. (2009): Umweltverträglichkeit von Düngemitteln aus Eisenhütten-schlacken. In: Institut für Bauforschung, 16, pp. 1-8.

WELP, G., HAMER, M., BRÜMMER, G.W. & R. LICHTFUSS (1995): Mobilität und Bin-dungsformen von Cd, Cr, As und V in urbanen Böden unterschiedlicher Belastung. In: Mitteilungen der Deutschen Bodenkundlichen Gesellschaft, 76, pp. 487-490.

WILKE, B.-M., BEYLICH, A. & H.-R. OBERHOLZER (2009): Beurteilung von Bodenverdichtungen aus Sicht der Bodenbiologie. In: Bodenschutz, 14, pp. 52-59.

ZIERDT, K., ZIERDT, M. & E. NIKIFOROVA (1990): Der Einfluß der Ofenheizung auf die Bodenkontamination mit Polyzyklischen Aromatischen Kohlenwasserstoffen in der Stadt. In: Wissenschaftliche Zeitschrift der Universität Halle, 5, pp. 149-155.

## zu Kapitel 5: Urbaner Wasserhaushalt

ADAM, K. (1988): Stadtökologie in Stichworten. In: Hirts Stichwortbücher.

AHUIS, H. (1993): Stadtökologie. In: INSTITUT FÜR LANDES- UND STADTENTWICKLUNGSFORSCHUNG DES LANDES NORDRHEIN-WESTFALEN [Hrsg.]: Beiträge zur Stadtökologie. In: Vortragsreihe der Deutschen Akademie für Städtebau und Landesplanung (DASL), Heft 71, pp. 9-14.

BAUMGARTNER, A. & H.-J. LIEBSCHER (1996): Allgemeine Hydrologie: Quantitative Hydrologie. In: Lehrbuch der Hydrologie, Band 1, 2. Aufl.

BOCK, M., FAHRENHORST, C., FELLMER, B., GARZ, B., GOEDECKE, M., KRÜGER, C., STORCH, H., SYDOW, M. & J. WELSCH (1990): Ökologisches Planungsinstrument Berlin Naturhaushalt/Umwelt. In: Umweltbundesamt und Senatsverwaltung für Stadtentwicklung und Umweltschutz, Abschlußbericht des F+E-Vorhabens 109 02 030.

BORCHARDT, D. (1998): Auswirkungen von Mischwassereinleitungen auf den Stoffhaushalt und die Biozönose von Fließgewässern: Fallbeispiel Kuhbach. In: Gwf Wasser Abwasser 139 (6), pp. 336-342.

BUNDESMINISTERIUM FÜR RAUMORDNUNG, BAUWESEN UND STÄDTEBAU (BMRBS) [Hrsg.] (1988): Städtebauliche Lösungsansätze zur Verminderung der Bodenversiegelung als Beitrag zum Bodenschutz. In: Schriftenreihe „Forschung" des Bundesministers für Raumordnung, Bauwesen und Städtebau, Heft 456.

EMSCHERGENOSSENSCHAFT EG [Hrsg.] (1989): Möglichkeiten der Umgestaltung von Wasserläufen im Emschergebiet. Essen.

FELLENBERG, G. (1991): Lebensraum Stadt.

GANTNER, K. (2002): Nachhaltigkeit urbaner Regenwasserbewirtschaftungsmethoden. In: Schriftenreihe des Fachgebietes Siedlungswasserwirtschaft, 20.

GILBERT, O. (1994): Städtische Ökosysteme.

GLUGLA, G. & P. KRAHE (1995): Abflußbildung in urbanen Gebieten. In: Schriftenreihe Hydrologie und Wasserwirtschaft der Ruhr-Universität Bochum, Bd. 14, pp. 140-160.

GOUDIE, A. (1994): Mensch und Umwelt - Eine Einführung.

HELBING, H. [Hrsg.] (1925): 25 Jahre Emschergenossenschaft - 1900-1925. Essen.

IMHOFF, K. & K. IMHOFF (1999): Taschenbuch der Stadtentwässerung, 29. Aufl.

KAYSER, K. (1999): Bilanzierung des Stoffeintrages aus Niederschlagsabflüssen in Entwässerungssysteme. In: Schriftenreihe der Fachvereinigung Betriebs- und Regenwassernutzung e.V., Heft 4, pp. 5-66.

KIENLE, H. & H. LUNZ (1977): Dachbegrünung, Luxus oder Notwendigkeit. Fränkische Rohrwerke: Optima: Zinco.

KÖNIG, K.W. (1999): Rainwater in Cities: A note on ecology and practice. In: INOGUCHI, T., NEMAN, E. & G. PAOLETTO [Hrsg.]: Cities and the environment: New approaches for eco-societies, pp. 203-215.

KOWALEWSKI, P., NOBIS-WICHERDING, H., SIEGERT, G. & S. KAMBACH (1984): Entwicklung von Methoden zur Aufrechterhaltung der natürlichen Versickerung von Wasser. In: Berliner Wasserwerke, Forschungsbericht BMFT-FB-T 184-274, Bundesminister für Forschung und Entwicklung.

MESSER, J. (1997): Auswirkungen der Urbanisierung auf die Grundwasser-Neubildung im Ruhrgebiet unter besonderer Berücksichtigung der Castroper Hochfläche und des Stadtgebietes Herne. In: DMT-Berichte aus Forschung und Entwicklung, Heft 58.

PAUL, M. & J. MEYER (2008): Streams in the Urban Landscape. In: ALBERTI, M., BRADLEY, G., ENDLICHER, W., MARZLUFF, J., RYAN, C., SIMON, U. & C. ZUM BRUNNEN [Hrsg.]: Urban Ecology. An International Perspective on the Interaction Between Humans and Nature, pp. 207-231.

RENGER, M. & O. STREBEL (1980): Jährliche Grundwasserneubildung in Abhängigkeit von Bodennutzung und Bodeneigenschaften. In: Wasser und Boden 32 (8), pp. 363-366 .

SENATOR FÜR UMWELT, BAU, VERKEHR UND EUROPA (SUBVE) [Hrsg.] (2010): Regenwasser - natürlich dezentral bewirtschaften.

SIEGERT, G. (1984): Entwicklung eines Verfahrens zur Messung und Berechnung der Versickerung von Regenwasser durch teildurchlässige Flächen bei Verwendung einer „Feuchte-Tiefensonde" (Neutronensonde). Dissertationsschrift an der Technischen Universität Berlin, FB 21.

SIEKER, F. [Hrsg.] (1998): Naturnahe Regenwasserbewirtschaftung.

SIEKER, F. (2001): Generelle Planung der Regenwasserbewirtschaftung in Siedlungsgebieten. In: Mitteilungen des Institutes für Wasserbau und Wasserwirtschaft der Technischen Universität Darmstadt, Heft 116, p. 321.

SUKOPP, H. [Hrsg.] (1990): Stadtökologie: das Beispiel Berlin.

SUKOPP, H. & R. WITTIG [Hrsg.] (1998): Stadtökologie. Ein Fachbuch für Studium und Praxis, 2. Aufl.

WEBER, U. (1991): Einfluss der Urbanisierung auf den Wasserhaushalt im Raum Aachen. Geographisches Institut der RWTH Aachen.

WIENER WASSERWERKE [Hrsg.] (2010): Trinkwasser für Wien.

ZEPP, H. & A. BAUMEISTER (2010): Aktualisierung der gesamtstädtischen Klimaanalyse für die Landeshauptstadt Düsseldorf. Teil: Bodenwasserhaushalt. Auswirkungen der erwarteten Klimaänderungen. – unveröffentl. Abschlussbericht des Geographischen Institutes der Ruhr-Universität Bochum.

**Verwendete Internetquellen:**

BAYERISCHE LANDESANSTALT FÜR WEINBAU UND GARTENBAU (BLWG) [Hrsg.] (2003): Regenwasserbewirtschaftung. In: Veitshöchheimer Berichte aus der Landespflege, Heft 72, p. 86, aufgerufen unter: http://www.lwg.bayern.de/landespflege/28247/wasser_72.pdf, aufgerufen am 08.12.2010.

MINISTERIUM FÜR UMWELT UND NATURSCHUTZ, LANDWIRTSCHAFT UND VERBRAUCHERSCHUTZ DES LANDES NORDRHEIN-WESTFALEN (MUNLV) [Hrsg.] (2000): Grundwasserbericht NRW 2000, aufgerufen unter: http://www.lanuv.nrw.de/wasser/grundwabe2000/Bericht/xbericht.htm, aufgerufen am 08.12.2010.

SENATSVERWALTUNG FÜR STADTENTWICKLUNG DER STADT BERLIN [Hrsg.] (2007): Digitaler Umweltatlas Berlin. Kapitel 02.13: Oberflächenabfluss, Versickerung und Gesamtabfluss aus Niederschlägen, aufgerufen unter: http://www.stadtentwicklung.berlin.de/umwelt/umweltatlas/index.shtml, aufgerufen am 08.12.2010.

## zu Kapitel 6: Pflanzen und Tiere im städtischen Lebensraum

BERGMANN, H.-H., HELB, H.-W. & S. BAUMANN (2008): Die Stimmen der Vögel Europas. Aula Verlag, Wiebelsheim.

BEGON, M., HARPER, J. & C. TOWNSEND (1991): Ökologie. Birkhäuser, Basel.

BfN (= BUNDESAMT FÜR NATURSCHUTZ) (2009): Rote Liste gefährdeter Tiere, Pflanzen und Pilze Deutschlands. Naturschutz und Biologische Vielfalt 70 (1): Wirbeltiere. Bonn-Bad Godesberg.

BÖRNECKE, S. (2010): Rettet den Spatz. In: Frankfurter Rundschau vom 23. März 2010, p. 39.

BDG (= BUNDESVERBAND DEUTSCHER GARTENFREUNDE) (2010): Artenvielfalt – Biodiversität der Kulturpflanzen in Kleingärten. Selbstverlag.

ELLENBERG, H., WEBER, H., DÜLL, R., WIRTH, V., WEBER, W. & D. PAULISSEN (1992): Zeigerwerte von Pflanzen in Mitteleuropa. In: Skripta Geobotanica, 18.

ELLENBERG, H. (1996): Vegetation Mitteleuropas mit den Alpen. Ulmer Verlag, Stuttgart.

FLADE, M. (1994): Die Brutvogelgemeinschaften Mittel- und Norddeutschlands. IHW Verlag, Eching.

GEPP, J. (1977): Technogene und strukturbedingte Dezimierungsfaktoren der Stadttierwelt. In: Stadtökologische Tagungsberichte, 3, Graz, pp. 99-127.

GILBERT, O. (1994): Städtische Ökosysteme. Neumann, Radebeul.

GRIME, J. (1979): Plant Strategies and Vegetation Processes. Wiley, Chichester.

JESSEL, B. & K. TOBIAS (2002): Ökologisch orientierte Planung. Ulmer Verlag, Stuttgart.

KEMPENAERS, B., BORGSTRÖM, R., LOES, P., SCHLICHT, E. & M. VALCU (2010): Artificial night lighting effects on dawn song, extra-pair siring success and lay date in songbirds. – Current Biology, http://www.cell.com/current-biology/abstract/S0960-9822(10)01018-3.

KLAUSNITZER, B. (1987): Ökologie der Großstadtfauna. VEB Gustav Fischer, Jena.

KLAUSNITZER, B. (1993): Fauna. In: SUKOPP, H. & WITTICH, R. [Hrsg.]: Stadtökologie. Gustav Fischer Verlag, Stuttgart, pp. 239-270.

KOWARIK, I. (2003): Biologische Invasionen: Neophyten und Neozoen in Mitteleuropa. Ulmer Verlag, Stuttgart.

LEMHÖFER, A. (2010): Die üppig Blühende. In: Frankfurter Rundschau vom 07. Oktober 2010, p. R2.

MAPPES-NIEDECK, N. (2010): Heller Wahnsinn. In: Frankfurter Rundschau vom 08. September 2010, pp. 20f.

MÖLLERS, F. (2010): Wilde Tiere in der Stadt. Knesebeck Verlag, München.

PAULEIT, S. (1998): Das Umweltwirkgefüge städtischer Siedlungsstrukturen. Landschaftsökologie Weihenstephan, Heft 12, Freising.

REICHHOLF, J. (2004): Der Tanz ums Goldene Kalb. Wagenbach Verlag, Berlin.

REICHHOLF, J. (2007): Stadtnatur. Oekom Verlag, München.

REICHHOLF, J. (2010): Städte – Inseln der Lebensqualität. In: MÖLLERS, F. [Hrsg.]: Wilde Tiere in der Stadt. Knesebeck Verlag, München, pp. 19-25.

STUGREN, B. (1986): Grundlagen der Allgemeinen Ökologie. Fischer Verlag, Stuttgart.

SUKOPP, H. & R. WITTIG [Hrsg.] (1993): Stadtökologie. Gustav Fischer Verlag, Stuttgart.

SUKOPP, H., BLUME, H.-P. & W. KUNICK (1979): The soil, flora and vegetation of Berlin's wastelands. In: LAUIRE, I. [Hrsg.]: Nature in Cities. Wiley, Chichester, pp. 115-132.

SUKOPP, H. & A. WURZEL (1995): Klima- und Florenveränderung in Stadtgebieten. In: Angewandte Landschaftsökologie, 4, pp. 103-130.

VOLG, F. (2003): Biotopverbund in Wohngebieten. Schmidt Verlag, Berlin.

WERNER, P. & R. ZAHNER (2009): Biologische Vielfalt und Städte. In: BfN-Skripten, 245, Bundesamt für Naturschutz, Bonn.

WILLIGALLA, C. & T. FARTMANN (2010): Libellen-Diversität und -Zönosen in mitteleuropäischen Städten. In: Naturschutz und Landschaftsplanung, 42 (11), pp. 341-350.

WITTIG, R. (1991): Ökologie der Großstadtflora. Ulmer Verlag, Stuttgart.

WITTIG, R. (1996): Die mitteleuropäische Großstadtflora. In: Geographische Rundschau, 48, pp. 640-646.

WITTIG, R. (2002): Siedlungsvegetation. Ulmer Verlag, Stuttgart.

**Verwendete Internetquellen:**

DDA (= DACHVERBAND DEUTSCHER AVIFAUNISTEN), BfN (= BUNDESAMT FÜR NATURSCHUTZ) & DER LÄNDERARBEITSGEMEINSCHAFT DER VOGELSCHUTZWARTEN (2010): Vögel in Deutschland 2009. Internetauftritt des Dachverbandes Deutscher Avifaunisten, aufgerufen unter: www.dda.de.

# zu Kapitel 7: Neue Herausforderungen für die Stadtentwicklung

ALTROCK, U., GÜNTNER, S. & C. KENNEL (2004): Zwischen analytischem Werkzeug und Politikberatung: ein kritischer Blick auf aktuelle Leitbegriffe in der Stadtentwicklungspolitik. In: ALTROCK, U., GÜNTNER, S., HUNING, S. & D. PETERS [Hrsg.]: Perspektiven der Planungstheorie. Berlin, Leue, pp. 187-208.

ARL (2007): Europäische Strategien der Anpassung an die Folgen des Klimawandels. Die Sicht der Raumplanung. Hannover = Positionspapier aus der ARL, Nr. 73. Unter: http://shop.arl-net.de/media/direct/pdf/pospaper_73.pdf, 03.03.2011.

BAUGB (Baugesetzbuch): Baugesetzbuch in der Fassung der Bekanntmachung vom 23. September 2004 (BGBl. I S. 2414), das zuletzt durch Artikel 4 des Gesetzes vom 31. Juli 2009 (BGBl. I S. 2585) geändert worden ist. Unter: http://www.gesetze-im-internet.de/bundesrecht/bbaug/gesamt.pdf, 03.03.2011.

BBR, BMVBS [Hrsg.] (2006): Perspektiven der Raumentwicklung in Deutschland. Bonn, Berlin.

BIRKMANN, J. & M. FLEISCHHAUER (2009): Anpassungsstrategien der Raumentwicklung an den Klimawandel: „Climate Proofing" Konturen eines neuen Instruments. In: BBSR, ARL [Hrsg.]: Raumforschung und Raumordnung 2/2009, Heft 2, 67. Jahrgang. Köln, Carl Heymanns Verlag, pp. 114-127.

BLÄTTNER, B., HECKENHAHN, S., GEORGY, S., GREWE, H. A. & S. KUPSKI (2009): Wohngebiete mit hitzeabhängigen Gesundheitsrisiken ermitteln. Soziodemografische und klimatische Kartierung als Planungsinstrument gezielter Prävention. In: Bundesgesundheitsblatt 2010, 53. Springer, pp. 75-81. Unter: http://www.springerlink.com/content/8770343h31x23433/fulltext.pdf, 09.03.2011.

BMI o.J.: Nationale Strategie zum Schutz Kritischer Infrastrukturen (KRITIS-Strategie). Unter: http://www.bmi.bund.de/cae/servlet/contentblob/544770/publicationFile/27031/kritis.pdf, 06.03.2011.

BMU, DEUTSCHE IPCC KOORDINIERUNGSSTELLE, BMBF (2007): 4. Sachstandsbericht (AR4) des IPCC (2007) über Klimaänderungen. Synthesebericht – Kernaussagen. Unter: http://www.bmu.de/files/download/application/pdf/syr_kurzzusammenfassung_071117_v5-1.pdf, 03.03.2011.

BMVBS, BBR [Hrsg.] (2007): Raumentwicklungsstrategien zum Klimawandel. Dokumentation der Fachtagung am 30. Oktober 2007 im Umweltforum Berlin. Unter: http://www.bbsr.bund.de/cln_016/nn_21272/BBSR/DE/Veroeffentlichungen/Sonderveroeffentlichungen/2007/DL_KlimatagungDokumentation,templateId=raw,property=publicationFile.pdf/DL_KlimatagungDokumentation.pdf, 02.03.2011.

BMVBS, BBR [Hrsg.] (2008): Raumentwicklungsstrategien zum Klimawandel – Vorstudie für Modellvorhaben. BBR-Online-Publikation, Nr. 19/2008. Unter: http://www.bbr.bund.de/nn_82514/BBSR/DE/FP/MORO/Studien/RaumentwicklungKlimawandel/Downloads/DL_MORO_Klima_InteresseBek_Bericht,templateId=raw,property=publicationFile.pdf/DL_MORO_Klima_InteresseBek_Bericht.pdf, 02.03.2011.

BMVBS [Hrsg.] (2010): Klimawandel als Handlungsfeld der Raumordnung: Ergebnisse der Vorstudie zu den Modellvorhaben „Raumentwicklungsstrategien zum Klimawandel". Forschungen Heft 144. Unter: http://d-nb.info/1008221090/34, 07.03.2011.

BMVBS; BBSR [Hrsg.] (2009a): Ursachen und Folgen des Klimawandels durch urbane Konzepte begegnen. BBSR-Online-Publikation, Nr. 22/2009. Unter: http://www.bbsr.bund.de/cln_016/nn_23582/BBSR/DE/Veroeffentlichungen/BBSROnline/2009/DL_ON222009,templateId=raw,property=publicationFile.pdf/DL_ON222009.pdf, 06.03.2011.

BMVBS, BBSR [Hrsg.] (2009b): Klimawandelgerechte Stadtentwicklung. Wirkfolgen des Klimawandels. BBSR-Online-Publikation, Nr. 23/2009. Unter: http://www.bbsr.bund.de/nn_821256/BBSR/DE/Veroeffentlichungen/BBSROnline/2009/DL_ON232009,templateId=raw,property=publicationFile.pdf/DL_ON232009.pdf, 02.03.2011.

BMVBS, BBSR [Hrsg.] (2009c): Klimawandelgerechte Stadtentwicklung. Rolle der bestehenden städtebaulichen Leitbilder und Instrumente. BBSR-Online-Publikation, Nr. 24/2009. Unter: http://www.bbsr.bund.de/nn_821256/BBSR/DE/Veroeffentlichungen/BBSROnline/2009/DL_ON242009,templateId=raw,property=publicationFile.pdf/DL_ON242009.pdf, 02.03.2011.

BMVBS, BBSR [Hrsg.] (2009d): Klimagerechte Stadtentwicklung – „Climate-Proof Planning". BBSR-Online-Publikation 26/2009. Unter: http://www.bbsr.bund.de/ nn_821256/BBSR/DE/Veroeffentlichungen/BBSROnline/2009/DL_ON262009,te mplateId=raw,property=publicationFile.pdf/DL_ON262009.pdf, 07.03.2011.

BOWLER, D., BUYUNG-ALI, L., KNIGHT, T. & A. PULLIN (2010): Urban greening to cool towns and cities: A systematic review of the empirical evidence. In: Landscape and Urban Planning, Vol. 97, Issue 3, pp. 147-155.

BUNDESREGIERUNG (2008): Deutsche Anpassungsstrategie an den Klimawandel; vom Bundeskabinett am 17. Dezember 2008 beschlossen. Unter: http://www.bmu.de/ files/pdfs/allgemein/application/pdf/das_gesamt_bf.pdf, 02.03.2011.

DEUTSCHE IPCC KOORDINIERUNGSSTELLE [Hrsg.] (2008): Klimaänderung 2007. Synthesebericht. Ein Bericht des Zwischenstaatlichen Ausschusses für Klimaänderungen. Unter: http://www.de-ipcc.de/_media/IPCC-SynRepComplete_final.pdf, 04.03.2011.

DEUTSCHER WETTERDIENST (2011): Frankfurt am Main im Klimawandel – Eine Untersuchung zur städtischen Wärmebelastung. Zusammenfassung. Offenbach, Februar 2011. Unter: http://www.dwd.de/bvbw/generator/DWDWWW/Content/Presse/Pressekonferenzen/2011/PK_21_02_11/Zusammmenfassung_Studie_20110221,te mplateId=raw,property=publicationFile.pdf/Zusammmenfassung_Studie_20110221.pdf, 06.03.2011.

DEUTSCHLÄNDER, T., KOSSMANN, M., STEIGERWALD, T. & J. NAMYSLO (2008): Verwendung von Klimaprojektionsdaten für die Stadtklimasimulation. In: DEUTSCHER WETTERDIENST [Hrsg.]: Klimastatusbericht 2008. Offenbach: Deutscher Wetterdienst, pp. 13-17. Unter: http://www.dwd.de/bvbw/generator/DWDWWW/Content/Oeffentlichkeit/KU/KU2/KU22/klimastatusbericht/einzelne_berichte/ksb2008_pdf/a2_2008, templateId=raw,property=publicationFile.pdf/a2_2008.pdf, 04.03.2011.

DOSCH, F. & L. PORSCHE (2009): Räumliche Anpassung an den Klimawandel aus europäischer Perspektive. SIR-Mitteilungen und Berichte 34/2009-2010, pp. 129-145.

EEWÄRMEG (Gesetz zur Förderung Erneuerbarer Energien im Wärmebereich = Erneuerbare-Energien-Wärmegesetz): Erneuerbare-Energien-Wärmegesetz vom 7. August 2008 (BGBl. I S. 1658), das durch Artikel 3 des Gesetzes vom 15. Juli 2009 (BGBl. I S. 1804) geändert worden ist. Unter: http://www.gesetze-im-internet.de/ bundesrecht/eew_rmeg/ gesamt.pdf, 09.03.2011.

ENDLICHER, W. (2007): Das unbeherrschbare Vermeiden und das unvermeidbare Beherrschen – Strategien gegen die gefährlichen Auswirkungen des Klimawandels. Berlin, pp. 119-131. Unter: http://edoc.hu-berlin.de/miscellanies/klimawandel-28044/119/PDF/119.pdf, 06.03.2011.

ENEV (Verordnung über energiesparenden Wärmeschutz und energiesparende Anlagentechnik bei Gebäuden = Energieeinsparverordnung) vom 24. Juli 2007 (BGBl. I S. 1519), die durch Artikel 1 der Verordnung vom 29. April 2009 (BGBl. I S. 954) geändert worden ist. Unter: http://www.gesetze-im-internet.de/bundesrecht/ enev_2007/ gesamt.pdf, 09.03.2011.

EU COUNCIL (1996): Community Strategy on Climate Change – Council Conclusions, CFSP Presidency statement. (25/6/1996) – Press: 188 Nr: 8518/96. Luxembourg.

FROMMER, B. (2009): Handlungs- und Steuerungsfähigkeit von Städten und Regionen im Klimawandel. In: BBSR, ARL [Hrsg.]: Raumforschung und Raumordnung 2/2009, Heft 2, 67. Jahrgang. Köln, Carl Heymanns Verlag, pp. 128-141.

FÜRST, D. & F. SCHOLLES [Hrsg.] (2008): Handbuch Theorien und Methoden der Raum- und Umweltplanung. 3., vollständig überarbeitete Auflage. Dortmund, Verlag Dorothea Rohn.

GOLDBERG, V. & C. BERNHOFER (2007): Auswirkungen geänderter Oberflächenversiegelung auf die städtische Energiebilanz am Beispiel der Stadt Dresden – Fallstudien mit dem atmosphärischen Grenzschichtmodell HIRVAC. DACH Meteorologentagung 10.–14.09. 2007. Unter: http://meetings.copernicus.org/dach2007/download/DACH2007_A_00142.pdf, 11.03.2011.

GROTHMANN, T., KRÖMKER, D., HOMBURG, A. & B. SIEBENHÜNER [Hrsg.] (2009): KyotoPlus-Navigator. Praxisleitfaden zur Förderung von Klimaschutz und Anpassung an den Klimawandel – Erfolgsfaktoren, Instrumente, Strategie. Downloadfassung April 2009. Unter: www.erklim.de, 10.03.2011.

HALLEGATTE, S., HOURCADE, J.-C. & P. AMBROSI (2005): Using Climate Analogues for Assessing Climate Change Economic Impacts in Urban Areas. Stand 23. November 2005. Kluwer Academic Publishers. Unter: http://www.centre-cired.fr/IMG/pdf/PSICC_Partner19_qua.pdf, 23.02.2011.

HALLEGATTE, S. (2008): Strategies to adapt to an uncertain climate change 2008. In: Global Environmental Change. Volume 19, 2, pp. 240-247.

HENSTRA, D., KOVACS, P., MCBEAN, G. & R. SWEETING (2004): Background Paper on Disaster Resilient Cities. Institute for Catastrophic Loss Reduction, prepared for Infrastructure Canada, Research and Analysis Division, Ottawa 2004, p. 7. Unter: http://www.infrastructure.gc.ca/research-recherche/result/alt_formats/pdf/rs11_e.pdf, 28.03.2008.

HOLLBACH-GRÖMIG, B., FLOETING, H., KODOLITSCH, P., SANDER, R. & M. SIENER (2005): Formen der interkommunalen Zusammenarbeit im Rahmen der kommunalen Wirtschafts- und Infrastrukturpolitik. Difu-Materialien, im Auftrag des BBR. Berlin. Unter: http://www.bbr.bund.de/cln_005/nn_21918/BBSR/DE/FP/MORO/Studien/FormenInterkommunalenZusammenarbeit/DL_Endbericht,templateId=raw,property=publicationFile.pdf/DL_Endbericht.pdf, 06.03.2011.

HORBERT, M. (2000): Klimatologische Aspekte der Stadt- und Landschaftsplanung. Landschaftsentwicklung und Umweltforschung – Schriftenreihe im Fachbereich Umwelt und Gesellschaft, Nr. 113. Berlin, Technische Universität Berlin.

INTERNATIONAL RISK GOVERNANCE COUNCIL (IRGC) [Hrsg.] (2005): White Paper on Risk Governance – Towards an Integrated Approach. White Paper no. 1. Geneva. Unter: http://www.irgc.org/IMG/pdf/IRGC_WP_No_1_Risk_Governance_reprinted_version_.pdf, 07.03.2011.

IPCC (INTERGOVERNMENTAL PANEL ON CLIMATE CHANGE) (2001): Zusammenfassung für politische Entscheidungsträger. Klimaänderung 2001: Synthesebericht. Unter: http://www.ipcc.ch/pdf/reports-nonUN-translations/deutch/2001-synthese.pdf, 07.03.2011.

JAEGER, C. & J. JAEGER (2010): Warum zwei Grad? In: Aus Politik und Zeitgeschichte, 32-33/2010. Bonn, pp. 7-14. Unter: http://www.european-climate-forum.net/fileadmin/ecf-documents/publications/articles-and-papers/jaeger_jaeger__warum-zwei-grad.pdf, 07.03.2011.

KOMMISSION DER EUROPÄISCHEN GEMEINSCHAFTEN (2007): Begrenzung des globalen Klimawandels auf 2 Grad Celsius. Der Weg in die Zukunft bis 2020 und darüber hinaus. Mitteilung der Kommission an den Rat, das europäische Parlament, den europäischen Wirtschafts- und Sozialausschuss und den Ausschuss der Regionen. KOM(2007) 2 endgültig. Brüssel. Unter: http://eurlex.europa.eu/LexUriServ/LexUriServ.do?uri =COM:2007:0002:FIN:DE:PDF, 04.03.2011.

KOPPE, C. (2009): Das Hitzewarnsystem des Deutschen Wetterdienstes. In: BFS, BFR, RKI, UBA [Hrsg.]: UMID – Umwelt Medizinischer Informations Dienst: Klimawandel und Gesundheit, Heft Nr.3/2009, pp. 39-43.

KURBJUHN, C., GOLDBERG, V. & C. BERNHÖFER (2010): Impact of vegetation areas on the microclimate of Dresden, Germany. In: Proceedings of the 7th Conference on Biometerology, 12.–14.04.2010, Freiburg.

LANDESHAUPTSTADT HANNOVER (2008): Klima-Allianz Hannover 2020. Klimaschutzprogramm 2008 bis 2020 für die Landeshauptstadt Hannover. Unter: http://www.kuknds.de/bilder/web/downloads/Projekt/Klimaschutzkonzepte/Klimaschutzkonzepte/Klima-Allianz_2020.pdf, 06.03.2011.

VAN DEN LINDEN, P. & J. MITCHELL [Hrsg.] (2009): ENSEMBLES. Climate Change and its Impacts: Summary of research and results from the ENSEMBLES project. Met Office Hadley Centre, FitzRoy Road, Exeter EX1 3PB, UK.

LÜLF, M. (2008): Bewältigung von Klimaschutz und Klimaanpassung in Städten und städtischen Agglomerationen durch die Raumplanung? In: KLEE, A., KNIELING, J., SCHOLICH, D. & U. WEILAND [Hrsg.]: Städte und Regionen im Klimawandel. E-Paper der ARL Nr. 5. Hannover, Verlag der ARL, pp. 68-85. Unter: http://shop.arl-net.de/media/direct/pdf/e-paper_der_arl_nr5.pdf, 02.03.2011.

NAKAYAMAA, T. & T. FUJITA (2010): Cooling effect of water-holding pavements made of new materials on water and heat budgets in urban areas. In: Landscape and Urban Planning, Vol. 96, Issue 2, pp. 57-67.

MKRO (2009): Beschluss der 36. Ministerkonferenz für Raumordnung am 10.05.2009 in Berlin: Raumordnung und Klimawandel. Unter: http://www.bmvbs.de/cae/servlet/contentblob/28668/publicationFile/10694/beschluss-zu-raumordnung-und-klimawandel-10-juni-2009.pdf, 10.03.2011.

ÖKO-INSTITUT E.V. (2004): Kommunale Strategien zur Reduktion der $CO_2$-Emissionen um 50 % am Beispiel der Stadt München. Endbericht im Auftrag der Landeshauptstadt München. Freiburg. Unter: http://www.muenchen.de/cms/prod2/mde/_de/rubriken/ Rathaus/70_rgu/07_wohnen_bauen/energie/pdf/co2_endbericht.pdf, 09.03.2011.

OVERBECK, G., HARTZ, A. & M. FLEISCHHAUER (2008): Ein 10-Punkte-Plan „Klimaanpassung". Raumentwicklungsstrategien zum Klimawandel im Überblick. In: BBR - Informationen zur Raumentwicklung, Heft 5/2006. Unter: http://www.bbsr.bund.de/nn_23470/BBSR/DE/Veroeffentlichungen/IzR/2008/6_7/Inhalt/DL_Overbeck HartzFleischhauer,templateId=raw,property=publicationFile.pdf/DL_Overbeck-HartzFleischhauer.pdf, 04.03.2011.

RANNOW, S. & R. FINKE (2008): Instrumentelle Zuordnung der planerischen Aufgaben des Klimaschutzes. In: KLEE, A., KNIELING, J., SCHOLICH, D. & U. WEILAND [Hrsg.]: Städte und Regionen im Klimawandel. E-Paper der ARL Nr. 5. Hannover, Verlag der ARL, pp. 44-67. Unter: http://shop.arl-net.de/media/direct/pdf/e-paper_der_arl_nr5.pdf, 02.03.2011.

REGIONALVERBAND RUHR (2010): Handbuch Stadtklima. Maßnahmen und Handlungskonzepte für Städte und Ballungsräume zur Anpassung an den Klimawandel (Langfassung). Ein Projekt des Ministeriums für Umwelt und Naturschutz, Landwirtschaft und Verbraucherschutz des Landes Nordrhein-Westfalen. Essen. Unter: http://www.umwelt.nrw.de/klima/klimawandel/anpassungspolitik/projekte/staedte_und_ballungsraeume/projektseite_01/index.php, 06.03.2011.

RITTER, E.-H. (2007): Klimawandel – eine Herausforderung an die Raumplanung. In: ARL [Hrsg.]: Raumforschung und Raumordnung 65 1/2007, Heft 6, 65. Jahrgang, pp. 531-538.

RIZWAN, A., DENNIS, L. & C. LIU (2008): A review on the generation, determination and mitigation of Urban Heat Island. In: Journal of Environmental Sciences 20/2008, pp. 120-128.

SEKRETARIAT DER KLIMARAHMENKONVENTION (mit Unterstützung des deutschen Bundesumweltministeriums) (1997): Das Protokoll von Kyoto zum Rahmenübereinkommen der Vereinten Nationen über Klimaänderungen. Bonn. Unter: http://unfccc.int/resource/docs/convkp/kpger.pdf, 07.03.2011.

SELLE, K. (2005): Planen. Steuern. Entwickeln. Über den Beitrag öffentlicher Akteure zur Entwicklung von Stadt und Land. Serie: Edition Stadt-Entwicklung. Dortmund: Dortmunder Vertrieb für Bau- und Planungsliteratur.

STEIN, U. (2006): Lernende Stadtregion. Verständigungsprozesse über Zwischenstadt. Zwischenstadt Band 9. Wuppertal: Müller + Busmann.

STOCK, M., KROPP, J. & O. WALKENHORST (2009): Risiken, Vulnerabilität und Anpassungserfordernisse für klimaverletzliche Regionen. In: BBSR, ARL [Hrsg.]: Raumforschung und Raumordnung 2/2009, Heft 2, 67. Jahrgang. Köln. Carl Heymanns Verlag, pp. 97-113.

SYNNEFA, A., SANTAMOURIS, M. & I. LIVADA (2005): A comparative study of the thermal performance of reflective coatings for the urban environment. International Conference „Passive and Low Energy Cooling 101 for the Built Environment", May 2005, Santorini (Greece), pp. 101-107. Unter: http://www.inive.org/members_area/medias/pdf/ Inive/palenc/2005/Synnefa.pdf, 11.03.2011.

THE CITY OF MALMÖ - ENVIRONMENTAL DEPT. (2009): Guide Western Harbour. Unter: http://www.malmo.se/download/18.3101c0911206abdf07380001750/Guide-VastraHamnen_EngelsktOriginal_Web.pdf, 11.03.2011.

UBA (2005): Berechnung der Wahrscheinlichkeiten für das Eintreten von Extremereignissen durch Klimaänderungen – Schwerpunkt Deutschland, Climate Change 07/05, Forschungsbericht 201 41 254, Dessau. Unter: http://www.umweltdaten.de/publikationen/ fpdf-l/2946.pdf, 07.03.2011.

UBA (2008a): Klimawandel in Deutschland – Vulnerabilität und Anpassungsstrategien klimasensitiver Systeme. Forschungsbericht 201 41 253, UBA-FB 000844. Dessau. Unter: http://www.umweltdaten.de/publikationen/fpdf-l/2947.pdf, 07.03.2011.

UBA (2008b): Deutschland im Klimawandel. Anpassung ist notwendig. 4. Auflage. Abruf am 07.03.2011 unter: http://www.umweltdaten.de/publikationen/fpdf-l/3468.pdf

UBA (2009): Konzeption des Umweltbundesamtes zur Klimapolitik – Notwendige Weichenstellungen 2009. Climate Change 14/2009. Unter: http://www.umweltdaten.de/publikationen/fpdf-l/3762.pdf, 07.03.2011.

UNFCCC SECRETARIAT O.J.: Outcome of the work of the Ad Hoc Working Group on long-term Cooperative Action under the Convention. Advance unedited version. Draft decision -/CP.16. Unter: http://unfccc.int/files/meetings/cop_16/application/pdf/cop16_lca.pdf, 07.03.2011.

UVPG (Gesetz über die Umweltverträglichkeitsprüfung) in der Fassung der Bekanntmachung vom 24. Februar 2010 (BGBl. I S. 94), das durch Artikel 11 des Gesetzes vom 11.08.2010 (BGBl. I S. 1163) geändert worden ist. Unter: http://www.gesetze,-im-internet.de/uvpg/BJNR102050990.html, 07.03.2011.

VEREINTE NATIONEN (1992): Rahmenübereinkommen der Vereinten Nationen über Klimaänderungen. Unter: http://unfccc.int/resource/docs/convkp/convger.pdf, 07.03.2011.

WALKENHORST, O. & M. STOCK (2009): Regionale Klimaszenarien für Deutschland – Eine Leseanleitung. E–Paper der ARL, Nr. 6. Hannover. Unter: http://www.clisp.eu/content/sites/default/files/ARL_Leseanleitung_Klimaszenarien_Deutschland.pdf, 06.03.2011.

**Verwendete Internetquellen:**

AMT FÜR GRÜNFLÄCHEN UND UMWELTSCHUTZ – STADT MÜNSTER, aufgerufen unter: http://www.muenster.de/stadt/umwelt/klimaschutzkonzept2020.html, 03.03.2011.

BBSR – RAUMENTWICKLUNGSSTRATEGIEN ZUM KLIMAWANDEL, aufgerufen unter: http://www.bbsr.bund.de/nn_21918/BBSR/DE/FP/MORO/Studien/RaumentwicklungKlimawandel/03_Ergebnisse.html, 03.03.2011.

BERLIN-INSTITUT FÜR BEVÖLKERUNG UND ENTWICKLUNG, aufgerufen unter: http://www.berlin-institut.org/?id=743, 03.03.2011.

BMBF – (BUNDESMINISTERIUM FÜR BILDUNG UND FORSCHUNG) – PLANET ERDE, aufgerufen unter: http://www.planeterde.de/aktuelles/planeterde-news/das-jahrhundert-der-stadte, 03.03.2011.

DEUTSCHER WETTERDIENST (DWD), aufgerufen unter: http://www.dwd.de/bvbw/appmanager/bvbw/dwdwwwDesktop?_nfpb=true&_pageLabel=P2720016532129301 2986287&T1760002653212930131187776gsbDocumentPath=Navigation%2FOeffentlichkeit%2FHomepage%2FKlimawandel%2FZWEK_T_node.html%3F_nnn%3Dtrue, 03.03.2011.

DEUTSCHER WETTERDIENST (DWD) – Tropennacht, aufgerufen unter: http://www.deutscher-wetterdienst.de/lexikon/index.htm?ID=T&DAT=Tropennacht, 03.03.2011.

DEUTSCHER WETTERDIENST (DWD) – Wetterlexikon, aufgerufen unter: http://www.dwd.de/bvbw/appmanager/bvbw/dwdwwwDesktop?_nfpb=true&_pageLabel=dwdwww_menu2_wetterlexikon&_nfls=false, 03.03.2011.

HELMHOLTZ ZENTRUM FÜR UMWELTFORSCHUNG, aufgerufen unter: http://www.ufz.de/index.php?de=18404, 03.03.2011.

KLIMASCHUTZAGENTUR REGION HANNOVER GMBH, aufgerufen unter: http://www.klimaschutz-hannover.de/Hannovers-Klima-Allianz-2020.2204.0.html, 03.03.2011.

RAT FÜR NACHHALTIGE ENTWICKLUNG, aufgerufen unter: http://www.nachhaltigkeitsrat.de/de/news-nachhaltigkeit/2008/2008-12-04/flaechenverbauch-30-ha-ziel-braucht-mehr-engagement/?size=ouomytjhs, 03.03.2011.

REGIONALE KLIMABÜROS DER HELMHOLTZGEMEINSCHAFT, aufgerufen unter: www.regionaler-klimaatlas.de, 03.03.2011.

SPIEGEL ONLINE, aufgerufen unter: http://www.spiegel.de/wissenschaft/mensch/0,1518,473614,00.html, 03.03.2011.

STADT MALMÖ, aufgerufen unter:
http://www.malmo.se/English/Sustainable-City-Development/Climate-change--Energy.html, 03.03.2011.

STADT MÜNCHEN, Betreiber: Betriebs-GmbH & Co. KG, aufgerufen unter: http://www.muenchen.de/Rathaus/rgu/wohnen_bauen/energie/39004/index.html, 03.03.2011.

# Abbildungsverzeichnis:

## Tabellenverzeichnis:

## Fotographienverzeichnis:

# Die Autoren:

**Dr. Peter Chifflard**, geb. 1972; Dipl.-Geogr.; Promotion (Dr. rer. nat.) an der Ruhr-Universität Bochum. Mitarbeiter an der Ruhr-Universität Bochum sowie an der Technischen Universität Wien und dem Wassercluster in Lunz, Österreich. Hauptarbeitsgebiete: Abflussbildungsprozesse in kleinen Einzugsgebieten, Hochwasservorhersage mithilfe von Simulationsmodellen, Analyse von biogeochemischen Prozessen in aquatischen Ökosystemen. *Autor von Kapitel 5*

**Dipl.-Geogr. Andrea Hartz**, geb. 1962; Dipl.-Geogr.; seit 1993 Partnerin im Büro agl (Angewandte Geographie, Landschafts-, Stadt- und Raumplanung). Schwerpunkte der beruflichen Tätigkeit: Regional- und Stadtentwicklung, Raumentwicklungsstrategien zum Klimawandel, transnationale und grenzüberschreitende Kooperationen, partizipative Planung. *Autorin von Kapitel 7*

**Jun.-Prof. Dr. Sascha Henninger**, geb. 1977; Magister Artium; 2005 Promotion (Dr. rer. nat.) an der Universität Duisburg-Essen, Campus Essen. Mitarbeiter an der Universität Duisburg-Essen sowie an der Universität Koblenz-Landau. Seit 2009 Professor als Juniorprofessor der Lehreinheit Physische Geographie an der Technischen Universität Kaiserslautern. Forschungsschwerpunkte: Angewandte Stadtklimatologie und Lufthygiene, Geländeklimatologie sowie Humanbiometeorologie. *Autor der Kapitel 1 und 3*

**Prof. Dr. Jochen Kubiniok**, geb. 1956; Promotion 1987 (Dr. rer. nat.) an der Universität zu Köln. Mitarbeiter am Lehrstuhl für physikalische Geographie der Universität des Saarlandes. Seit 1995 Professor für Physische Geographie und Umweltforschung an der Universität des Saarlandes: Forschungsgebiete: Angewandte Geoökologie, insbesondere anthropogene Bodenveränderungen. *Autor von Kapitel 4*

**Prof. Dr. Dr. Olaf Kühne**, geb. 1973; promovierter Geograph (Dr. phil.) und Soziologe (Dr. rer. soc.). Tätigkeit in verschiedenen saarländischen Ministerien. Seit 2010 Stiftungsprofessor der Europäischen Akademie Otzenhausen gGmbH für „Nachhaltige Entwicklung" an der Universität des Saarlandes. Forschungsschwerpunkte: Räumliche Planung, nachhaltige Entwicklung zwischen Globalität und Lokalität, Demographischer Wandel, Migration, regionale Identität. *Autor von Kapitel 2*

**Prof. Dr. Kai Tobias**, geb. 1961; 1990 Promotion (Dr. agr.) an der Technischen Universität München-Weihenstephan. Tätigkeiten beim Umweltbundesamt und am Landesamt für Umweltschutz in Halle/Saale sowie Dozent für Landschaftsplanung an der Fachhochschule Erfurt. Seit September 2000 Professor am Lehr- und Forschungsgebiet Landschafts- und Freiraumentwicklung an der Technischen Universität Kaiserslautern. Forschungsschwerpunkte: Ökologisch orientierte Planung, Landschaftsschutz. *Autor von Kapitel 6*

# Register